羆撃ち久保俊治

狩猟教書

久保俊治

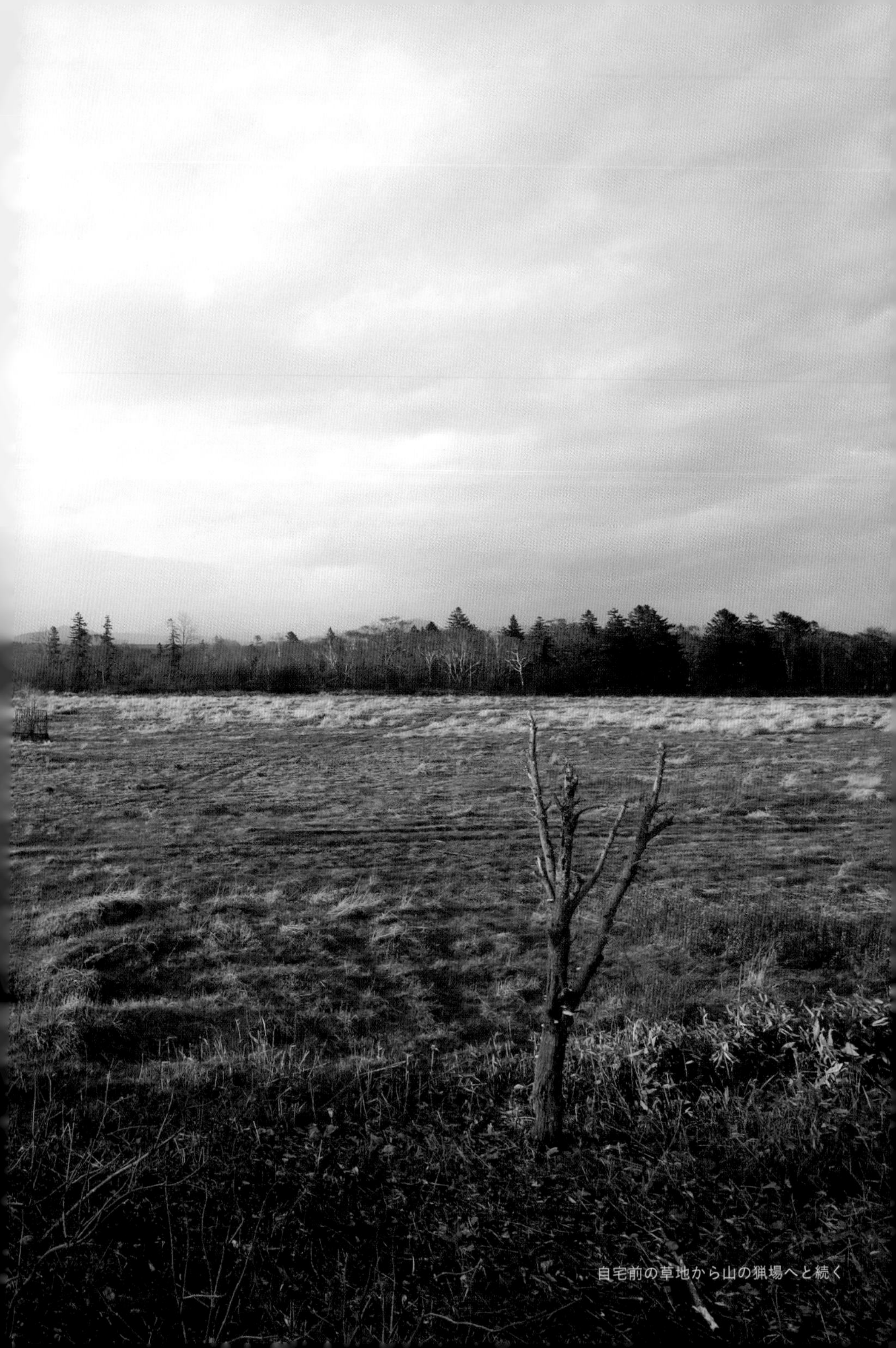

自宅前の草地から山の猟場へと続く

羆撃ちの世界

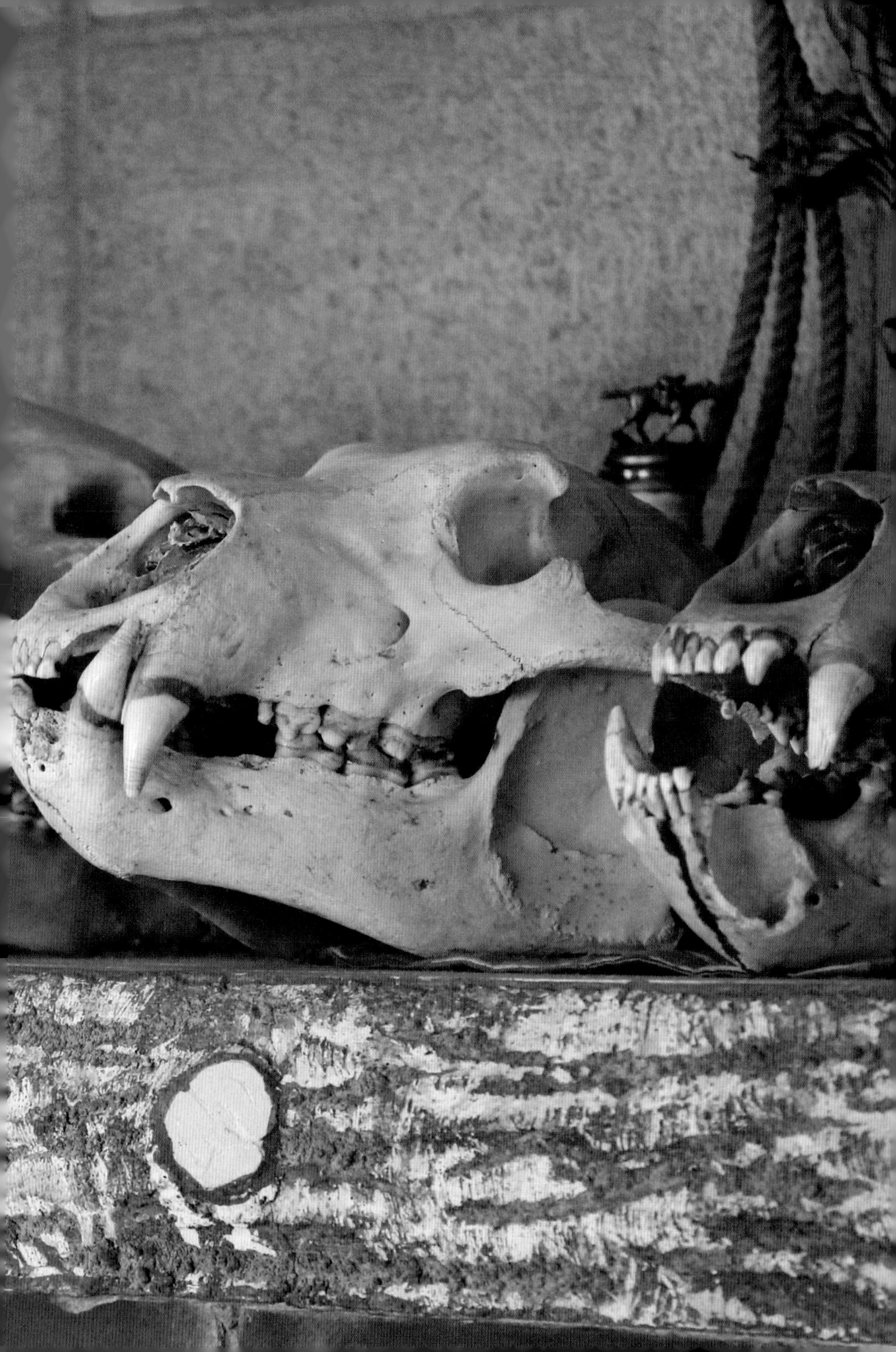

獲ったときのヒグマの情景は昨日のことのように思い出される。思い出として語ることも最大の供養となる

足跡・糞・爪痕・食痕などの痕跡の点と点を結んでいき、
答え（獲物）へと導き出すのがトラッキングの醍醐味だ

上）その場で火を熾して、内臓や肉を焼いて食べる
下）初雪に残された、比較的まだ新しいヒグマの足跡。この足跡が向かう先を想像する

上）数少ない痕跡を収集して、動物の行動や気持ちを推測しながら進む
下）撃ち斃したヒグマの肉も皮も骨も無駄にせず、すべて生かすのが狩猟者の矜持

自分の存在が異質にならないように自然のなかに溶け込む

ザッザッザッザッザッ……という枯れ葉を踏み歩を進める音を聴きながら、射程範囲に来るのをじっと待つ

ヒグマはとてつもなく巨大だ

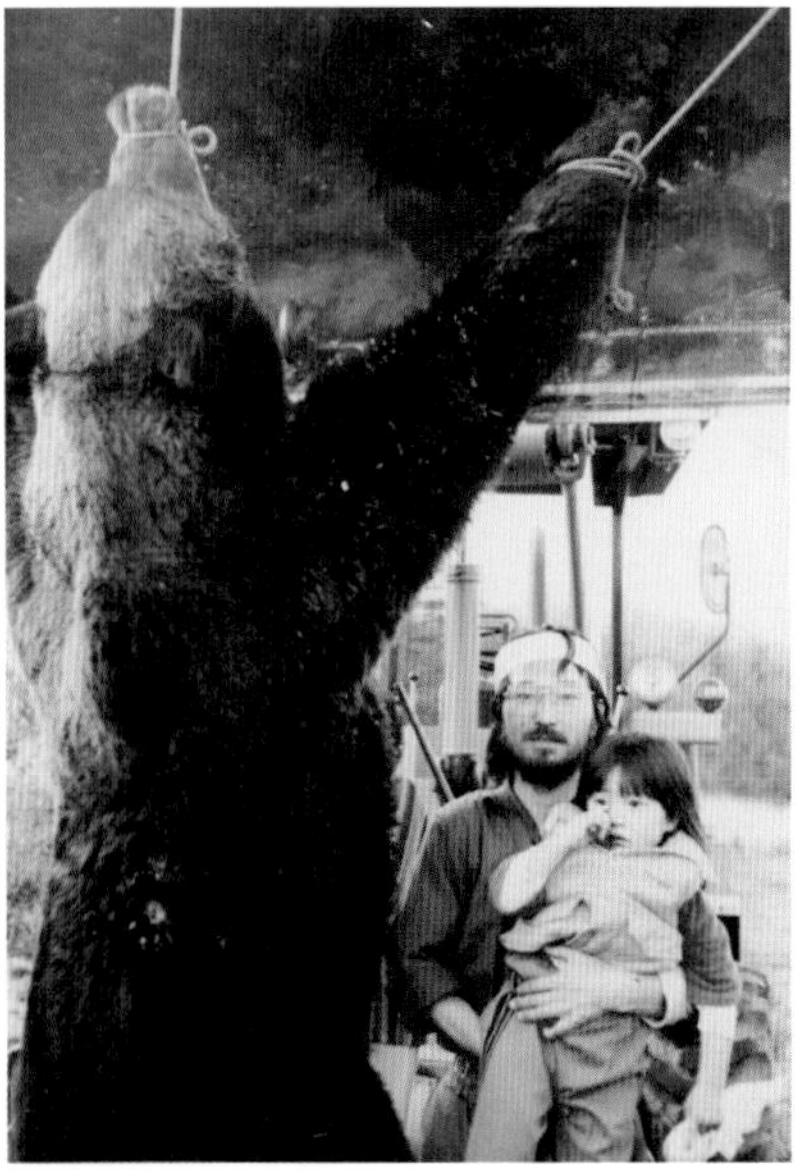

ヒグマは家族にとってもうれしい獲物だった

ウインチェスターM94の初の獲物はヒグマ

フチとのヒグマ猟

今日も山へ行く

はじめに

我が国は、明治以前は食用に家畜を飼育することがなく、動物性のタンパク質はそのほとんどを海の魚や山の野生動物に頼っていた。7世紀中ごろに、五畜（牛、馬、犬、猿、鶏）の殺生禁止令が出されたが、牛と馬は農耕、運搬の軍事などに使用され、犬は猟・番犬・ペット、猿は太陽崇拝、鶏はこれも太陽崇拝と関係があるのだろう、時を告げるものとして農業に役立つのだということにより、禁止されたのだろう。だから、これら一連の禁止令を仏教による殺生の禁止が普及したためだけに由来するとは思えない。それは、この禁止令とともに、ほかの野生動物はいまの狩猟法に類似する、5月から9月までは禁猟、そのほかの季節には獲ってもよいと決められたことでもわかるだろう。海には魚、人口の多い所の周辺では罠でタヌキやウサギ、網でカモ類や小鳥、山ではイノシシやシカなどが獲られ、つい近年まで食用にされていた。食用家畜の飼育が必要ないくらい、猟から得られる肉だけで需要が賄《まかな》えるほど、日本の自然が豊かだったのだろう。

私が子どものころのことを思い返してみても、いまよりははるかに狩猟人口は多かった。そして、そのほとんどの人たちは獲物を家族で食べていた。うまく食べ、食べてもらうには、鳥類は獲ったらすぐに腸は抜いておくし、獣類であれば内臓を省き、血抜きをしておくという、一連の作業をきれいに行っておくのがハンターにとっては当たり前の作法であった。獲物が獲れたとき、家にいる家族の喜ぶ顔が浮かぶということは、たとえカモ1羽であっても、ウサギ1羽であっても、ハンターにとってその昂奮《こうふん》とうれしさは何層倍にもなったことであろう。

この時代の狩猟には、ただ獲物を獲るだけではなく、うまく食べ、食べてもらうということまでが狩猟の範囲に含まれていたのである。

しかし、時代が変わっていくなかで、自動車産業、および家電産業の発達に少し遅れて畜産業が発展してきたおかげで、豚肉も牛肉も鶏肉も、手軽に安価に入手できる時代になるとともに、ハンター人口も減り始めるのは、食べる楽しみ、食べてもらう喜びが減少してきたためと思わざるをえない。

うまく食べる、身近な人に食べてもらうという、狩猟の一連の行為のなかの主な部分がなくなったことで、狩猟の喜びが半減以下にされてしまい、ただ殺すということだけが、前面に押し出されてしまったというきらいがある。古い昔から明治より前まで長く続いてきた狩猟の文化が、動物擁護の立場からいえば野蛮なこと、悪いことと思われる風潮が多くなってしまったのではないか。それは、クジラやイルカの例を見ても明らかであろう。文化の異なる外国から散々にいわれていることは、皆がよく知っていることである。命ということは、生きるということは、ほかの命を犠牲にして成り立っていることは明らかである。菜食主義にしたところで、植物という生きものの命の上に成り立っているのである。

＊

もうひとつ、狩猟というものの本質の変化は行政側にもあると思う。狩猟行政というものが、駆除行政ということに重点が置かれてきたのだ。たしかに、農業・林業の被害は大変な問題であろう。しかしその被害は大昔からあったことでもあろう。そのなかで農民たちも必死に、生産物を守ってきたのである。同時に狩猟者は、狩猟者の、ある意味で義務ととらえて、被害を減少するべく駆除も行い、行政（領主）は戦闘の訓練というかたちでもって巻き狩りを行ってきた。その時代に狩猟者が行ってきた駆除というものは、おそらく狩猟ということが基となって行われ、狩猟というかたちからは大きくは外れない何かがあったように思われる。

しかし、行政が駆除行政に傾いたいまの時代、狩猟者の考えも大きく変わったように思われる。

獲物を、うまく食べるための手続きを行わずとも、幾ばくかの金になる体制としたことで、狩猟者もその手続きを省いても金になると考えたのだ。解体をする道具の代わりにカメラを携え、腹を割かずにそのカメラで獲物の写真を撮り、ボードに日時を書き込むだけで金になるのが、いまの駆除なのである。

しかも、いまの駆除期間は、猟期以外の時期に行うのがほとんどなので、旬の時期を外れている。その肉をジビエにまわしてみても、旬を外れているのでそれほどうまくはないであろうと思う。ただ、珍しいというだけでは、消費の拡大にはそれほどつながらないのではと個人的には思う。

殺せば金になるという駆除のあり方には、昔からあり続けた猟の獲物として得たときの喜び、ありがたさ、命に対する畏敬の念などがない状態なのである。そこには太古から培われてきた狩猟文化のかけらもなく、ただ効率と金があるだけのように思われるのだ。

自然のなかで起こったこと（シカやイノシシが増えすぎたこと）は、自然が解決（数が減って安定）するだろうが、もともと自然を壊し経済の効率だけで特定種の植物に変えられてしまった所が多くなっており、それ自体が自然ではなくなってしまっているので、自然に任せる方法はもはや難しい山の状態なのかもしれない。しかし、そんな山のなかでも増減を繰り返しながらも命をつなげ続けていくのである。

いまの北海道、特に道東におけるシカの頭数は減っていることが実感できる。それは駆除の成果ということもあるのかもしれないが、シカの棲息域が全道的に広がったと考えたほうがよいのかもしれない。以前のように簡単に獲れなくなってきたがために、一部の地域では新しく猟を始めた若者が次々と猟を辞めていく傾向があることは残念なことである。

そのほとんどが、駆除が金になるということで始めた者が多いと聞く。獲りにくくなったため、経済的に成り立たなくなったのであろう。ある業種がうまくいかなければ、業種を替えるということは経済の流れからいえば当然のことであるが、狩猟ということからの延長にあるはずの駆除においても先に経済がくることは、ある一時は金になるが、狩猟の面白さ、楽しさを見つけられずに終わってしまうことになることの証のような気がする。

私自身のことを振り返ってみると、物心ついたころから父に連れられて渓流釣り、山菜採り、そして猟と、65年以上もの間、飽きもせずに続けてきてしまった。

子どものころから山へ連れていってくれた父が、山(自然)を楽しむことに長けていたことが、私に無理なく伝わったのだろう。私にとって山にはすべてがあった。食料も冒険も、楽しみも喜びも、もちろん、つらく苦しいこともあったのだろうが、それはあまり覚えていない。ただ、自然のなかで自分を含めた動物の「命」……「いのち」と書き表したほうが気持ちにピッタリとするのだが、「いのち」と向き合うことができてきたように思う。

槍や弓、そして火縄銃などと変化しながら営々と続いてきた狩猟というものを、少し精度が上がったライフルという武器を抱いて歩きまわってする。ひとりでやっていると、武器の精度がよくなったからといって、獲物はそう簡単に獲れるものではないことも知ることができた。

武器の良し悪しよりも、自分に課さねばならないことのほうが多くあることも、自然のなかから学んでいけた。装備に頼らないということも役に立った。便利さを少しなくすことによって、我慢することを覚えることができた。眼、耳、鼻、口、皮膚それぞれから感じえる感覚をバラバラに使っていてはダメだ、などと、ひとつひとつ覚えていき、それを実行していけることにうれしさを覚えた。

夜の寒さに耐え、空腹を我慢し、歩き、追い続けることにより、獲物を得たときの喜びとありがたみは本当に大きなものだった。「いのち」を考え、真っ向から向き合えたと心から思える刻《とき》だった。腹を割き、手に熱いほどの獲物の体温を感じ、まだ温かい肉の切片を急いで熾した小さな焚き火で炙り、口のなかで広がるうまさを飲み下すとき、「いのち」がつながっていくことが痛いほど実感できるのだった。

斃《たお》れた獲物をこれまで育んできた自然への畏怖《いふ》と、獲物に素直に感謝することができた。そして、なんのてらいもなく、素直にそうできることがとてつもないことを発見したことのようにうれしかったのだ。

自然は一刻も静止することはない。山にいるとその変化自体が大きな流れのなかにあるように感じる。植物か動物かということとは無関係で、すべてが生きているのだ。そのなかに自分も動物として入り込める余地があったと気づかされたことも、大きな発見であった。

静止することのない自然は、毎年繰り返す秋冬の季節のなかにあっても、決して同じ状態には巡り会うことはない。

その自然のなかでの「いのち」と「いのち」の出会いも、ひとつとして同じものではなかった。いつも新鮮な喜びと感動を与え続けてくれるのだ。

同じことは決して起こらないことのなかに、かすかな類似点を見つけるべく感覚を研ぎすまし、自身の隠れている能力を見つけ出していく方法を探すことが、猟の醍醐味であり喜び楽しさであるのではないかと思うし、それが猟を長く続けられた理由ではないかと考えている。

＊

オリンピック……いまは近代オリンピックといわれているようだが、それの各種目を考えてみても、グラウンドの整備、用具の開発と変化はあるにしても、基本は人間の身体能力を競っているのである。

たった数cmの距離を伸ばすために、たったコンマ数秒を縮めるために、たった数kgの重さを超えて持ち上げるために、練習に励み頑張るのである。

それらのひとつひとつは、人間のもっているであろう、隠された能力や感覚をどこまで高め伸ばせるかを発見しようとの努力であろう。

狩猟は、自然のなかで獲物を獲らんがために、各猟人がそれぞれの感覚、体力、身体能力を磨いてきたのだ。それがため、スポーツという言葉の原義が狩猟といわれている所以《ゆえん》であり、狩猟がスポーツの元といわれる所以であろう。

＊

このたび私がこのような本を書こうと思ったのは、自然回帰ブーム、ブームといえるかどうかは定かではないが、以前から付き合いのあった山と溪谷社の鈴木幸成さんの強い勧めがあったからである。

軽い気持ちで引き受けたはいいが、めんどくさがりの私には、難しい仕事であった。

特に、獲物の種による獲り方など、項目に分けて書き表すことは、猟における獲物としてひとくくりに考えていたことでもあり、私としてはいつものことであることを書いていくので、異なった種であったとしても、天候であれ、感覚のことであれ、文章のなかではすぐに同じような場面に出会ってしまう。

自然のなかで同じようなことは二度とないといいながらも、こうして文章として改めて自分の猟を振り返ってみると、表現としては、二度も三度も重複してしまう。読んでくださる方々にとっては、また同じようなと思われるだろうとの心苦しさがある。自然のなかでの日常とは、繰り返しと積み重ねが多いものであるので、そんなものだろうと軽く考えていただければ幸いです。

自然が好きな人、焚き火の好きな人、猟に興味のある人、これから猟をやりたいと思っている人、また、猟のことを考えたこともない人にとっても、この本が自然というものに対する考えのひとつのヒントにでもなってくれることを希望している次第です。

また、多田溪女さんには、この本の構成やイラストなど、細部にわたりご協力いただきました。特に彼女は、自然や猟からの楽しみを長く続けるためにと、そこから得られる山菜や、獲物を簡単に、そしてうまく食べられるようにと、食し方のレシピにも力を注いでくれました。

小堀ダイスケさんには銃について色々アドバイスを受けました。ありがとうございました。

狩猟の記述については、浅学なための思い違いなどもあることは、お許し願うばかりです。それらについては、「狩猟学」などの講座もできた大学もあると聞いておりますので、そちらの方々が日本の狩猟文化と狩猟というものを、学問的に正しく解き明かし、継承していってくれることに期待しております。

目次

第1章 道具考

第2章
単独猟基礎知識

第3章

単独猟実践術

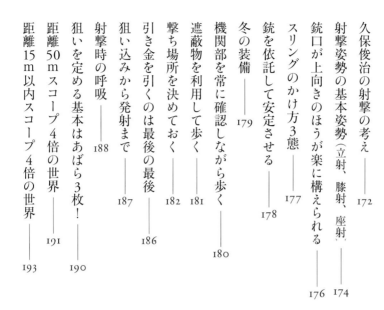

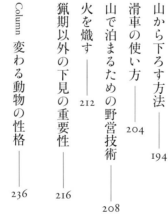

第4章

獲物活用法

第5章

日常のこと

第1章

道具考

狩猟装備についての考え方

猟を始めてから50年ほどであるが、そのほとんどは単独猟であった。ひとりで山に入り、獲物を追い、獲物を仕留めて山から獲物を下ろす。私の猟はその繰り返しであった。

私の場合、ヒグマ猟が本格化するのは、雪が降ってヒグマが穴に入るまでのわずかな期間で、ほんの2～3週間である。そこでヒグマを追跡しきれずに獲れなかったら、それでそのシーズンは終わり、と決めている。気温が氷点下の日も多く、雪がまだ本格的に積もっていない時期は、冷気が一段と体に突き刺すように感じられ、とても寒く感じる。そのようななかでも、獲物を追うときはあまり厚着をせず、汗をかかない服装を心がけ、基本的には歩くのにちょうどよい服装で行動する。

ヒグマ猟を始める秋から初冬にかけては、シャツにベスト、頭にはニット帽、下はズボンにレインパンツ、ウールソックスに長靴を履く。足元はスネから下にゲートル（ゲーター、脚絆）を巻くことで、ササや木などのひっかかりを避けることができる。スパイクのついている靴や登山用などソールが分厚い靴は、不自然な音を立ててしまい獲物に悟られやすいこと、地面の感触が得られにくく、山も荒れてしまうことから使用しない。滑りそうな雪渓などは、キックステップで慎重にゆっくりと足の裏で感触を確認しながら歩いていく。

夏は、秋からの猟期に向けてヒグマの行動圏を歩いて探索する季節だが、長靴＋ゲートルが地下足袋＋ゲートルになり、綿のズボンに長袖のTシャツなどを着用して濡れても乾きやすい服装を基本とする。目的の沢の地形やいままでの経験から気温などを考慮した服装に変更される。真夏でも、山に行くときは半袖Tシャツなど、肌が直接露出する服装は避けるべきである。沢にはゴロゴロと鋭利な岩や石が転がっていて怪我などをする恐れがあるから

狩猟道具は、自分にとって使いやすいもの、なじむものだけを厳選し常に携帯している

だ。地下足袋は川を渡渉する際に、滑りやすい。そのような場合は、わらじを編んで持っていく。川釣り用の足袋にはフェルトがついているが、フェルトは川では滑りにくいが、泥や草地はとても滑る。足回りで大切なことは、渡渉、岩場、藪のなか、草地、泥の上など多様な地形を歩くことを考えて、どれかに特化したような道具を用いないほうがよい。どうしても必要な場合は、多少荷物はかさばるが装備品として準備することを考えるべきである。

山深く獲物を追って、山で泊まらざるをえないときもある。そのための装備も、常にキスリングに入れておくことが大切だ。

ビバーク適地に着いたら、まずは火を熾す。どこでも、どんな天候でも、焚き火ができる技術と知識をもっていると、ガスや明かりなどの装備を準備していなくても安心だ。焚き火は練習しないと、雨の日などが続いたあとに火を熾すことはまず難しい。日頃から、焚き火の原理をしっかりと把握したうえで練習しておくことも、いざというときに役立つ。頭が冷えると山では寝られないので、乾いたものを必ずかぶっている。うまく焚き火をすれば、焚き火をまたぐようにツェルトを張って、割れそうのない石を温めてから布に包んで寝ると、冬や肌寒い沢でのビバークでも暖かく過ごすことができる。また、レインウエアなどの下に新聞紙を巻くと保温性が高くなる。冬でも、シュラフで寝る場合は、乾いた新聞紙を体にかけておくと、湿気を吸い取り快適に過ごすことができる。

獲物が獲れたときは、基本装備に加えて獲物を担いで山を降りなければならない。ほとんどの場合、その場で解体するが、ヒグマの場合は剝いだ毛皮だけでも30kg以上はある。体力がある男性の場合は、50kgを一回で下ろす。これを、200kgの獲物を仕留めた場合、4~5往復することになる。どのくらいの重さかというと、山を越えてベースキャンプに帰る際に、獲物が入ったキスリングを一度背負うと、ベースに着くまで下ろすことができないほど。特に山は足場がしっかりしていないと、起き上がれなくなることもある。山の奥で獲った獲物を麓まで下ろすのが一番つらい仕事になるが、自分の山を歩く技術と体力を日頃からしっかりと把握しておくことが、単独猟で

山のなかでは視界の良し悪しにかかわらず、常に周囲の様子に注意しながら進む

は大切なことである。以上はヒグマ猟の話だが、シカ猟だと、装備道具がこれよりも少なくなる。

また、獲物を獲ったときは、すぐに腹出しを行い（同時に放血も行う）、古いシーツなどで獲物をくるみ吊るしておくとカラスなどに荒らされる心配がない。寒い季節では1～2日間は野外での保管が可能だ。そのため、猟期が始まっても、気温がぐっと下がりハエなどの虫がつかなくなってから猟をするという選択も山での単独猟では大切である。

単独猟ではすべてをひとりで完結する。獲物を山からすべて下ろすことを考慮して、装備を必要最小限にしなければならない。汎用性が高く、身の回りにある道具を準備することも重要で、高価な道具は実は山では特に必要とならない場合が多い。そこが、登山と狩猟をするために山に入る際に大きく異なる部分であろう。普段から使っている道具を大切にし、道具を大事にするからこそ長く使うことができる。そして、長く使うことで、結果として自分の体の一部のように自在に扱えるようになるのだ。

全身装備は写真の通りである。季節によって多少の違いがあるものの、いかにシンプルで機能的にまとめるかが重要だ。若いころと比較しても猟の際に携行するキスリングの中身や装備に大きな変更はないため、「シンプルな道具を手入れしながら大切に使うこと」が、狩猟者の第一歩となると考えている。特に、単独猟をするにあたり必要最小限の無駄のない装備、ひとつひとつの動作に干渉しない服装がいかにスムーズに猟を行うために重要であるかは、少しでも猟を経験した者であれば、理解するのは難しくないはずだ。では、自分にとっての最適装備や服装というものは、どのように決めていくべきか、という疑問が思い浮かぶ者もいるだろう。その疑問については、何度か自分で試して失敗と経験を重ねていくことも必要であるが、一番は狩猟するにあたり、早く自分の狩猟スタイルを確立することであろう。一度、自分の狩猟スタイルを明確にしたうえで、装備や服装を考えていくと、季節により肌着の厚さや上着の枚数などに多少の変更はあるが、生涯を通してその装備は基本的には大きく変わらない。そして、一度極めようと決めた猟のスタイルは、自分の狩猟人生にとってのベースとなるだろう。生涯を通じて大きな変更をすることなく、様々な場面で応用可能な装備となるので、案外自らの猟の幅が広がっていくことも多い。

狩猟を始めるにあたって、どのような時期に、どういうスタイルで猟をするのかを早い段階でしっかりと決め、その猟に必要な基本装備を確立することは、誰にとっても重要である。

選び方の考えとしては、自分が山のなかで快適に過ごすことができ、かつ、自然のなかに自らが溶け込むことができるよう、極力音が出ないような服装を心がけるとよいだろう。また、何枚か重ね着をすることで温度調節ができる工夫も必要である。

猟期中（左）と夏（右）の服装と装備。大きな違いは、足回り。夏は地下足袋で濡れてもよい装備となっているが、猟期中は気温が氷点下付近まで低下する日も多いため、濡れにくい装備（長靴＋レインウエアズボン）となる。頭は冷えるのを避けるためにニットの帽子をかぶる。重ね着をして温度調節可能な服装を基本としている。真夏でも、肌を露出するような服装は避ける

キスリングの中身

キスリングにはこれらの装備が入っている。山中で獲物が獲れたときは解体した肉も背負う。一回で運ぶ重量は30kgを優に超え、山を何往復もしてすべてを下ろすことになるのだ

キスリングには、猟をするための必要かつ最小限のものだけを入れることをまず肝に銘じておかなければいけない。いったん山へ入ると、たとえ日帰りであったとしても容易に車や家へ戻ることはできない。獲物を追うと決めた以上、しっかりと事前に装備の確認をしておかないとならない。日頃から解体時に必要な道具やビバークに必要な最小限の装備を準備しておくことが基本である。

季節で多少異なるが、必ず携行する基本装備のみを入れている。それらを以下に列挙していく。風呂敷に包んだ着替え、カッパ、解体用のナイフ類、滑車（作業に使いやすい長さにそろえたロープ類）、ツェルト、飯盒（白米〈3合〉、お茶、コップ）、20mロープ、ビニールテープ、ライト、フクロナガサ（腰に携行）。着替えやカッパはキスリングの幅に合わせてたたみ、キスリングにピタリと納まるようにパッキングしていく。音が鳴らないように、飯盒の蓋は紐などで固定しておく。使用頻度の高い防寒具などの装備は一番上に収納する。

獲物を追う際に、中身がカチャカチャと音の鳴るようなパッキングやグラグラと安定感がないパッキングは、音で獲物に悟られるうえ、歩き方でも悟られやすくなる。全体的に安定感のない歩き方は、無駄な体力を使い疲れやすく、歩調や呼吸が乱れがちだ。パッキングの段階から、獲物に悟られずに山の自然といかに同化できるか、獲物との勝負が始まっているのだ。

猟期は頭を寒さから守るニット帽をかぶっている。メーカーにはそれほどこだわらずに、自分が山で快適に過ごせることを第一に考えている。ビバークする際には、濡れた帽子を使うと頭が冷えて眠れないため、替えの帽子を装備として持っていく。フリースの上着とカッパの上下を愛用することが多い。

大きな風呂敷は、モノを包んだり、寒いときに羽織ったりするなどの使い方が可能である。また、ビバーク時にロウソクをつけて空間をつくって体の前面を囲うと、結構暖かい。

必ず予備の着替えと、替えの帽子を風呂敷に包んでキスリングに入れて持ち歩く。風呂敷は寒いときにかぶっても暖かい

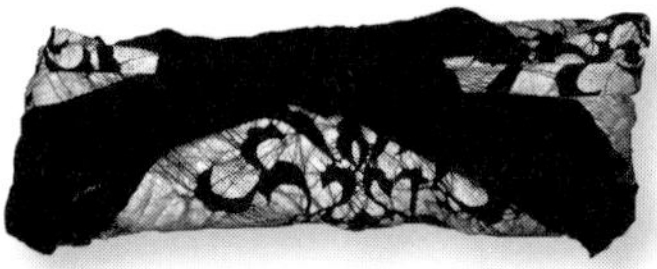

アンダーウエアは、速乾性に優れた化繊の上下を着ている。ソックスは厚手のウール製をはいている

夏場は頭には手ぬぐいを鉢巻きにして巻く。汗をかかないように歩くことが基本であるが、タオルが一本あると、頭を覆うことができるので、日差しが強すぎる場合や髪の毛が視界を邪魔することを防ぐのに重宝する。

ダウンは暖かいが、カサカサと音が出てしまうため、どんなに寒いときでも着ないことが多かったが、年を重ねてからは厳冬期の猟の際はダウンを着る機会も増えてきた。カッパの上下は、夏場の短い期間を除き、一年中活躍するので、やはり基本装備として高価なものでなくてよいので、そろえておく必要があるだろう。

夏は基本的にゲートルと地下足袋を装備する。秋や冬は、レインパンツに長靴を履いてゲートルを巻き、長靴の口とレインパンツを電工用のガムテープなどでしっかりと固定することで、ちょっとした胴長のようにして足元が濡れてしまうことを防いでいる。

ソールの厚い山用の靴やスパイク付きの靴は、カチャカチャと歩く際に音が出てしまい獲物に気配を悟られてしまうので使用しない。地面からの情報も、足場を確保する際には非常に重要であるので、なるべく地面の感触を感じ取れるようにゴム長靴や地下足袋などを愛用する。

猟の出来の良し悪しは「足回りのこしらえ」でほとんど決まる。山のなかで獲物の追跡を始めると、すぐに戻れないような所まで行くことがある。そのようなときでも、足回りがきれいに整っていると、無駄な音が自分の足さばきから出ないため、相手に気配を悟られにくく自分自身も歩いていて疲れにくいはずだ。また、泥はね・泥すりなどで長靴やカッパが汚れないので、山のなかでも快適に過ごすことができ、そのような細部の整えが実は全体の出来に大きく関わると考えられるようになることが、自分を鍛え上げて猟を上達させる近道となる。

さらに登山靴など、山用の底の分厚い靴も狩猟において私は用いない。特に単独で山に入っているときは、足の裏からその地形の性質を読み取ることも、次の足の運びを決める際に、足場がしっかりとした地質かどうかなどの判断材料となるので、非常に有用な情報となるからだ。土の感触、石の感触など様々な土地の感触を感じることで、足の運び方が自然と身についてくるし、「ここは少し土がもろいな」「この枝は踏み抜くと大きな音が出そうだ」など自分の体を安定させる場所についても、足の裏全体から伝わる感触でわかるようになる。特に、単独猟では山を越えてベースキャンプに戻る際に、獲物が入ったキスリングを背負ったら、ベースキャンプにたどり着くまで下ろすことができないことのほうが多い。足場がしっかりとしていないと、腰を下ろした際に起き上がることができなくなってしまうためだ。

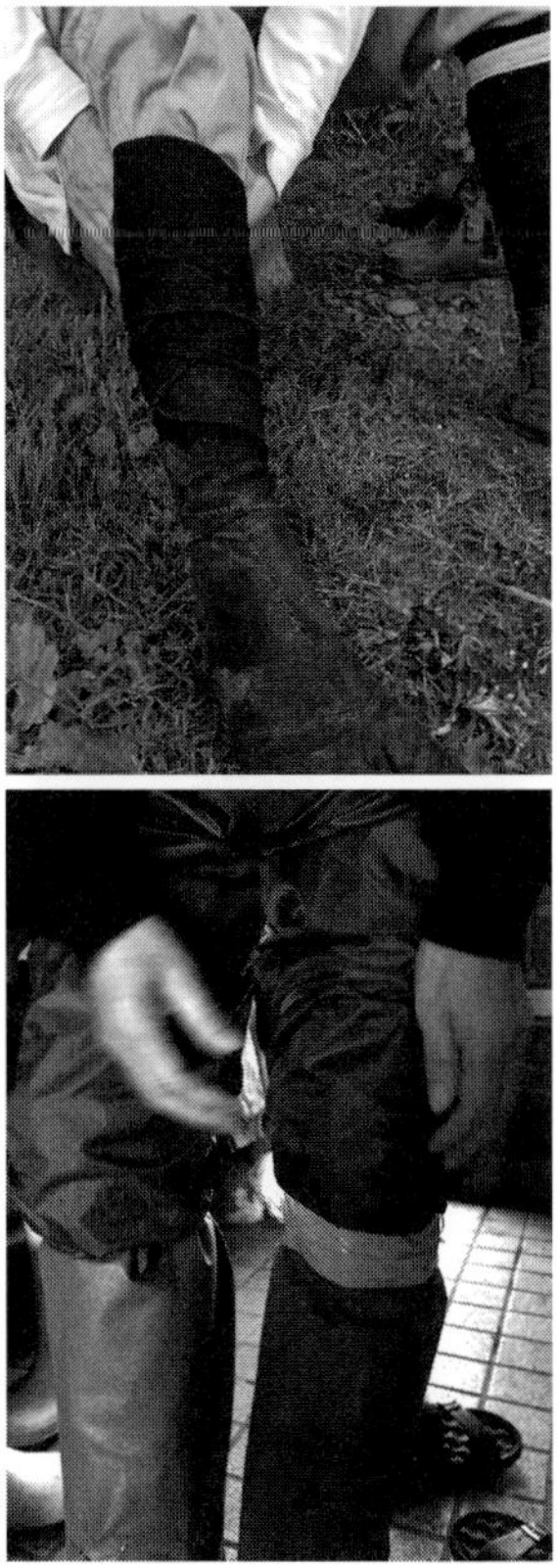

足回りは特にしっかりと整える。上）ゲートルが解けるような巻き方では、ほどけたゲートルを踏んで転倒する恐れがある。下）長靴の口とレインパンツをテープで巻く

行動食と飲料水

水は現地の沢で調達し、沸かして飲むことが多い。沢がない場所へ行くときは水を携行する

日帰りであっても非常食として米と飯盒（カップ、お茶）を持ち歩く。

山では満腹まで食事をとることはあまりないが、米は3合ほどを台所用のビニール袋に入れて持っていく。1日1合の計算で、3日は山に入ることができる量と考えている。

飯盒は通常1回で約5合ほど炊飯可能だが、5合の米を持ち歩くと装備が嵩張り重くなってしまうため、携帯する米は3合としている。

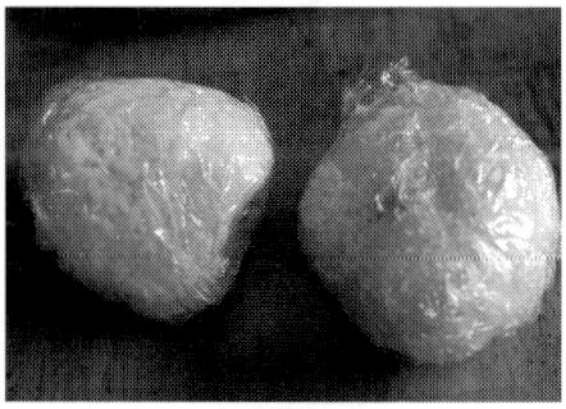

猟期中は日が短いため、すぐに食べられる握り飯などを新聞紙にくるみ懐に収めて携行する

キスリングには常にテグスを入れておき、現地で魚を釣り、おかずを調達する。もの足りないと感じるときは、山から得られる食料で賄うことで、なるべく荷物を軽くするように心がけている。

飯盒には、米のほか、ホーローのマグカップ、紅茶のティーバッグ、角砂糖が入っている。山では紅茶や緑茶を休息時に飲むことが多い。紅茶に角砂糖を3粒ほど入れて飲むのが山のなかの楽しみであり、一時の贅沢である。また緑茶は、茶葉も食べることで山中では不足しがちなビタミン類を補えるため、長期の滞在に適している。クマが獲れたときは、熊胆（ゆうたん）がつぶれないように飯盒のなかに入れて運ぶ。

軽食や非常食としてビスケットや焼き菓子など、日持ちするお菓子を袋に小分けして少量携行

ほとんどの場合、焚き火で火を熾して食事の煮炊きを行うため、山用のガスバーナーなどは単独猟の場合はめったに持ち歩くことはない。持ち歩く場合は、薪の確保が難しい場所、例えば沢が両面切り立ち函沢となっている場所などだ。基本的には、そういった場所においても、よくよく観察すると薪はあるだろうし、火が安全に熾せる場所まで戻りビバークすることを考える。初心者は山用のガスバーナーも装備として加えることを検討したほうがよいが、ガスバーナーはあくまでも補助としての装備であり、基本は焚き火であることを心得ておくことだ。

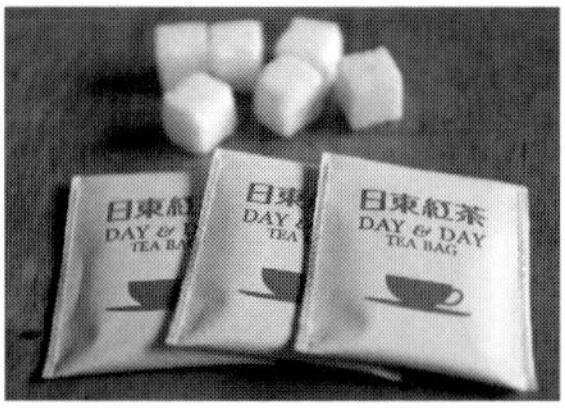

紅茶と砂糖。やかんでお湯を沸かし砂糖を2〜3つ入れて温かい紅茶を飲むと、体が温まる

ツェルトとシュラフ

ツェルトは「張る」だけではなく「包まる」「覆う」こともできるため、山のなかでは非常に重宝する。暖を取るだけであれば、ロープを張らずに自分にツェルトを覆いかぶせるようにすると熱も逃げにくく、ろうそくだけでも非常に暖かい

周囲にある木の枝などをペグの代用として活用することを考える。あらかじめツェルトの四隅に20cmほどの短い紐をつけておくこと

そのままくるまり、焚き火の近くで寝る。寒い場合は、焚き火で石を焼いておき、その石を風呂敷などに包んで抱いて寝ると暖かい。真夏以外は、朝晩の冷え込みが厳しいことを考慮し、3シーズン用シュラフとシュラフカバーを初めにそろえる基本装備と考えるのがよいだろう。

シュラフカバーがあれば、朝露によってシュラフがぐっしょりと濡れることを防いでくれる。初心者の場合、3シーズン用のシュラフをふたつ準備し、二重に重ねることで調節するほうが、冬用1枚よりもより暖かく過ごすことができるだろう。真冬はどうしても装備が嵩張ってくるので、空気をしっかりと抜き、小さくまとめて収納する工夫が大切だ。

小物類

ライト、ろうそく、ライター

野営する際にはライトを使わず、焚き火で明かりを確保する。ロウソクは、飯を食べるときの明かりになり、暖房にもなる。ライターは、焚き火を熾すときに使う。秋遅くなってクマが穴に入っているときは、穴に潜っていかなければいけない。そのときは、銃身にライトを巻いて穴に入っていく。クマの穴は、短いのや長いの、狭いのや広いものなどいろいろあり個性的である。

ろうそくは明かりだけではなく、いざというときに暖を取ることができる

ビニールテープ

ものを留めたりバンドエイド代わりにもなったりする。また、川を渡るときには、電工用の太いものをレインウエアと長靴の境にきつく巻くことで、水が入りにくくなる。昔と違って、パンツ一丁で川を渡ることはなくなった。

焚き付けには、新聞紙、枯れたシラカバから採った樹皮、松ヤニを使う

ロープと滑車

獲物を斜面から引き上げるときに重い場合は滑車を使う。滑車を使うことで、引き上げる作業が楽になる。

ロープは20mほどあれば、ダブルロープで利用しても10mの崖を安全に降下することができる。細引きは崖を下りるときに捨て縄として使う。また、滑車のロープが足りなくなるときに使う。

作業に使うロープはすべて最適な長さに調整し滑車とともに携行する

ビニール袋

何枚かビニール袋を常備している。獲物を捕らえたとき、急にキノコが採れたとき、ゴミをまとめるときなどに使う。キスリングに入っていなくてもポケットに何枚か入れている。大きめの袋を持ち歩くと、カッパとしても着られ保温効果も高まるので、大・中・小と一枚ずつでも持ち歩くのがよい。

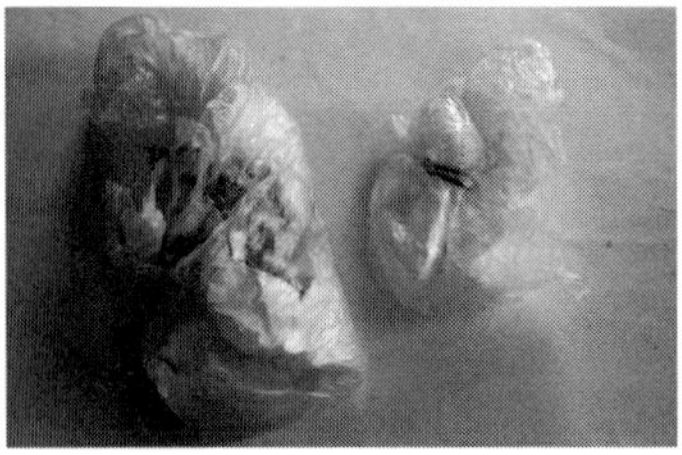

ビニール袋はポケットやキスリングに大小の大きさのものを何枚か携行する

キスリングのなかに衣食住のすべてを入れて、ヒグマを追う

戦争に用いる銃と猟銃は考え方が違う

銃自体のつくり方でも、銃の用途は異なる。銃がつくられた西洋では、軍事用は万人に（体格がよくない人でも）使えるようにするため、銃全体が短くなっている。対して狩猟に使うものは体格がよい貴族階級が多かったためか、銃床などが長くなっており、歴史的な使用者の事情や背景によって、銃のつくりも異なるのだろう。そのため、狩猟銃として西洋で使われていた銃は、体格が小柄だった日本人が使うには、そもそも銃床が少し長すぎる傾向があったのだ。

このような歴史の違いから、軍用銃と猟銃は銃としての機能は同じであっても、サイズなどの構造に根本的な違いがあることをよく理解しなければならない。

猟銃の「ペアガン」などは典型的な金持ちが『娯楽の猟に使う猟銃』がコンセプトだった。そのため、自分の体格にピッタリと合ったライフル（散弾も）をフルオーダーで2丁ほどつくり、2発込めの弾を猟の最中に撃ちきったら従者に持たせておいた代わりの銃を交換しながら使用していたようだ。実包は12番でシギ撃ちやキジ撃ちなどをしていたのだった。

用途と目的が異なる

現在は、ボルトアクションと自動銃など猟に使える銃が様々あるが、そもそもの成り立ちの歴史と機構が異なるので、自分がどのような獲物を狙いどのようなスタイルで猟をするのかをしっかりと考えたうえで、猟銃を選択しないとならない。

自動銃の場合、連射ができるのでカモ猟などには最適である。チョーク（銃口部の絞り）を選択することで、近射から遠射と幅広く使うことができる。また、スラッグ用の替え銃身があれば大物猟にも使える。その代わり取り扱いには慣れが必要である。自動銃でもあることだが、特に単引きの二連銃では作動不良が起こりやすい。

その点、ボルトアクションや元折れ式の単発銃であれば、銃の操作法が理解しやすく、万が一、不発などのトラブルがあっても対処が簡単である。これはライフル銃の場合でも、基本的には同じである。特に確実性の求められるヒグマ猟の場合には、ボルトアクションが信頼できると私は思っている。使う者の体格と、どのような猟をするかによって選ぶべきである。

銃と実包の相性を考える

銃と実包はしっかりとその用途と相性を考えなければ命中率に影響が出てしまう。自分の猟のスタイルと銃と実包の特徴をしっかりと把握することが大切だ。

まずは自分の体格に合った猟銃を選ぶこと。見た目や性能など自分の好みもあるだろうが、どのような獲物をどのように得るのか、自分の体格や体力などを客観的に考えるとおのずと銃は絞られ、相性のよい弾も選びやすくなるだろう。

実包（装弾）の特徴

実包（装弾）の種類	特徴
.338 ウインチェスターマグナム	一般的な 30 口径に比べ弾頭が約 1㎜太く、そのぶん、獲物に与える威力はかなり大きい。エゾシカに対しては若干オーバーパワーだが、ヒグマと対峙する場合、.338 の安心感は何物にも代え難い
.30-06 スプリング フィールド	ハンドロードする場合、選べる弾頭の種類が多く、150 〜 220 グレインの数種の弾頭を選択できる。シカからクマまで、近射から遠射まで幅広くカバーする
.308 ウインチェスター	.30-06 とともに弾頭の種類が多い実包。.30-06 に比べると薬莢の長さが短いが、威力はほぼ同等
.30-30 ウインチェスター	ウインチェスター M94 専用の実包。軽いのが特徴で、180 グレインで使うと近射で威力が上がる
.300 ウインチェスター マグナム	見通しの利く遠射に適する実包。牧草地でのシカを狙うのによい。近射では弾が貫通してしまうことが多い（弾頭の選択によっては、問題ない）
散弾（20 番）	12 番と同号、同重量の散弾の場合、威力は若干劣るが、そのぶん発射時の反動が軽く撃ちやすい。銃自体も軽量のものが多い
散弾（12 番）	クレー射撃用の 24 g から、3 インチマグナムなら 53 g もの散弾を撃ち出す実包もあり、使用目的の範囲が広い。狩猟用としてもっとも一般的な散弾
スラッグ弾	12 番のスラッグ弾を用いた場合、50m 程度であれば命中率はある。ただし、自分が使う銃の絞りにも合わせて使う必要がある。絞りが弱いほうが銃腔に負担がかからず、スラッグ弾には適しているだろう。スラッグ弾を常時用いる場合、遠射でなければ銃の変更なしに併用できるので使いやすい（チョークを使わないスムースボアの銃腔であれば、ヒグマやシカが出てくるような場所で猟をする場合はスラッグ弾を使い、鳥には散弾を使う）
サボット弾	銃腔の半分に施条（ライフリング）がある銃（サボット銃）で撃つことができるのがサボット弾。サボットが銃腔内で回転することで弾丸に直進性を与え、スムースボアに比べて精度が上がり 100m くらいでの命中精度も高いが、50m くらいではスラッグとサボットの命中率に差は出ないだろう。難点は、スラッグ弾に比べると価格が高いことである

およそ半世紀前に手に入れたライフルを愛用

いまも愛用しているのはボルトアクション、338口径のマグナムだ。ライフルが自分の体の一部になるように、銃床を自身の体に合わせて短くし、引き金がスムーズに落ちるように各部を徹底的に調整した。

獲物を撃つ際は、私の場合は至近距離から狙うためスコープの倍率は4倍である。ヒグマの5～15mに近づき、顔が正面からよく見える位置から撃つ。もちろん獲物との距離が近いほど、外した場合には大きな危険が伴うが、そのため初弾で確実に仕留めることが可能な大口径のライフルを選択した。

これから銃を所持しようとしている人は、まずは自分がどのような猟のスタイルであるか、どのような獲物をどのような距離で仕留めるかを念頭に選ぶとよい。そして、銃を構えるにあたり、自分が欲しい銃と自分の体格にフィットする銃は違うということをしっかりと理解しておくことが重要だ。体に合わない銃を選ぶと山歩きが苦行となってしまい、結果として狩猟に身が入らなくなってしまうものだ。それに銃の操作にもどうしても無駄が出てしまう。自分の猟のスタイルと体格に合った銃を装備するのが最も早く狩猟が上達する近道だ。

山に入って獲物が近くなっても薬室に弾を入れず、弾倉に3発入れておく。そのほか、小さな革製の弾入れ（P.45下の写真）をベルトに通して携行し、そこには4～5発を入れている。

常に初弾で斃《たお》すことを心がけているため、普段から無駄な弾を持ち歩かない。そして、一度の出猟で頭数を獲るということをしないため、予備の弾を含めても最大8発ほどだ。必要以上に弾を持ち歩くと、弾があるという安心感から、かえって獲物に弾が当たりにくくなるように思うし、一発で仕留めることは自分の信念でもある。

「初心の人、二つの矢を持つことなかれ。後の矢を頼みて、始めの矢に等閑の心あり（『徒然草』第九十二段：吉田兼好）」とは、昔の弓の師匠もよくわかっていたし、それは現在の猟の考え方にも通ずるはずである。

得物はサコーのフィンベア338マグナム銃。およそ半世紀、ともにヒグマを追った銃

久保俊治愛用の３丁

【ライフル銃】
サコー・フィンベア
338マグナム

獲物：シカ、クマ
弾種：ライフル弾250グレイン

【ライフル銃】
ウインチェスターM94
レバーアクション30-30

獲物：シカ、小型のクマ
（シカがメイン）
弾種：ライフル弾180グレイン

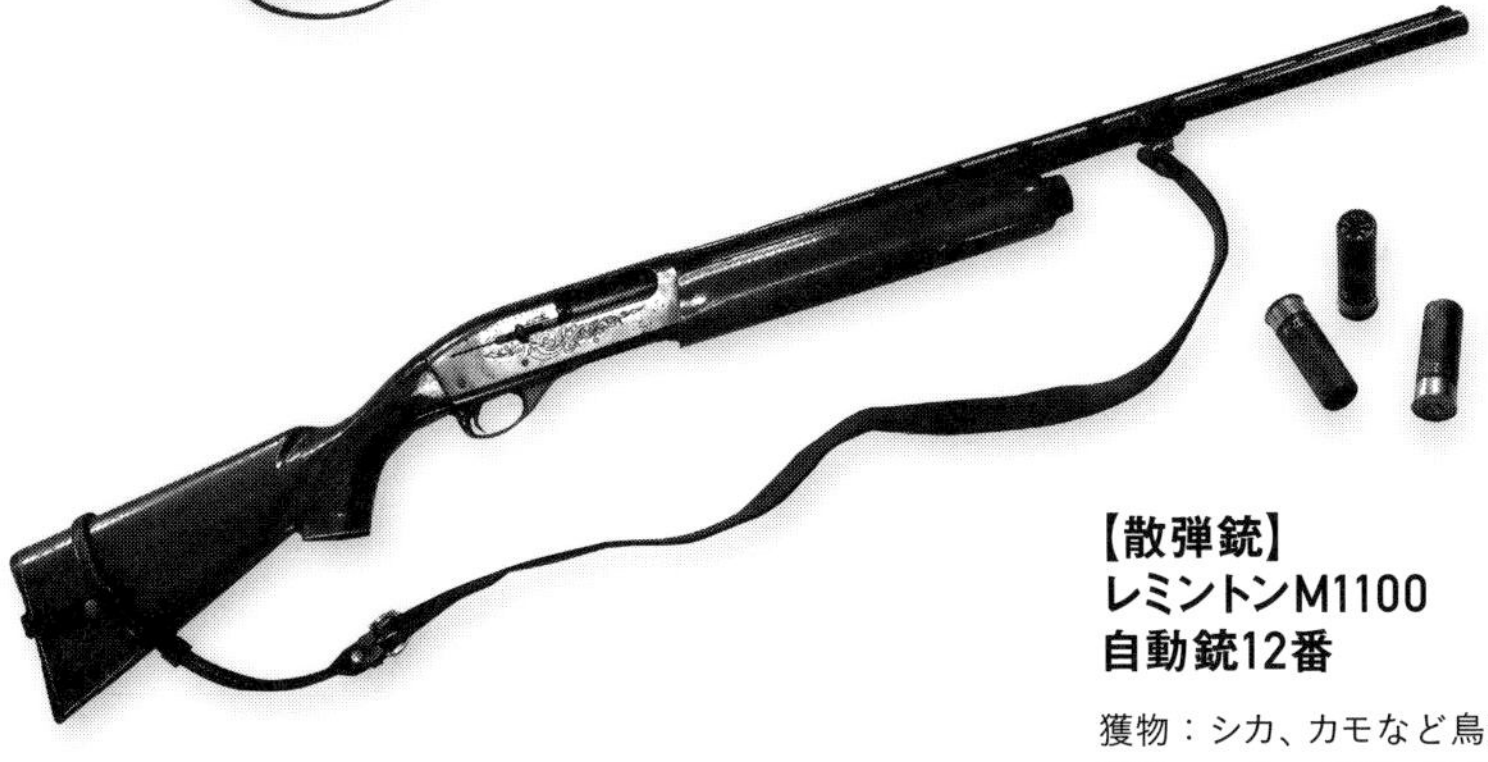

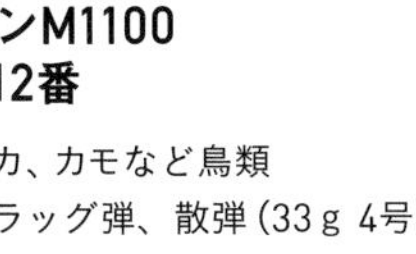

【散弾銃】
レミントンM1100
自動銃12番

獲物：シカ、カモなど鳥類
弾種：スラッグ弾、散弾（33ｇ 4号）

338マグナムの弾は4発ずつの弾入れに入れてベルトに通して携行する。常に獲物に対しては可能な限り近づき初弾で斃すことを心がけている。ヒグマでさえも5〜15mに気がつかれないように近づく。そのほうが結果として初弾命中率が上がるし、獲物を結果的に苦しめなくなる

体の一部になるようにする

常に身につけている刃物は2本である。長い刃物はベルト通しを使いベルトから刃物を下げると、プラプラと動いてしまう。刃物はしっかりと身につけるため、ベルトと体の間に挟み入れ、鞘につけている紐でベルトにも何度か巻き付けることで落下を防止するのだ。行動中は必ず手挟む《たばさ》ようにし、よけいな音や遊びを防ぐことで落下や紛失を防ぐことである。

道具を手入れし大切に使うことは、家にコレクションとして飾っておくことではなく、実際に自分で山に携行し、山の活動のなかで日頃から親しみながら使うことである。そのためには、道具も自分の手足と同じように無意識のうちでも管理できるようにならないといけない。もし、落としてしまったとしても、最後にどこで刃物を触っていて、どのあたりまでベルトにあったのかがわかっていれば、山のなかの探索でも比較的目星をつけやすい。頻繁にベルトに下げた刃物や鞘を触ることをしっかりと習慣づけることである。

P.47の写真の右側の大きいほうは、阿仁マタギの西根登氏製作のフクロナガサである。フクロナガサは柄が袋状になっていて、長い棒を差して止め具として使うこともできる。ビバーク時、夜は鉄砲を使うことができないので、そばに置いておくと万が一のときに心強いものだ。丈夫でよく切れるため、薪を集める際にナタ的にも使うことができる。

フクロナガサはほとんどの人が山で使い、木や枝を払うために片刃仕様である。だが、私のものは狩猟用なので腹をまっすぐに割くことができるように両刃で特別に注文した。さらに、柄に棒を差して使う場合は身幅が狭いほうがいいので、西根さんに依頼するときに狭めてもらった。長さは8寸あり、これ1本でとても使いやすい。

鞘は自作だ。自分が使いやすいように、道具を自作することも多い。フクロナガサと同じ鞘に収めている小刀は、内臓などを出すときに使うものだ。鞘に巻き付けているタコ糸は、ヒグマの胆のうを縛るのに使う。また、獲物を獲ったその場で腸詰をつくるときにも重宝する。

解体用の刃物について

まとめて革に包んで、キスリングに入れておいている。

小刀は、硬い皮を剝ぐ場合に使う。例えばクマの場合、掌を解体する際には、よく切れるものを使用しないと、きれいに切ることができない。

さらに刃物類は、肉を切るものと、腹を割く刃物は別のものを使い、衛生的に十分に配慮しなければならない。近年、寄生虫や肝炎などがジビエブームの陰で問題となっているが、山のなかでの解体だから衛生面に問題があるのではなく、部位ごとのナイフ類の使い分けができていないことや、ナイフの汚れを布などできれいに落としながら作業することを怠っていることで汚染が発生することが理由と

解体用ナイフ一式は革に包み携行する。左から、ノコギリ（大）、恥骨切り用ノコギリ、皮剥ぎ、首落とし、小刀、フクロナガサと小刀だ。フクロナガサと小刀は常に腰に手挟んでいる

しては大きいだろう。そのうえ、解体者が寄生虫の知識や経験がないまま解体し、さらに知識のない店が料理を提供することで問題となる場合もあるのだ。

獲物の解体にはある程度の時間をかけるべきで、湯を沸かし刃物を拭きながら解体を進め、きちんと消毒するのが野生動物の解体の場合はベストである。特にシカの場合、脂の融点がほかの動物と比較して高く、すぐにベターッと刃物につく。この脂を手ぬぐいなどでぬぐいながら解体することが多いが、沸かしたお湯をかけながら進め、刃物の切れ味を保ちながら解体するのが一番であり、さらに衛生的である。

関節外し用のナイフはガリガリとやっても刃先があまり傷まないタイプなので、関節を落とす際に使う。皮剥ぎ用の刃物の鞘は、革を適度な大きさにカットした手づくりだ。解体用の刃物は、使いやすいようにすべて自分で削り直している（P.55）。自分で用途に合わせて使いやすいようにカスタマイズすることは道具を長く愛用する際には必要な作業であるし、手入れをすることで長く使うことができる。

折りたたみノコギリは恥骨を切るのに使用する。骨切り用の折りたたみノコギリだけが使って3年になる。木を切っているノコギリと兼用していたときもあったが、兼用すると刃へのダメージが大きくすぐに切れ味が悪くなるので、同じものを使用せずに使い分けている。

刃物類

フクロナガサ（8寸）

両刃。獲物の腹などを割くほかに、木や藪などを払うときにも使う

切り出し刀（約4寸）

片刃。関節を外したり、手のひらや耳など細かな部分の皮剝ぎ作業に使う

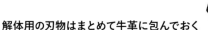

皮剝ぎ（約30㎝）

両刃。入力に応じて刃が曲がるほどしなやかなので、皮を剝ぎやすい

解体用の刃物はまとめて牛革に包んでおく

小刀（約5寸）

両刃。元はヨットマンが使う刃物で、厚みがあり、関節などの筋を切るときにも躊躇しないで扱える。加工前は先端の峰側は膨らんだ形状をしていたが、使いやすいように削り落としている

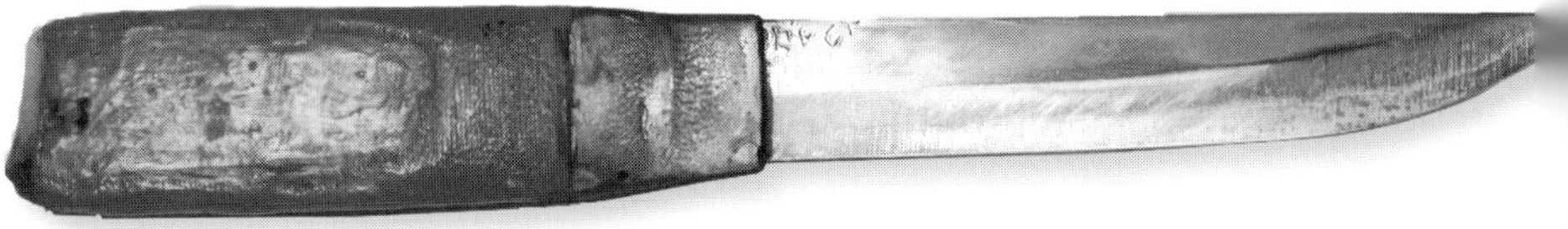

小刀（約5寸）

斃した獲物の腹を割いたり、皮剥ぎに入る前の切り目を入れるときに使う

鞘に収めた刃物は、ズボンに挟んで動かないようにしている。鞘は自作し、カシューなどを塗り重ねている

恥骨などを切るノコギリ

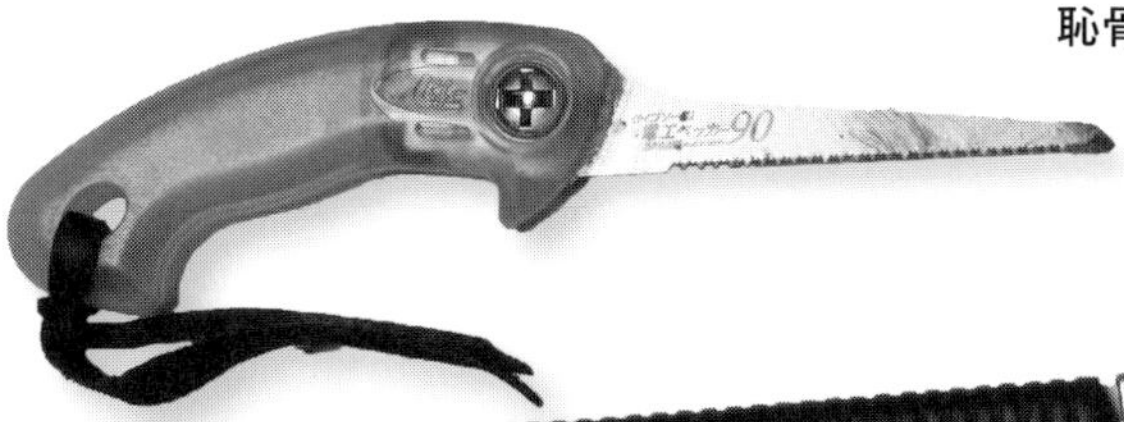

木などを切るノコギリ

日頃のメンテナンス

長く道具を愛用するための、日頃のメンテナンス方法を紹介する。

猟から戻ったら外気で冷えた銃を乾いた布でしっかりと拭き、結露による水分をまずは拭き取る。そして、ひと晩十分に乾かしたあと、基本のメンテナンスを行う。山中でビバークする際も、十分に気温が下がっている場合は、テントのなかでは銃が結露してしまうので、ボルトを抜いて銃に雪がつかないよう覆いをして外に置いておくほうがよい。もちろん、出猟中に湿った雪や雨などが当たってしまった場合は、より入念なメンテナンスが必要だ。

銃のメンテナンス

1 銃のメンテナンス道具一式。オイル、布、セーム革、ブラシ各種、歯ブラシ、洗い矢

2 銃の口径に合わせてブラシを選び、洗い矢の先端につける

3 オイルをブラシにつけて、銃腔内を磨く。錆や汚れをしっかりと落とす

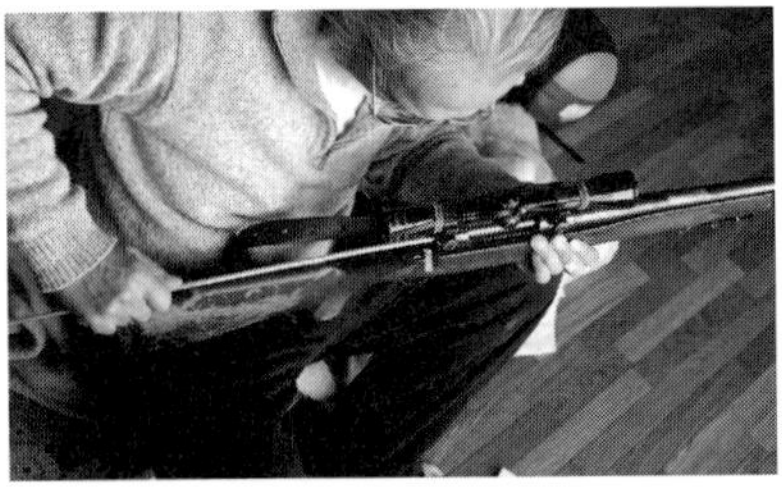

4 ボルトを外し、薬室側から洗い矢を差し入れてしっかりと磨き上げていく

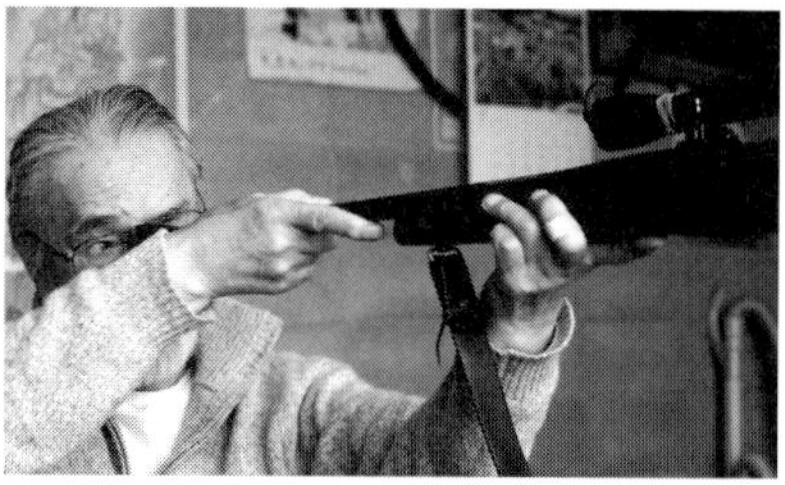

5 銃口側から一度内部を覗き、取り切れていない汚れやゴミがないかを確認する

6 柔らかい布で、スコープのレンズのゴミを払うように取り除く

7 ゴミを取り除いてから、ティッシュや柔らかい布などでレンズをきれいに磨く

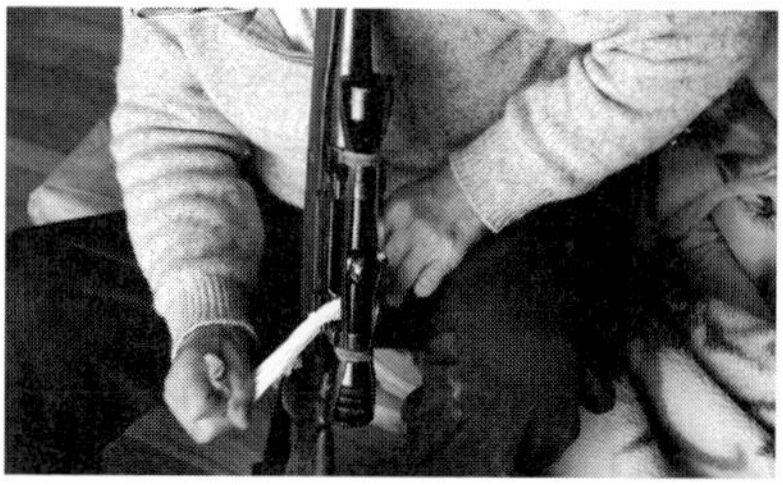

8 引き金、スコープと銃身の間のすき間などを長めの布で埃を取り除きながら磨く

9 一度ボルトを戻し、機関部がスムーズに動くか確認する

10 一度スコープを覗き、レンズに曇りやゴミが付着していないかを確認する

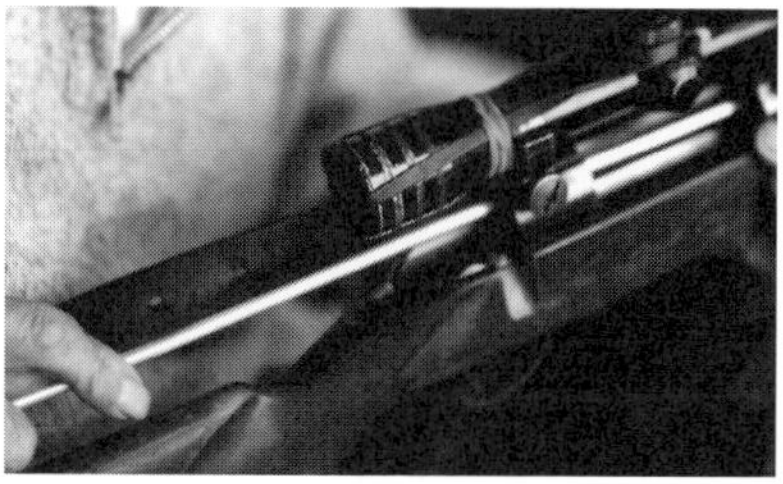

11 もう一度ボルトを取り、洗い矢に布をつけて軽く銃口と銃腔内を磨き上げる

12 最後にもう一度スコープを覗き、視線が通るかを確認する。磨き残しなどがないか確認する

1 まずは10m先に、紙に黒い油性ペンなどで書いた黒点を準備する

2 機関部からボルトを外し、銃を台座などにしっかりと固定する

3 機関部側から銃腔を覗き、黒点を中心に合わせる。次にスコープを調整していく

4 スコープを覗いた際に、黒点がしっかりとスコープの十字に合うように調整する

5 銃腔から覗いた同心円とスコープの十字が黒点にしっかりと合っているようにする

銃の掃除が終わったら、今度はスコープの調整をする。いつでも撃てるように猟期前に行うようにする。ボアサイティングはスコープの十字線と銃身線の差を調整する作業だ。実際に弾が出る銃口と狙いを定めるスコープとは同一の高さではないので調整をする必要がある。

10m先に黒点を置き、ボルトアクションライフル銃の場合はボルトを外し、銃を台座に固定して機関部側から銃腔を覗いて、黒点の中心を銃腔の中心に合わせる。次にスコープを覗き、黒点の真ん中に十字（レティクル）が合うように調節して差をなくしていく。この作業は射撃場へ行かなくても自宅で行える。おおよそ合わせたら、射撃場で試射して精度を上げよう。

射撃場での調整

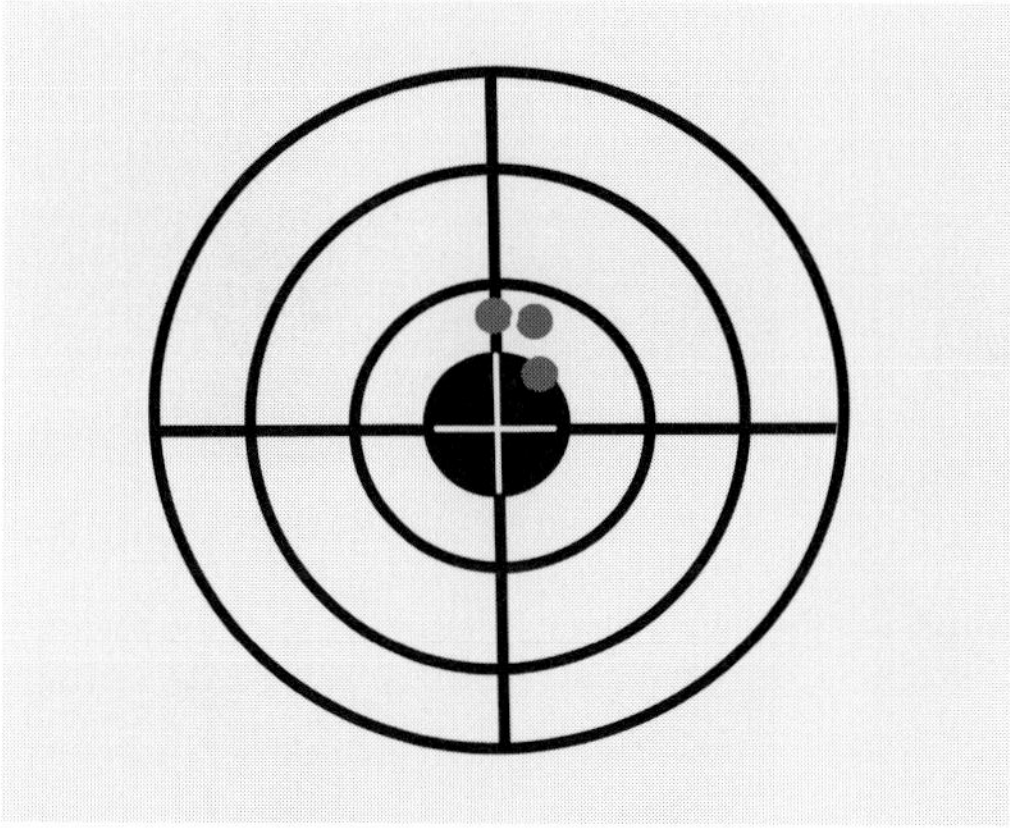

3発撃って、グルーピングを確認する。弾のグルーピングをいかに小さくさせるか、実際に射撃場で撃って確認する。依託して、スコープの調整を終えたら、立射、膝射、座射などでも安定した射撃が行えるかどうか練習をしておきたい

ゼロ点修正の方法

射撃場で50ｍまたは100ｍの距離で銃のゼロ点修正を行う。ゼロ点修正は単発で行わず、通常3発ずつのグルーピングを確認しながら行っていく。

まずは50ｍの短距離でゼロ点修正を行う。ガンレストなどで銃を完全に依託して、同じ姿勢で3発試し撃ちを行い、弾のグルーピングを確認。グルーピングの傾向から自分の癖を把握し、スコープの微調整を行う。グルーピングが安定したら、今度は距離を伸ばし100ｍと150ｍ（理想は200ｍ）でも3発試し撃ちをして、グルーピングを確認する。射撃場で遠射時の弾の下がり具合を把握することで、実猟の際に修正が容易にできるだろう。

最大有効射程と最大到達距離

弾丸の種類	通称	最大有効射程（m）	最大到達距離（m）
散弾	スラッグ（12番）	100	700
	00B	50	515
	BB	50	340
	1号	50	315
	2号	50	300
	3号	50	290
	4号	50	275
	5号	45	265
	6号	45	250
	7号	40	240
	7.5号	40	235
	8号	40	225
	9号	40	210
	10号	40	195
ライフル弾	30口径	300	3,200～4,000
空気銃弾	4.5～5.5mm	30	310

自分が使っている猟銃から放たれる弾がどのくらいの距離を飛ぶかを考え、バックストップも常に確認する。ハーフライフル銃（サボット銃）から発射されるサボットスラッグ弾の飛距離は、スラッグ弾のデータよりも1.5～2倍程度割増して考える

参考文献：『狩猟読本』（大日本猟友会）

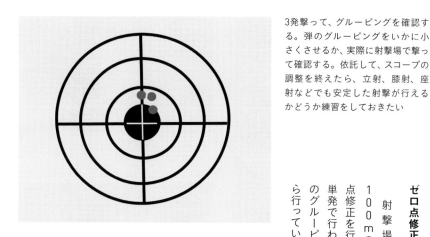

1 毎回しっかりと手入れをしていれば、砥石は目の細かいものでよい

2 砥石に水をつけながら、刃先は特にしっかりと研ぎあげる。刃の角度に合わせて研ぐ

3 刃に乱れや歪み、欠けている部分がないかを目視でよく確認する

4 研ぎ終わったら、革ベルトの裏側を使い、刃を何度か磨き刃先を整える

5 解体の刃物はカミソリのような切れ味は必要ない。ある程度切ることができれば十分

常にベストの状態にしておく

猟で使用したら、その日のうちに必ずきれいに洗って乾かしておく。ぬるま湯を使い、丁寧に刃の部分についた油脂や汚れを落とす。汚れが落ちにくい場合は、食器用の洗剤やスポンジなどを使い優しく汚れを落とす。そのあと、切れ味を保つために、砥石で刃を研いで整える。

使用したあとにしっかりと手入れを行うことで、いつでもきれいな解体ができるようになり、毎回の手入れも簡単になるはずだ。

猟期以外の湿度の高い時期は特に注意が必要で、使用していなくとも定期的な点検が必要だ。刃が錆びないように、乾いた布でさっと拭き取るだけでも十分だ。

自分で刃物の形を調整する

刃物は使いやすい重さ、長さを選ぶ。よりよい解体を目指すためにグラインダーなどで刃を調整して、つくり直すことも必要だ

1 グラインダーで大まかに刃をつくったあとは、砥石で刃を整えながら丁寧に研ぎあげる

2 刃に角度がついている面は、少し刃を立てるようにして刃が薄くなるように研ぐ

3 刃先以外に刃をつくったことで、ヒグマの掌など硬い部分もスムーズに皮を剥ぐことができる

ヒグマの硬く分厚い掌（てのひら）の皮を剥ぐ際に使っている刃物は、自分で削り刃を調整したものである。本来は先の部分だけに刃がついていたのだが、その下の部分は自分で削り、刃の部分をつくった（上写真の下の刃物）。自分が使いやすいように、自分で道具をつくることも狩猟では大切なことである。

ある日のヒグマ猟

何年前のことであったか、定かではない。

しかし、その日のことはよく覚えている。猟期に入って一週間ほどもたっていただろう。天気、風の吹き方、気温などのことはまるで2～3日前のことのように思い出すことができる。

早い昼飯をすまし、キスリングを背にライフルを持ってシカの様子を見に出かけた。枯れかけた牧草のボサのあちらこちらからキリギリスの鳴き声が少しうるさいくらいに聞こえていた。その声は、私の歩みにしたがい鳴きやみ、通り過ぎると再び鳴きだす。空は薄く筋雲が空をひっかいたように浮かび、風もときどき思い出したように顔をなでて吹く程度である。気分を和ませ落ち着かせてくれる、そんな日であった。

草地を見渡すことができるほんの緩い起伏の高みで下ろしたキスリングに腰をかけ、周りを見ていた。数羽のカワラヒワが低く草の上を飛んだり藪のなかに下りたりを繰り返している。ときどき緩く吹く風が、サワサワとササの葉をゆらせて渡ってくる。

そんな景色のなか、草地の外れの林のなかから、今年生まれの仔を連れたシカが出てきた。のんびりと歩きながら、ときどき頭を上げ噛みとった草を食みながら、馬の放されている草地のほうを見たりしている。腰を下ろしている私に気もつかず、立ち止まり頭を下げて草を食い、ゆっくりと近づいてくる。

私との距離が100mほどに縮まったとき、突然親シカの動きが止まり、それまでとは変化した。仔も同様であった。私の気配に気がついたのかと思ったが、そうではなかった。噛みとった草を食むことを全くやめ、体全体を緊張させ、耳の動きも眼も、私のいる所とは外れた林の一点に向けられている。まるで金縛りにあったように2頭とも微動だにせずに、一点に神経を集めている。こんな緊張した姿は、通常あまり目にすることはない。

シカたちの目線を追い、私も林に目を凝らした。すると、100mほども離れた林の下のササ藪がときどき分けられ揺れているのが目に入った。

「クマ」だ。すぐにわかった。人であれば、シカの動きは全く違うはずだ。もう逃げているだろう。また、ササが分けられ、その間からチラッと黒い背が見えた。大きい。丈が1mほどのササが分けられたとはいえ、背が見えたのだ。クマはササ藪のなかを、ゆっくりと動きながら、木から垂れ下がっているマタタビのツルを引っ張ったりしている。

私は静かに立ち上がりキスリングを背負い、クマの動きに合わせ身を低く保ち、回り込むようにその林に向かう。

私の動きに気づいた2頭のシカは、金縛りからやっと解けたかのように、警戒の声をあげることもなく馬の放牧されている草地のほうへとトロットで消えていったのが、クマのいる林に回り込んでいる私の目の端にチラッと確認できた。

林に近づきササ藪に入る前に、耳を澄ましクマの動きを確認する。ときどきクマが立てる音で、その場所と進んでいく方向を聞き定め、回り込むようにクマが立てる音に合わせ、その音が聞こえる間だけ、ササ藪のなかを進む。

クマが立てる音にだんだんと近づく。もちろん私のほうは、できる限り音が出ないように、足元の枯れ枝を折らないように、全神経をそばだてている。

音がやむと、次の音がし出すまで、じっと息をひそめ、次の音がし出すのを待つ。

何回もそれを繰り返し、かなり近づいていることが音でわかる。もう、クマまでの距離は30mくらいだろう。

ササが揺れ、たわめられた木の枝がはね戻る動きは、はっきりと目に映るが、クマの姿は、木とササ藪ではっきりとは見えず、ときどき背がチラチラと見えるだけである。

ここまではうまくいっている。だけど、気づかれて走られたら、この藪のなかではまず撃つことはできない。次の音が出るまで、慎重に待つ。出される音とクマの動きからして、まだ全く私に気づいていない。何かひとつのことに執着して、周りの気配に気を配るのがおろそかになっているように感じる。

音に合わせてさらに近づく。藪越しにクマの姿がおぼろに浮かんでくる。

枝を下ろしたわめて、トドマツの葉先を齧ったり、マタタビの細いツル先を齧ったりしているのが、見て取れる。

10mほどにまで近づくことができた。たわめていた木がバサバサとササを叩く音に合わせ、ライフルのボルトを操作した。かすかな金属製の音に、横向きになっていたクマがこちらに顔を向けた、怪訝そうな目がスコープに見えた。

乾いたライフルの音が空に吸い込まれ、クマは、ササ藪にくずれ込み、次弾を送り込むボルトの金属性の音がやけに大きく耳に残った。

神経反射だけで手足を動かす音がガサガサと藪を鳴らし、その音も次第にしなくなっていく。同時に、クマのにおいと血のにおいとが藪のなかに濃く立ち込めていた。

静かに、ゆっくりとクマに近づく。完全に事切れていた。

大きいが、やせている。歯を調べるために、口を開け、唇をめくってみると、上下の犬歯とも欠けて短くなっている。下アゴの一本の犬歯は、歯肉だけでアゴについている状態である。そして、下アゴの門歯は、すべてなく、歯肉だけが覆っている状態であった。やせているはずだ。こんな歯の状態では、食べ物を採ることも大変であったろう。柔らかいものだけを少量ずつ食べながら、生き延びてきたと思われる。おそらく、若いころに箱罠にかかり、逃れようとその罠の鉄筋柵に齧りついたがために、このような歯になってしまったのだろう。周辺には果実園などもないことから、虫歯による影響も考えにくい。自然のなかだけでは、こんな歯の状態になることなど全く考えられない。そして耳にはタグ（標識）を取り付けられ、それが取れてしまった古い穴もはっきりと見て取ることができた。

不完全な、クマに優しくない箱罠を使い、クマを捕らえ、耳にタグをつけて、不完全な健康チェックしかしないで、再び放つ。そのような方法しか行わないで研究といえるのだろうか。そんなことをされても、それでもこのクマは何年も生き抜いてきたのだ。それを思うと、このクマが哀れでならなかった。このやせ方と歯の状態では、おそらくこの年の冬ごもりはできなかっただろう。少しでも柔らかいものを探し、食べることに必死になっていたがために、私の接近に気づけなかったのだろうか。

いや、すべてを理解し、納得し、私の前に姿を現したのかもしれない。

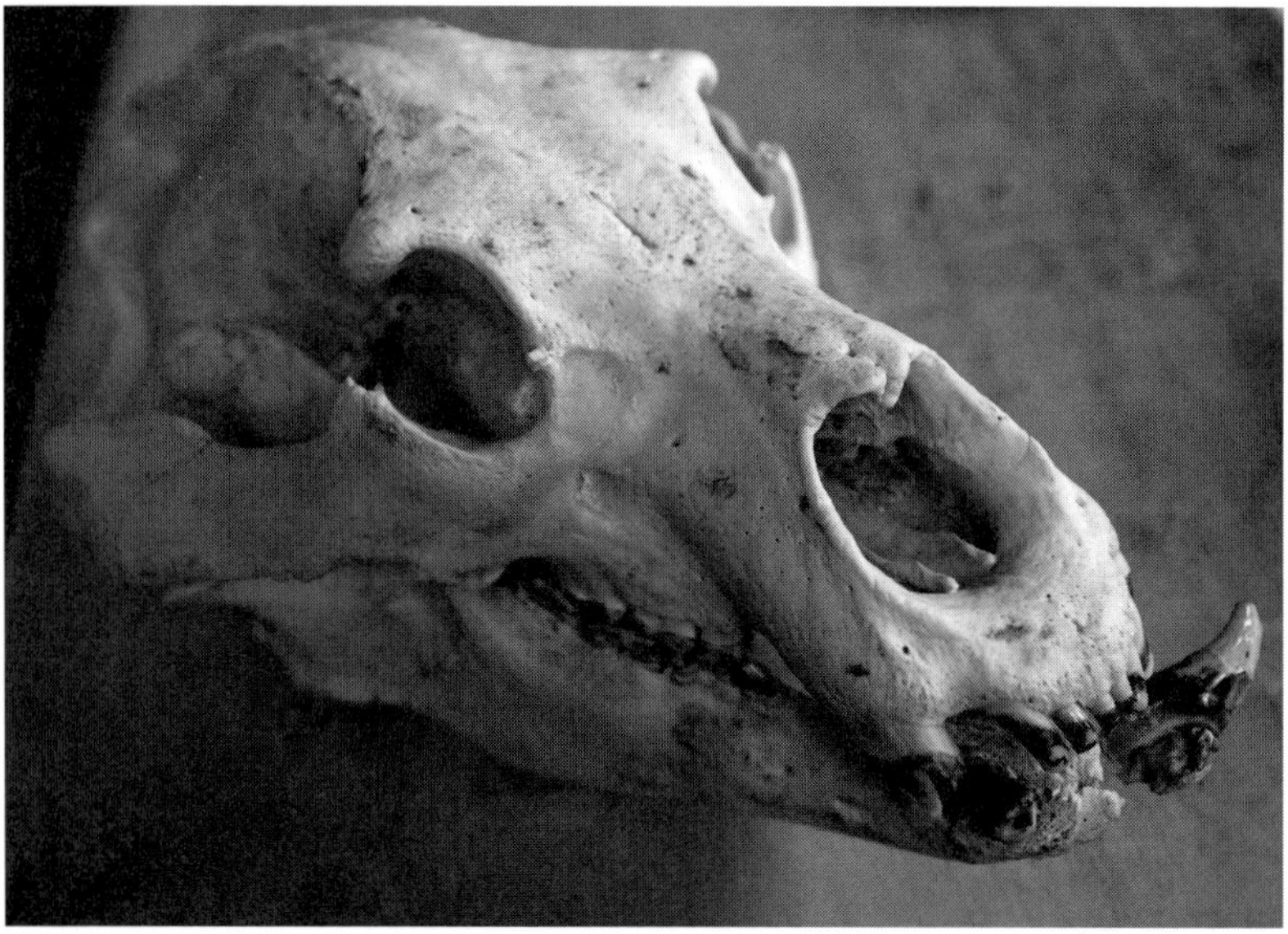

この物語で仕留めたヒグマの頭骨。いまも大切に自宅に保管している

第2章

単独猫
基礎知識

久保俊治の年間狩猟採集スケジュール

猟期を目指して、猟期外に山野を動く

猟期（道東）は例年10月1日から1月31日までである。獲った獲物にハエなどの虫がつくことを避けるため、平均気温が4℃以下に下がるまで猟を始めることはない。せっかく得た獲物の命は、きれいに解体して余すところなくおいしく食べたいと考えているからだ。

猟期が始まってから山を歩くのではなく、猟期以外の時間の使い方も狩猟においてはとても大切である。猟場となるフィールドを常日頃から歩いて、食痕・糞・足跡などから情報を集めることで、常にその獲物が何を考えているのかを想像する。なぜこの場所でこのような行動をとっているのかを想像する。足跡などの痕跡から自分の想像と実際の獲物の動きを確認しながら考えることで、猟期に入ったときに獲物の位置をスムーズに予測することができ、猟全体の見通しをつけやすくする。何より、動物のそういった動きや生活を想像することが猟をすること以上に楽しいのだ。

猟期が始まり、秋が深まった初冬ごろから、ヒグマやエゾシカ、鳥類であればカモを狙う。以前はエゾライチョウも狙っていた。春先、エゾライチョウは、林道にひなを連れてちょこちょこと歩いている姿がよく見られるが、近年、数がめっきり減ってきた。林道を走る際にスピードを出しすぎた車が雛《ひな》をことごとく轢きつぶしてしまうことが原因の一端である。そのように人間の外力で数を減らしてしまった狩猟鳥はやはり獲る気分にはならない。ぜひ、林道を走る際はゆっくりと走ることを肝に銘じていただきたい。

近年の猟の成果は、猟期中でシカは1〜2頭、カモは2〜3羽、ヒグマは猟期のなかでも初雪から穴に入るまでの短いチャンスしかないので、いい足跡にうまく乗ることができたとしても、せいぜい1頭である。猟期中に得た獲物はほとんどが自家消費用である。

私の場合は基本的に駆除を行わないので、猟期以外は動物の行動を見るために時間を費やす。動物の行動を予測し、痕跡などからその予測が当たっているか確認し、また新たな予測をする。その繰り返しで最終的には獲物との間合いを的確に詰めていく。獲物を獲るときは一瞬であるので、私は獲物を獲るその瞬間よりも、獲物を得るまでの長い獲物とのやり取りや、獲物のことを考えている時間、追跡の際の自分の予測が当たっていたと確信を得る瞬間の楽しさのほうが、猟の醍醐味と考えている。

採集行為はすべての狩猟につながる

動物のことをより知りたいと思うのであれば、山で季節ごとに採れる食べ物を自分でも食べ、考えることだ。自分が自然のなかでその時期にその場所で食べられるものを判断し、一番おいしい状態の食料を知ることは、実は動物の

久保俊治の一年の狩猟採集スケジュール

	春	夏	秋	冬
採集	山菜	ヤマメ、オショロコマ、キノコなど	キノコ、コクワ、ヤマブドウなど	
狩猟	ヒグマの痕跡・動きを観察する		シカ → 猟期の終わりまで カモ → 猟期の終わりまで ヒグマ → 冬ごもりまで	

春から夏までの時期は、自分の猟場にどのような植物が生え、獲物がどのようなものを餌とするのかを観察する絶好の機会だ。来る猟期に向けて、地形と合わせてじっくりと観察する時間に使う

動きや食痕からの情報を的確に得るための一番の近道だ。

そうすると、例えば「あそこのコクワは寒くなっても最後まで実がついて残っている」といった情報が自身の経験として蓄積されていく。食料の少ない時期にどのようなものがどこで得られるのかは動物にとっても重要な情報であるはずなので、トラッキングの取り掛かりをつかみやすくなる。その経験の積み重ねが、ヒグマとの間合いの取り方として生かされていくはずだ。

春は山菜の季節であるが、花の季節でもある。結実し、その実が可食種の場合、その実や実がなる木を探すことになるが、探しにくい場合もあるだろう。そのような場合は、春に咲く花が山のなかでは非常に目立つ場合がある。秋になってから実のなる木を探すのではなく、春の花の時期にある程度目星をつけておくことも大切だ。

そのほかに、山のなかでは毒をもつ植物もあるので、それらが群生している場所を確認し、誤って口にしないように気をつけないといけない。また、食べられないほかの花からも最適な時期や場所がわかる場合もあるので、どの時期にどのような場所でどのような花が咲いているのかにも注意を向けることが大切だ。

その時期に採れる最高の状態のものを自分で採取し実際に食べてみることは、動物や自然を知るための第一歩である。よく地形を読み、風から感じる季節感を肌で感じることを目標にするとよいだろう。

久保俊治が考える間合いとは

猟を始める前に、動物との距離の取り方、「間合い」についてよく知ることである。「間合い」というのは、物理的距離だけのことを指すように思われがちであるが、こと狩猟に関してはそれだけの意味だと少し足りない。

人は、動物との感覚の「同意点」を見つけようとしないが、それを見つけようと努力することが動物との間合いの考え方においては重要である。同意点を見つけるには、まずは自分が四季を通して自然に触れることである。動物がどのような環境でどのように過ごしているのかを想像する。そのため、猟期以外の動物の行動について観察することが重要となる。

猟期の間だけ動物の動きを見て獲物を獲るのは、エゾシカの場合はたやすいかもしれない。エゾシカは、猟期のはじめがちょうど繁殖期と被っているため、特にオスのシカはメスよりも判断が鈍くなっているようなところがある。

ヒグマの場合、なかなか出合えるチャンスが少ないため、シカと同じようにその行動をつぶさに観察することは容易ではない。しかし、ヒグマを仕留めるくらいの至近距離まで近づくためには、自分の気配を自然のなかに同調させること、そして、猟期以外もヒグマの行動を観察することが大切である。

ヒグマがどのような場所を餌場とするのか、その場所へはどんな時間帯にどのくらいの頻度で来るのか、行動範囲はどのくらいなのか、どのようなものを好んで食べているのか。食痕や糞、足跡などを手掛かりとしてたどりながら想像し、ひとつの個性をもったヒグマの行動としてとらえていくのである。その個性をしっかり認めていると、たとえいつもとは違う行動をとっていたとしても、また、ほかのヒグマと多少異なるように見える行動をしていたとしても、その理由がなんとなくでもつかめるようになるはずである。

学術的には、ヒグマという動物全体の平均値を知ることが重要であるが、こと狩猟となると平均的なヒグマを知るのではなく、自分が獲物として追い始めたヒグマについて、その性格をとことんまで突き詰めて知ることが大切である。それが、追跡の第一歩であると私は思う。

そのためにはまず徹底して、獲物が棲息する環境を体で知ること。その地形や特徴、植生の分布、餌になる実や花の咲く時期など、すべてを知ろうと努力すること。そのためには、自分もその山に入り、そこで得られるものを食べ、味を感じてみること。それをひとつずつ突き詰めていくと、おのずと自分が追っている獲物の個性が見えてくるはずである。

獲物の個性を理解しようとすることで、猟は猟以上の楽しさや意味をもつ。獲物を獲るということ以上に、どれだけ自然のなかに己を同調させ獲物との駆け引きができるかが猟というものの本来の楽しさであると考えている。

エゾシカの棲息数が多くなったことで、ヒグマはエゾシカが立てるような音を日常的に聴くようになっている。ハンターがエゾシカの所作を意識することで、ササ薮のなかでもヒグマに近づきやすくなった

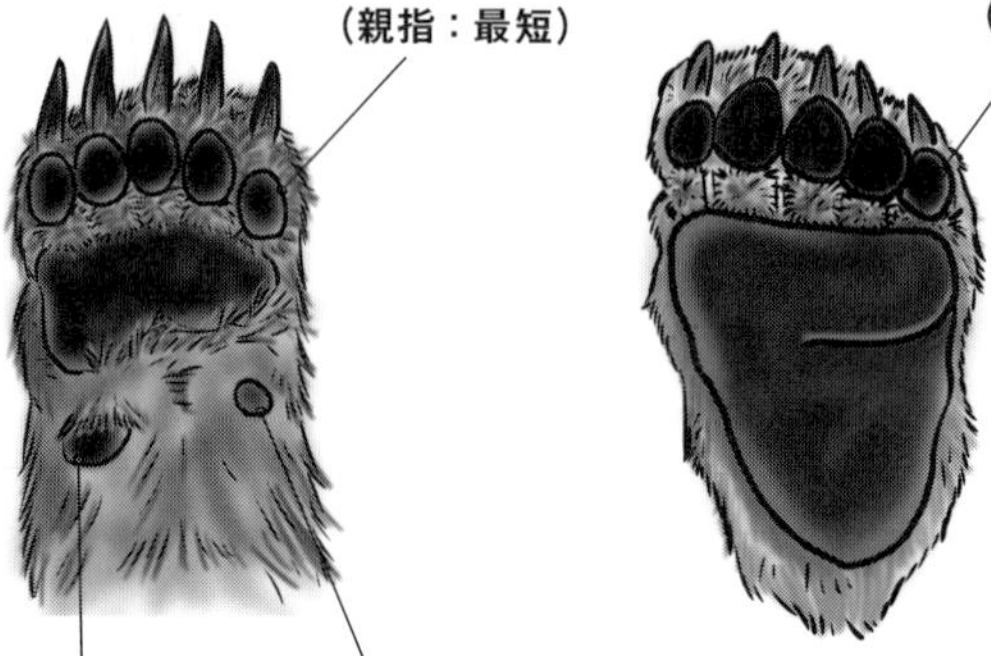
右手
第一指
右足
第一指
（親指）
外側手根球
内側手根球

クマ類は、第一指が一番短い。短い指を発見し、
左右を決めるのがポイント

秋になると、
鬣が金色になる個体もいる
尻尾は短い
60km /h くらい出る
手も器用。爪は鋭い
唇が器用

国内のヒグマの頭胴長・体重と最大サイズ

	頭胴長	体重	最大		
			頭胴長	体重	道内最高齢（歯の年輪数より算定）
オス	1.9 ～ 2.3m	120 ～ 250kg	2.5m	300kg	26 ～ 28 歳（桧山）
メス	1.6 ～ 1.8m	80 ～ 150kg	1.8 ～ 1.9m	150 ～ 160kg	34 歳（幌延）

※仔を連れていた母グマの最高齢は30歳（大雪山）

参考文献：『羆の実像』門崎允昭（北海道出版企画センター）

ヒグマの一年

●3〜5月

冬ごもり（穴ごもり）があける。特にその年に仔を産んだメスは、当歳仔を連れているため、すぐに穴から離れることはなく、しばらく穴付近で過ごし、天候などの様子をうかがう。「いよいよ動いてもよい」という時期を見計らうと、仔を連れて穴のある斜面を下り始め、雪が少なく餌がある場所へと移動する。昨年産んだ仔と冬ごもりした場合も行動はほとんど変わらないが、一度冬ごもりを経験した仔を連れている場合のほうが行動を起こす時期が多少早まるかもしれない。

穴から出ると、まずは少しずつ穴の周辺にある植物を食べる。柔らかいササの芽や芽吹いてきた山菜などを食べる。冬ごもりの穴はたいてい山奥にある。雪解けはじめとはいえ、残雪がほかの場所と比べるとまだ多い時期だ。そのため、雪の下にようやく生え始めたフキノトウなどを待ちきれないとばかりに雪を掘り返して食べている。そうして、徐々に自分の体を慣らしつつ、仔の様子を見ながら山から麓へと下りていく。

●5〜7月

いわゆる繁殖期を迎える。動物園などでは、繁殖期になるとヒグマが吠える（鳴く）という報告があるようだが、私が50年間山に入っていて、この時期にヒグマが吠える声というものをついぞ聴いたことがない。当たり前のことかもしれないが、ヒグマは自然のなかと動物園とでは行動が異なるようだ。ヒグマが激しく吠える声を山のなかで私が聴けたのは、研究者や密猟者が仕掛けた箱罠などにヒグマがかかったときだ。数km先まで聴こえるほどすさまじく吠える声を聴いたことがある。鉄柵をつかみ、嚙みついたりしながら吠えるのだ。大変恐ろしい声だった。

●8〜9月

冬ごもりに備えるときのように餌をむさぼり食うこともなく、穏やかに過ごすらしい。ヒグマ同士の距離も遠く、いわゆる縄張りのような、行動する土地をよく分けている。餌が豊富であれば、わざわざ縄張りに固執することがないようだ。

昔のヒグマは、いわゆる縄張りがはっきりとしていたが、近年は環境や自然の深さがなくなってきたせいか、不明瞭な部分もある。例えば、サケがよく獲れるような場所などは、数頭のヒグマで餌場を共有するような形跡も見られるが、私の家の周辺のヒグマはいまだに昔のままの性質を保っているようだ。この時期は容易に餌が入手できる畑への出没が増える。ただ餌を食うためだけに出没しているのか、好奇心から食いだめの時期のために下見をしているだけなのかをよく観察する必要がある。ちょうど農家は収穫の時期であるため、農業被害が発生しやすい。郊外での目撃情報も増えてくる傾向になるが、家畜を狙っている場合を除き、安易に駆除をする必要がないヒグマがほとんどである。この時期のヒグマは食いだめするわけではないので、人目を避けて夜中に様子を見にやってきて、満足したらすぐにいなくなる。クマから人を避けている以上、こちらからクマに不快感を与えたり、攻撃したりしなければ害はないはずなので、あえて積極的な駆除をする必要はないはずだ。

●10〜11月

いわゆる冬ごもり（穴ごもり）の食いだめの時期である。山ではコクワ、ヤマブドウ、ドングリなど木の実を好んで食べ、キノコ類などは虫が入ったものをよく食べる傾向にある。若いヒグマは年長のヒグマに遠慮するのか、まだ行動範囲が狭いためか、あまりよい場所でこれらの食料を得ることができないようだ。通常、コクワなどは熟れて落ちた実を好んで食べるのだが、若いクマは待ちきれないのか空腹を満たすために木に登り青い未熟な実を食べている場合もある。

少し知恵のついたヒグマであれば、簡便に食べ物の入手が可能となる畑へ侵入する。

特に道東では、農家が牛の飼料用に栽培しているデントコーン畑での食害が増加傾向にある。デントコーン栽培は、町のなかよりも山に近い郊外の広い土地で行われていることから、ヒグマにとってはコクワやドングリと合わせて大量に摂取できる最高の餌であるだろう。たいていは、夜のうちに何日かかけて通いつめ人を避けながら行動するが、ときに日中に畑のなかで警戒心なくデントコーンをむさぼり食うクマもいる。デントコーンの刈り取りは周囲から中心に向かって行われるため、ヒグマが徐々に中央に追い詰められて最終的には逃げることができなくなった、という話も農家の方からよく聞く話だ。このようなヒグマは楽をして餌を得ようとした結

	1歳				2歳			
	春	夏	秋	冬	春	夏	秋	冬
	5〜10月の間、8月には自立（産んだ仔が複数である場合でも、栄養状態〈サケが豊富に獲れる〉など条件がよければこの時期に自立する）			1〜2月	5〜10月の間、8月には自立			1〜2月
	1歳6カ月ごろ			満2歳ごろ	2歳〜2歳6カ月ごろ			満3歳
	110cm〜（注2）							
	50kg〜（注2）							
	95mm以上 1歳以上と判断できる（注3）							
	母親が産んだ仔の数が1頭の場合、多くは満1歳で自立する（注1）			冬ごもり（自立していない個体は母親と同じ穴で過ごす）	生まれた仔が複数の場合は自立する			

参考文献：『ヒグマ大全』門崎允昭（北海道新聞社）、『羆の実像』門崎允昭（北海道出版企画センター）

果、本来山のなかの食料を得なければ冬ごもりに耐えうる脂肪がつかないはずなのに、安易に大量に得られる餌に執着し、とうとう野生を忘れてしまったのであろう。私としては、このような話はなんとも悲しい気持ちになる。このように警戒心を失ったヒグマが近年増えつつあるという実感も猟をしていて感じている。ヒグマの未来はどのようなものであるのか？　想像するだけで暗澹たる思いになる。

●12～3月

冬ごもりの時期である。根雪になり雪が積もり始めるようであれば、本格的な冬ごもりのため山奥へと移動する。冬ごもりの穴は、メスの場合は、毎年ではないにしろ、同じ穴を使う可能性があるが、

生まれてから自立するまで

	当歳				
季節	冬	春		夏　秋	冬
月	1～2月中旬（ヒグマの仔は通常1～2月中旬に生まれる。よって年齢は2月1日を基準としている）	4月下旬～5月上旬	6月上旬	8月上旬～9月下旬	1～2月
齢	母親が冬ごもりした穴のなかで誕生(0カ月)	3カ月齢	4カ月齢	6～8カ月齢	満1歳ごろ
頭胴長	25～35㎝	50㎝前後	60㎝前後	70～80㎝	90～110㎝前後
体重	300～600ｇ	5㎏前後	ー	20～33㎏前後	30～50㎏前後
手足底の最大横幅	17～24㎜	55～70㎜		80㎜以下	70～90㎜（95㎜未満は1歳未満）
備考	ドブネズミと同じくらいの大きさ	仔が3カ月齢を過ぎたころに穴から出てくる	見た目はまだ幼く、「仔グマ」の雰囲気が残る	顔つきが大人びてくる	ヒグマらしい容貌

注1）母が産んだ仔が複数である場合でも、栄養状態（サケが豊富に獲れるなど）の条件がよければこの時期に自立する／注2）ヒグマは3～4歳で性成熟に達し、成獣となる。体長と体重は、オスで9～11歳に大きく増加する。メスは4歳以降の増加率は小さくなり、9～10歳に成長を終える。また、オスと比較しても増加率は小さくなる／注3）メスの横幅の最長は14㎝、15㎝以上はオスと判断できる。オスの横幅は最長18㎝になる

オスはそうではないようだ。オスはどこか適当な斜面に適当に穴を掘って快適であればそこで冬ごもりする、といったスタイルが多いように思う。メスは冬ごもり中に出産し、絶食状態のままで仔に乳を与えて冬を越す。親離れしていない仔グマとともに冬ごもりする場合は、穴に入るまでの行動を仔にしっかりと伝える意味もあるようで、必ず仔は母グマとともに一度は越冬を経験することで知恵をつけるのだ。

ヒグマは生まれたばかりのころは非常に小さく、体重400～500ｇ（ペットボトル1本分程度）である。ヒグマの寿命は20～30年といわれているが、自然界では寿命を全うできる個体はごく一部であろう。

ヒグマはカレンダー的に行動している

季節的な餌の木の実の順番としては、マタタビ、ヤマブトウ、ドングリとコクワだ。

マタタビは8月下旬〜9月下旬に実がなるので、若いクマはコクワの実が堅くても、ツルを引っ張って食べ始める時期でもある。高い所にある実を食べるために木に登ることもある。このような行動は5歳未満の比較的、年齢の若いクマに見られる。

ヒグマは基本的には熟れて落ちた実を好んで食べる。特に少し発酵した甘いにおいが立ったものを好むものだが、若いクマは親に教えられた実を見つけると、熟れるのを待たずに青いまま食べてしまう。おそらく、若いクマは年長のクマとの争いを避けるため、また、若いがゆえの経験のなさから空腹にあらがわず青い実を食うのだ。

それ以外にはナナカマドの実などもあるが、山奥に棲息するヒグマがわざわざ人里近くまで下りてきて常時食うほど好む食料ではないようだ。北海道の開拓当初に入植した人たちが本州から持ち込んだスモモなど実のなる木を覚えているクマは、毎年そういった実を求めてやってくる。そのほかにはウドの種なども好んで食べているようだ。

動物性たんぱく質を好むのか？

道東ではサケは9月下旬から10月ごろに川に遡上してきて、11月下旬ごろまで観察できることがある。川に遡上したサケは、餌として獲りやすいことから、最近のクマはほかのクマがいたとしても、仔連れで日中に行動することが多くなった。沢伝いに探して歩き、サケがたまる小沢付近や砂防ダムの下などのいわゆる魚留めのような狙いやすい場所を目指し、一気にその場所へ向かうのだ。

昔はひと沢ごとに縄張りのようなものがはっきりとあったが、いまはそれが曖昧となり、なくなってきている。自分の居心地のよい場所はあると思うが、餌との距離感が昔とは異なり、最近のクマ、特にサケを目指したクマは、サケだけを目当てにかなりの距離を移動している。

サケのいる場所に向かって行くときも、送電線の下草刈りがされた歩きやすい道を一気に通ってサケを食べ、帰りは来たときとは別のルートをとる場合もあるが、たいていは来たときと同じルートで戻って行く。

ほかのクマとの兼ね合いもあって違うルートを通るのか、ある程度食って満足したため隠れて休む場所に戻るのか、といったクマの行動について様々な推測ができる。

動物性よりも植物性を好むのか？

サケが獲れる時期にサケばかりを食べているかというと、どうやらそうではなさそうである。どのくらい食べると満足するか、については糞などの痕跡からはっきりとは述べることができない。しかし、この時期の糞を詳細に観察してみると、あるときから

猟期中の主なヒグマの餌（久保俊治の観察）

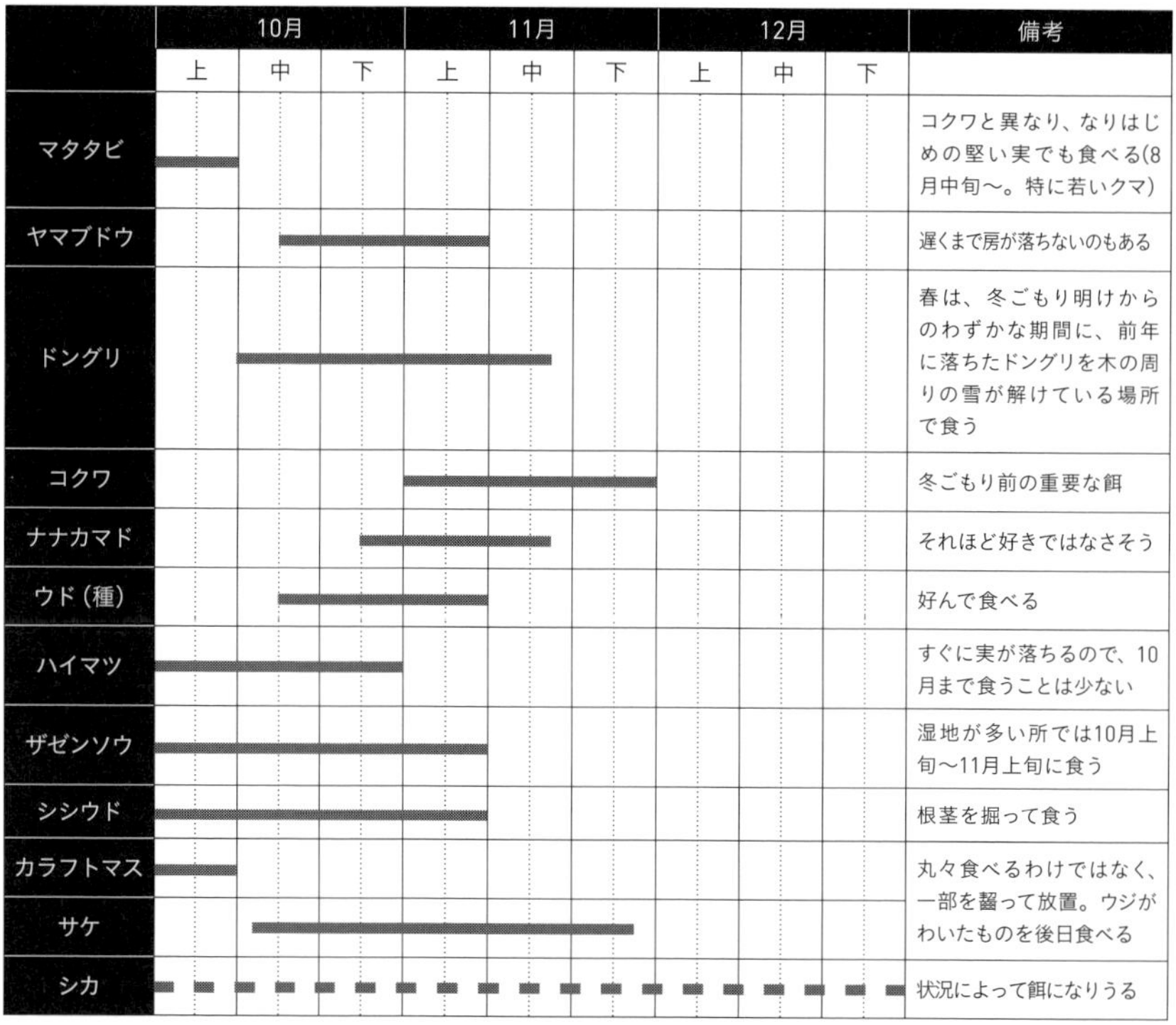
10月
11月
12月
備考
上
中
下
上
中
下
上
中
下
マタタビ
コクワと異なり、なりはじめの堅い実でも食べる(8月中旬〜。特に若いクマ)
ヤマブドウ
遅くまで房が落ちないのもある
ドングリ
春は、冬ごもり明けからのわずかな期間に、前年に落ちたドングリを木の周りの雪が解けている場所で食う
コクワ
冬ごもり前の重要な餌
ナナカマド
それほど好きではなさそう
ウド（種）
好んで食べる
ハイマツ
すぐに実が落ちるので、10月まで食うことは少ない
ザゼンソウ
湿地が多い所では10月上旬〜11月上旬に食う
シシウド
根茎を掘って食う
カラフトマス
サケ
丸々食べるわけではなく、一部を齧って放置。ウジがわいたものを後日食べる
シカ
状況によって餌になりうる

◆上の表は、山になる一般的なわかりやすい餌の一部をひとつの例ではあるがまとめたものだ。しかし、これらは毎年同じように実るわけではなく、開花時期の天候や結実時の天候など、その年々で変わる

◆同じ木でさえ、上部と下部で熟し方に差が出る。ひとつの例であるが、特にコクワなどでは、木の上部の結実の悪い果は落下することがなく、樹の下の果に比べていつまでも残っていることが多く、秋遅くにそれを目当てにするヒグマも多く見られる。ともあれ、ヒグマは自然のなかで天候に左右されて実るものを豊作・不作に合わせてそれぞれを巧みに組み合わせて食料としているのである

◆幸いにも、2020年は一部でドングリが豊富であり、おそらくクマとしては豊かで気のはずむ秋であったろう。またドングリの豊作は、翌年の春の雪解けのときに木の下に残っている落果の多さも期待できることと思う。特に2020年のように、サケ・マスの少ない知床半島東側では魚に執着することなく、ほかの餌へと食を替えている

◆自然のなかでは季節によってひとつのものに執着し大量に食べることもあるが、常ではなく一時的なもの。通常は様々な種類のものをその時期に少量ずつを食べ合わせる。その食べ合わせの種類と組み合わせの妙が、ヒグマの適応力の高さそのものであり、ヒグマ本来の姿であろう

糞のなかに占めるサケの比率が少なくなってきて、コクワなどの植物系の餌が混じるようになる。特に、コクワの場合は、冬ごもりの穴に入る前に集中的に食べるクマがいるのだ。動物性よりも植物性の餌のほうが、冬ごもりに必要な栄養と脂肪を効率的につけやすいための行動とも読める。コクワを好んで食べるクマは、木に登らずに熟れて落ちた発酵した柔らかい実を食べる。サケなどの動物性の栄養をある程度補給したら、ドングリやコクワなどの本来の餌である植物性に戻ることが多いようだ。自然のなかで生きるヒグマにとっては、ひとつの種類だけを多量に食うのではなく少量ずつ多種を組み合わせるほうが結果として効率もよいのだろう。

シカを餌とすることはイレギュラーか？

生きているシカを獲って餌にするという行動は、ヒグマにとっては基本的にはイレギュラーであろう。ただし、死んだシカや弱っているシカを餌とすることはある。

最近のクマの脂肪のつき方は昔と比較して少なくなった印象だ。腹腔内の脂肪のつき方も少ない。そのような状態でも越冬できているのは、気候や環境の変化に起因するとも考えられる。だが、単純に動物性の栄養を摂取するようになったクマについては、栄養の効率や状態が昔と比較するとよくなったため、体が大きくなったことで脂肪が少なくても問題がなくなったのか、脂肪の厚さよりももっと越冬に重要な要素として、例えば体の表面に生えている毛質や綿毛の密度といった要素のほうが重要であるため、分厚い脂肪を蓄えずとも冬を越せるようになったのか？　可能性は様々に考えられるが、断定はできない。昔の当歳仔を連れているヒグマの皮下脂肪は分厚く、5㎝を超えているのもよく見られた。そのようなクマの肉は非常においしかったが、動物性の餌を中心として食べているヒグマの肉は非常に臭く、まずいのだ。最近の動物性の餌に手を出しているオスは、昔と比べると頭と手のサイズが大きくなっていると私は感じる。年齢はまだ若いのに、体に比べて頭が大きく、足の大きさについても10歳に近いのではと思えるほど大きい。環境の変化によって、ヒグマの食環境も昔に比べるとだいぶ変化した。楽に効率よく栄養を取ることにシフトしてきているように見える。日本人も食の欧米化が進み、昔と比較して体が男女で大きくなった。そうした食の変化は、同様にクマの行動や身体的な特徴に確実に影響を与えつつある。

元気なシカを餌として積極的に襲うことはあまりないようである。まれに、弱ったり、体力のないシカを襲うこともある。たまたま動物の死骸があれば彼らにとってはラッキーであるが、動物性の餌ばかりを積極的に食べるということは本来ないのだ

ヒグマの性格を変えてしまう要因

仔連れの母グマは、本来仔の姿をほかのクマからは隠したいものだ。特に昔は、それが顕著な行動であった。仔がいるとメスは発情しないため、オスによる仔殺しや共食いの危険がある。母グマは仔を守るために神経質なほど周囲を警戒し姿を隠すものだった。それが、近年では、川に遡上してくるサケを狙い、餌

が多くなっていることからオスグマに狙われる心配がなく安全だと判断しているのか、警戒することもなく平気で仔を連れて歩くようになってきたのだ。そのような、親の注意力のなさは仔に伝わり、短期間のうちにこのような神経の配り方や警戒心の薄さが、あるときからヒグマの気質として受け継がれてしまうと考えられる。何十年もクマに受け継がれてきた積み重ねの習性が、ちょっとしたことがきっかけで、例えば天候の悪さなどで簡単に人里に出てきやすくなってしまう。徐々に、警戒すべきものを警戒しないような気質になってしまうのである。

　ヒグマの仔は出生後、一年半ほどは母グマと一緒に行動したあとに独立し、単独生活に移行する（P.66表）。メスの場合は独立後も母グマの行動圏と比較的近い場所で生活をするが、オスは出生地を離れて行動圏を構える。

　そのため5歳未満の若いオスの場合は、自分の行動圏を広げるために冒険心が強い傾向にある。親から離れたばかりの場合、若さゆえの経験のなさから比較的慎重な行動をとる一方で、生活圏を広げるために様々なことに興味をもつ。特に初めての単独での越冬を終え、次の春を迎えるとさらに自信がつくのか、好奇心を優先して人間の生活圏にまで出てくる場合がある。この場合は、人間を襲おうとして人里に現れるのではなく、あくまで自分の生活圏としてその場所が適しているのかを調査するためだ。どのような場所なのかな、という純粋な好奇心からの行動とも考えられる。主に夜に人目につかないように探検し、時間がたつと「なんだ、こんな場所か」と納得する。自分の生活にふさわしくないと判断し、別の場所へと移動していく。

　食べ物に関しても、親に教えられて覚えるということが本来の学習の基本となるが、自分で探して新しい餌を発見するということに関してはオスのほうが発展的であるようだ。コクワやヤマブドウ、ドングリなどの決められた餌以外の新しいものにチャレンジするようになる。例えば、シカを襲ってみる、人家のゴミ箱を漁ることなどを始める。

　このような場合は、駆除を考える前に人間側がゴミを夜中に出さない、しっかりとしたゴミ収集場所を設けるなどヒグマが積極的な行動にならないような対策をすることが大切である。家畜や外で飼っている犬などに手をかけず、人目を避けて夜間に探索をしているだけの場合は、人間側ができる限りの安全対策を行い、まずはヒグマの様子を見る。安易に駆除をするべきではなく、ヒグマと共存するため人間側の努力が必要だ。本当に駆除が必要な場合は、何度も執拗に家畜やペットを襲い、土饅頭（獲物を時間をかけて食べ尽くしていくため、土や葉などをかけて隠し、付近に潜む。所有権はヒグマにあるので、土饅頭に近づこうとする者を排除する行動に出る危険な状態）をつくる場合だ。そのうち、人間にも危害を加える恐れが高くなってくる。

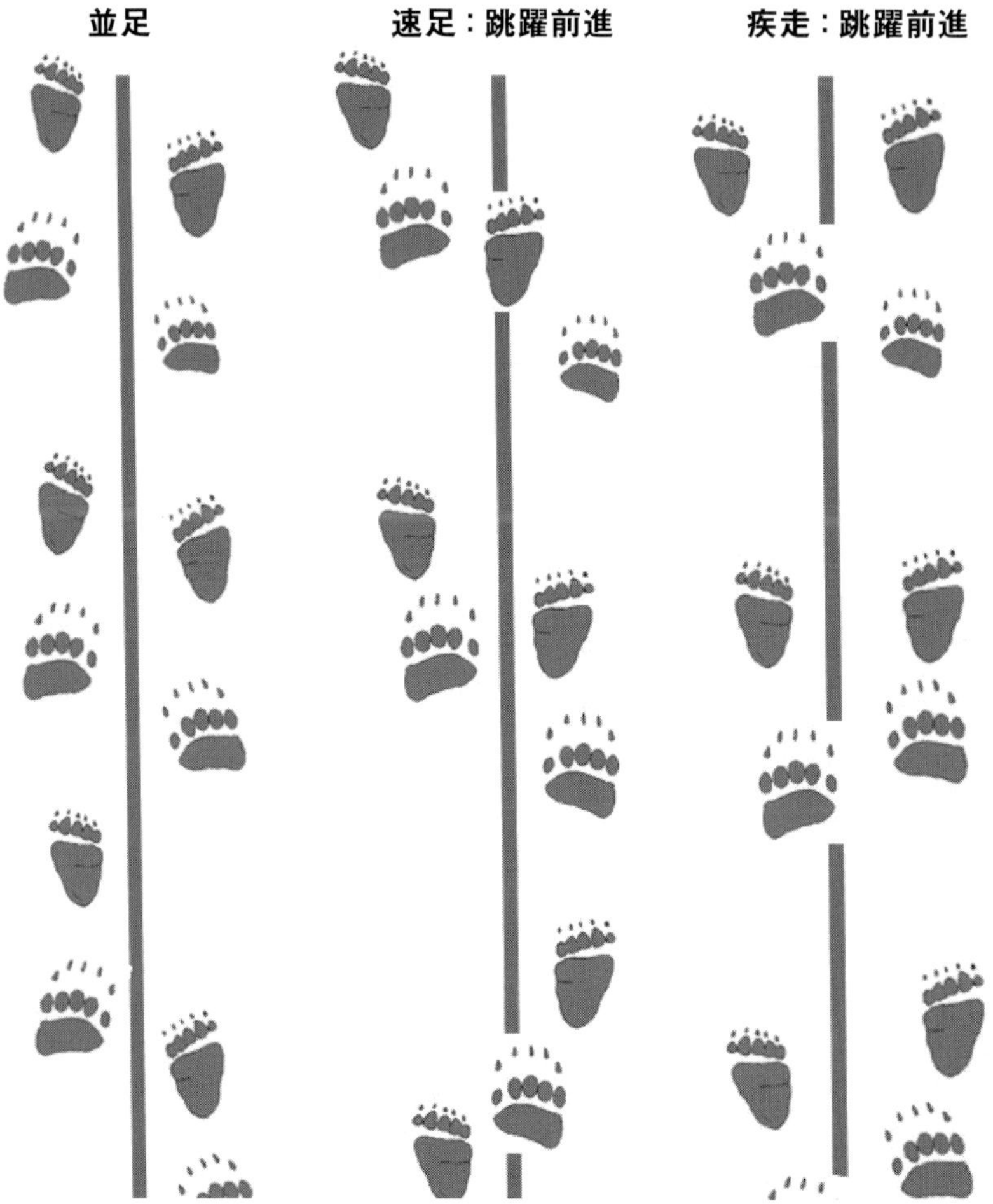

参考文献：『野生動物痕跡学事典』門崎允昭（北海道出版企画センター）

ヒグマの足跡はどうなっている？

ヒグマは基本的には四足歩行である。両手、両足を地面につけた状態で歩く。通常の歩き方は、右手を前に踏み出したときは左足が踏み出されている。ちょうど、人間がウォーキングをしている様子で、そのそのまま四つん這いになっているような動きとなる。そのため、地面につく足跡は右手と右足は足跡ではワンセットのように近くに置かれることになる。

ヒグマの注意行動かくれんぼの天才

ヒグマは慎重な生きものである。危険が迫ったからといって、すぐにこちらを攻撃してくるということはなく、様子をうかがいサッサと逃げてしまうことのほうが多い。逃げるのが間に合わないと、彼らはちょっとした茂みのなかにじっと姿を隠し、自分にとっての脅威が去るのをただひたすら待つ。ヒグマの体は我々と比較してだいぶ大きい。しかし、驚いたことに彼らはかくれんぼの名人なのである。

　ほんの人間の膝丈ほどの茂みに四肢を広げるようなかたちで身を隠してしまう。そうすると、人間側は目線が高い所から見下ろしているはずなのに、見えなくなってしまうのだ。嘘だと思うかもしれないが、これはよくあるヒグマの回避行動である。そのようにヒグマが隠れている場所には容易に近づかないように、人間にとって見通しがよく利くと思える場所ほど山のなかでは気をつけて歩かねばならない。

ヒグマの声

　ヒグマの鳴き声、正確には吠える声を山のなかで聴いたことは私はいままでなかった。動物園などで飼育されているヒグマは、繁殖期に吠えるような鳴き声を出すという話があるが、私は山中では一度もそのようなヒグマの声を聴いたことがない。山のなかと動物園との環境の違いがあるのだろう。私はむしろヒグマが自分の間合いを守るときなどに発する声のほうが、どちらかというとヒグマの声として聞き馴染みがある。それ以上は近づくな、という声は特有で、「ファーッ」という擦過音で、非常に危険である。また、「フッ、フッ」という鼻を鳴らすような吐息に近いような声を発する場合はわりに安全である。少し興奮と緊張が混じったような吐息に近いこのような声は、初めて聴く人には聞き落としがちな音であろう。

　山のなかでは、このような声や聞き慣れない音を聴いたときは、その先へ進むことなく、静かに自然な動作で戻るのが賢明である。

ヒグマが発するサインを見逃さないようにしたい

少し緊張したような呼吸と足どりで「フッフッ」といいながら歩く

腹の底から「ファーッ!!」と威嚇する。危険である

原寸大！ ヒグマの足拓

右後ろ足。前足（手）と比べて縦に長いのは、人間の足と同じだ

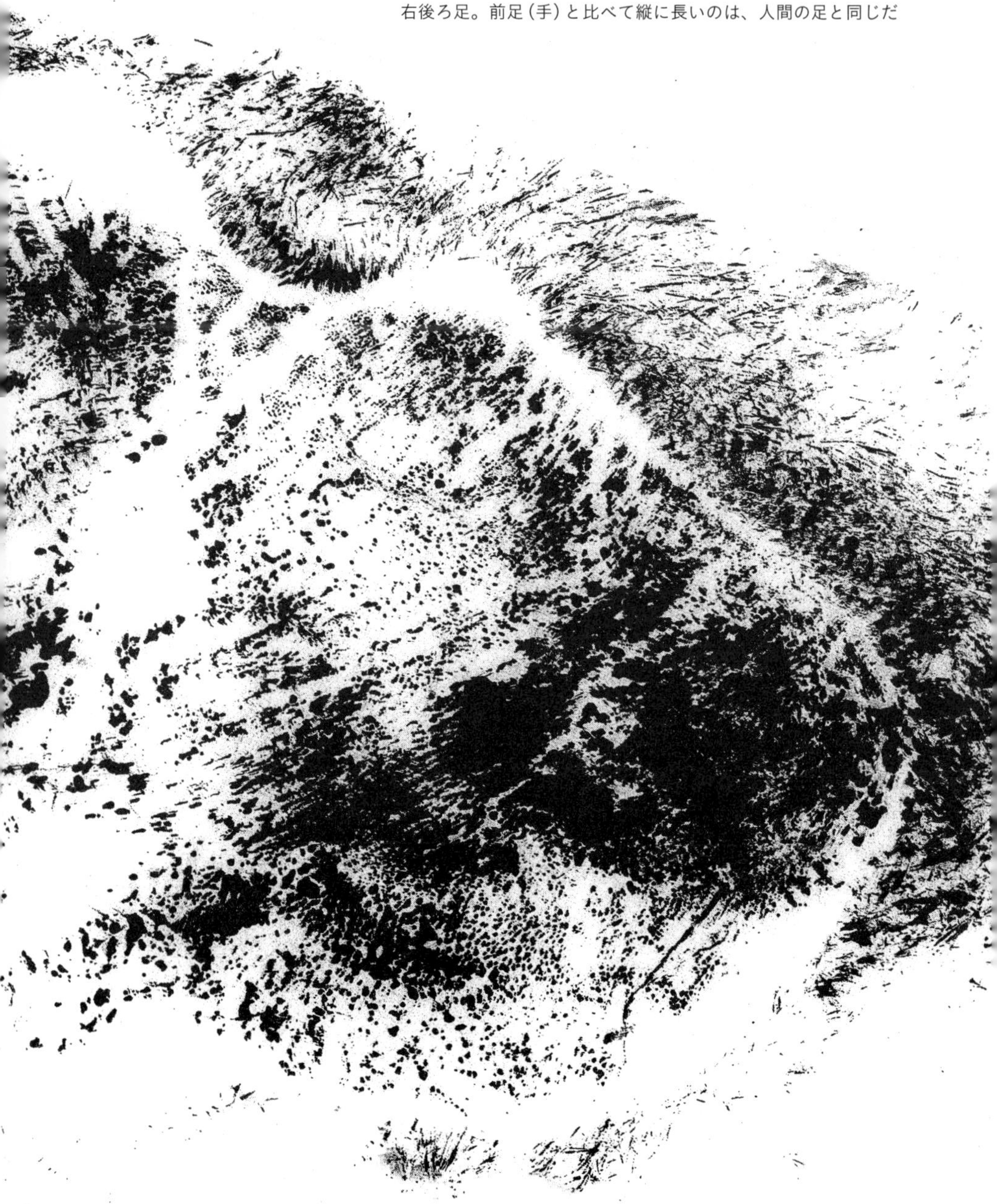

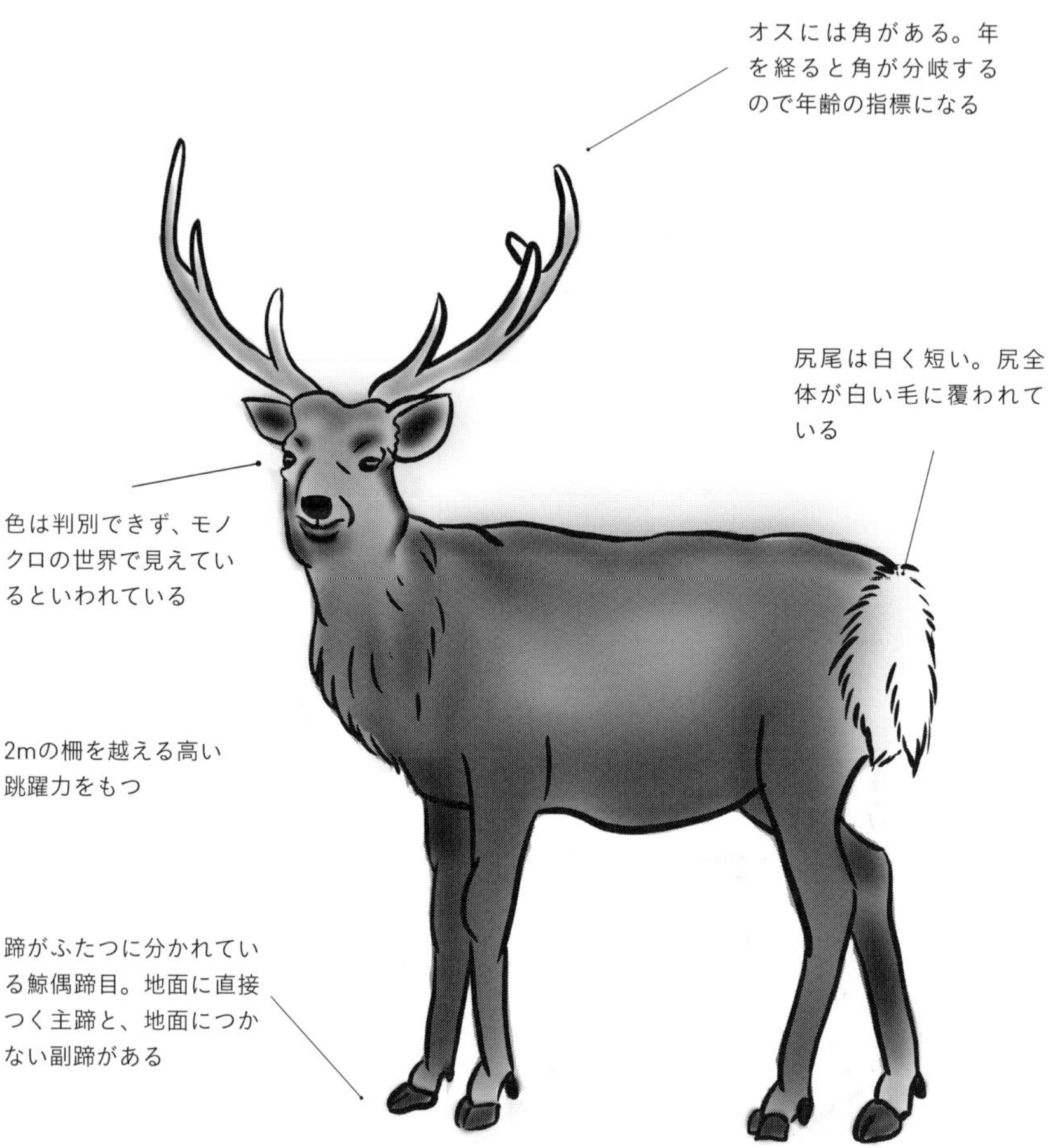

オスには角がある。年を経ると角が分岐するので年齢の指標になる
尻尾は白く短い。尻全体が白い毛に覆われている
色は判別できず、モノクロの世界で見えているといわれている
2mの柵を越える高い跳躍力をもつ
蹄がふたつに分かれている鯨偶蹄目。地面に直接つく主蹄と、地面につかない副蹄がある

エゾシカのこと
〜狩猟者の目線から〜

私が狩猟を始めた50年ほど前は、山のなかでシカの姿を見ることがほとんどなかったが、ようやく絶滅状態が解消されていた。そのため、シカを狩猟することは道内では道央と日高の一部の地域を除いてできなかったし、メスのシカは狩猟できなかった。オスシカを狙って狩猟するためには、足跡を追跡し、仕留めるしかなかったのだ。感覚としては、ヒグマと同じくらい狩猟が難しい対象であった。

現在、北海道のエゾシカは増えすぎ、猟がしやすい獲物となっている。道内のどこでも姿を見ることができ、いまや畑の作物を荒らす存在として、積極的な駆除が推奨され

シカが餌場所として好むのは草地である。山のなかは休息場所であることが多い。時間帯によって餌場と休息場所を行き来している

針葉樹林帯にあったシカの寝屋。座って腹がついている箇所の雪が溶けているのでよくわかる

草地に雪が積もっていても、少し表面に出ている草を前脚で掘り返し食べた痕跡

これはメスの糞

るまでになった。

シカを毎日観察していると、朝と晩に休息する場所と餌場を行き来する動物であることがすぐにわかるだろう。シカはウシと同じく反芻動物であるため、食事を採ったあとは風をよけることができ、外敵に見つかりにくいような休み場所へ移動し、ゆっくりと反芻しながら体を休める。

シカが好む採餌場所としては、春から夏にかけては草がたくさん生えている場所、標津周辺であれば牧草地で餌をたくさん食べている。

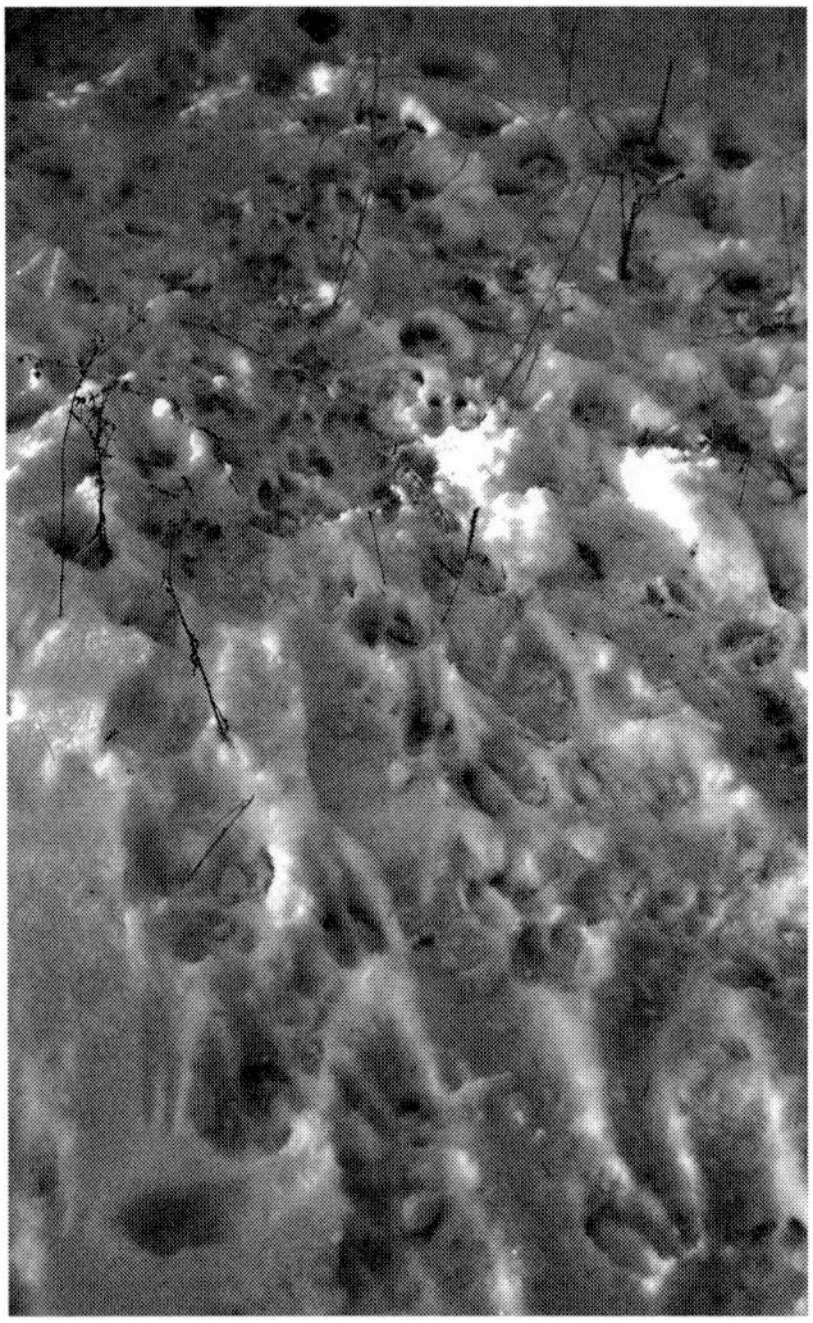

くっきりと足跡がついている。シカの場合は蹄がふたつに分かれているため判別をつけやすい。ウシの足跡よりもスリムである

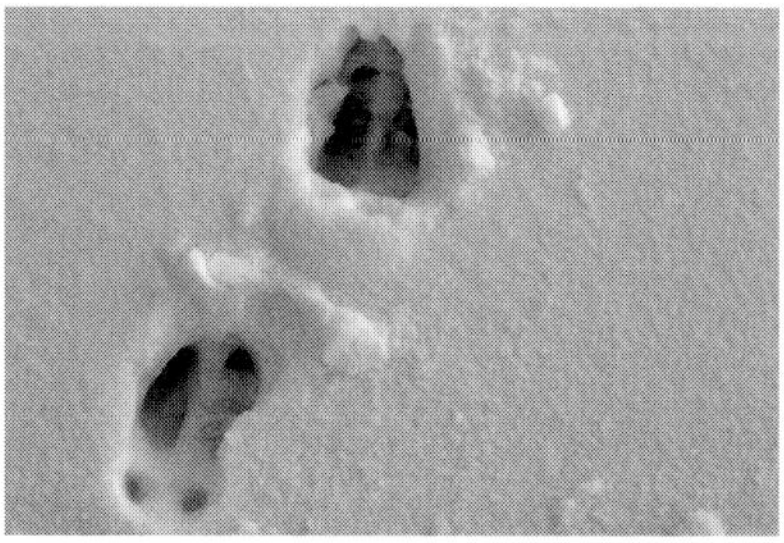

餌場と休息場所への往来に何度も同じ場所を使用しているため、はっきりと道がわかる。50年前はごくわずかな足跡を頼りに必死にシカを追ったものだ

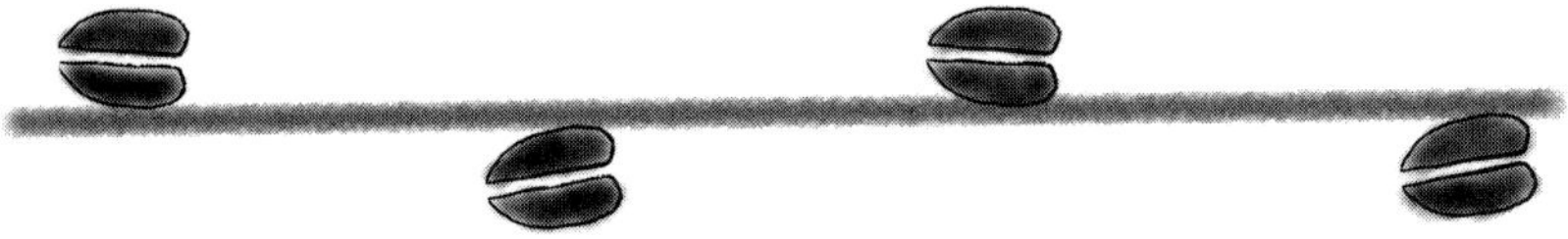

蹄行性。主蹄の形は半円形でウシと比較すると細めである。副蹄は地面よりも高い位置にあるので、雪が深いなどの特別な条件が整わない限り通常跡は残らない。外側の蹄のほうが大きなカーブがついているので、右足・左足の見分けがつく。蹄の先は少し開いている

跡と通り道

群れで行動するので、獣道ができやすい。できた獣道は、シカ以外に、ヒグマもたまに通ることがある。シカが通る道はシカだけが通るわけではないので、足跡の行方にはやはり注意が必要である。

食性

草食性で、1日5kg程度の餌を食べる。冬は餌とする草が少なくなるので、積雪が少なく草が残っている海岸沿いの崖で草を食んだりササを掘り返したり、木の皮を剥いだりして食べて飢えをしのいでいる場合が多い。

シカのものと思われる食痕

個体数が増加した近年では牧草や小麦、野菜などの農作物を食べ農業被害をもたらしているが、餌に乏しい冬には牛用の牧草ロールを狙って牧場近隣までやってくる群れもある。

私の家では牧草ロールを外の空き地に積んで保管していたのだが、牧草を包んでいるラップフィルムを丁寧に破り、中身を食べている光景もよく見られた。一度味を覚えると大胆になるもので、昼夜交代で入れ代わり立ち代わり数個の群れがやってくる。牛を恐れることなく、牛に与えた牧草ロールを一緒に食べていることも私の家では冬によく見られる光景だった。牛も追い払うこともなく、シカと一緒に食べているので、動物は餌が十分にあるとあまり争うことなくうまく順応するものなのだろう。

冬以外は、フキなどの野草やナラの木の葉、木やササの芽、ドングリなどを食べている。

エゾシカの一年

●4月ごろ

オスの角は毎年抜け落ち、その後、繁殖期の秋までに生え変わる。大きな角をもったものほど落ちる時期が早く、おおむね3月の末から4月中旬ごろには落角が終わり、若いシカの一本角や二又のものは5月になっても残っていることがある。

角の分岐する数で、おおよそのシカの年齢を推測することができる。満1歳では枝分かれしない一本角で、2~3歳から角が枝分かれする。4枝は4歳以上と推定される。

●6~7月

シカは群れで行動する動物であるが、若いオスは新たな場所を求めて、単独または若いオスだけの数頭の群れで探索するようになる。メスはこの時期に周囲が藪で覆われている場所など、外敵に見つかりにくい場所で単独で仔を出産する。親離れして初めての越冬を終えた若いヒグマにとっては、この時期の生まれたての仔ジカは絶好の獲物となりうる場合もある。

そのため、母シカは特に警戒しながら仔を産み、産んだあとはすぐに後産（胎盤など）を処理し、仔を茂みに隠す。仔は母シカが戻るまでじっと隠れて待つ。7月初めごろには大きなオスジカの角は、袋角になり枝分かれをしてほぼ形がつくられている。

角が落ち、生え変わり途中の状態。角が袋に包まれている袋角の状態だ。

●10～11月

繁殖期になると動きが活発化し、あちらこちらでオスのシカの鳴く声が聴こえてくる。この時期のオスはメスを得るため、そして縄張りを守るために攻撃的で気が荒くなり、人や車などにも向かってくることがあり非常に危険である。キャンプ場などでテントが襲われることもまれにあるので侮ってはならない。

●12～3月

厳冬期（12月～翌年3月）へ向けて、個体によっては11～1月ごろにかけて冬をしのぎやすい場所へと移動する。3～4月ごろに、硬雪の上を埋まらないように爪を目いっぱいに開いて歩き、かなり遠くまで移動している。いまの全道的なシカの広がりは、このようにして行われたのだろうと思う。

リーダーはいない？

群れで行動する習性があるが、時期によって様々な群れの形態をとるようだ。越冬時期から春は、メスと仔、若いオスなどが中心の群れとなる。オスは単独でまたはオスだけの5～6頭の群れで行動することが多いが、気が向けば繁殖期以外でもほかの群れに加わりともに行動する。これは、特に積雪により餌場が限られていることも影響しているのだろうと思うが、規模の異なる2～3頭の群れが状況に応じて集まったり離れたりしているのであろう。

秋の繁殖期に入ると、数頭のメスの群れにその縄張りのオスが加わり、数頭のメスにオスがついて歩くような群れとなる。この時期はオスの警戒心は平常時よりも低下しているように見え、逆にメスの警戒心は平時以上に目立つ。強くて経験豊富なオスがこういった群れのリーダーであるといわれることが一般的だが、私の住む道東のあたりでいえば、長年シカを見ているとそうでもない。草食動物の群れのなかで明らかなリーダーというのは実は存在しておらず、その時々にバイオリズムがよい経験豊富な1～2頭のメスに、なんとなくほかの個体がついていくような雰囲気がある。家畜を飼っていた経験からも、平時はメス牛と乳が必要な仔だけの群れであって、そこにオス牛を1頭そのなかに繁殖のために放牧したとしても、オスがその群れのリーダーになったかといえば明確にはそうではなく、経験豊富なメス牛やバイオリズム的に調子のよさそうな若いメス牛などが代わる代わる群れを率いている。家畜と野生動物は違うかもしれないが、同じ草食動物の鯨偶蹄目であるから全く違うとはいえないであろう。

シカは母親が仔育てをして、母と仔のペアが集まることでひとつの群れとなることから母系の群れが主軸であろうと思われる。

また、オスシカは単独行動と思われがちだが、繁殖期以外は若いオスに限らず、同じような年頃の数頭ほどの群れで行動し、そのなかにまだ角の生えていないものも含まれることもまれではない。繁殖期以外は、まだ硬くなっていない角を大切にするようで、本気で角を突き合わせることはまずしない。彼らにとって角が折れてしまうようなことはリスクがあまりにも大きいのであろう。

こうした母系の集団に、時期によっては数頭のオスが加わることで、季節ごとに様々な群れの形態や規模となって生きることが、彼らの戦略であるのだろうと考えている。

適正な数は自然環境が決める

シカの繁殖能力は、ヒグマなどのそのほかの大型の野生動物と比較し、非常に高いといえるだろう。牧草地の活用などでエゾシカの栄養状態がよく、越冬も容易になったのだろう、頭数はひと昔前に比べても増え続けてきた。

しかし、ここ数年は私の住む場所に関していえば、増加するスピードは一時期に比べ落ち着いたように思える。その地域の環境に応じて適正な数へと落ち着きはじめたのだろう。人為的な駆除の効果ということも多少はあるのかもしれないが、それ以上に自然の不思議さ、生きることの厳しさを物語っているようだ。

駆除で数を減らしたというよりは、環境の変化や得られる餌の量などの要因で自然淘汰されたことが減少の原因に挙げられる

群れの形成過程を知る

シカは群れで生活する動物であるが、その群れの性質は、季節によって様々である。

母親と仔、数十頭の群れ、冬は餌場が限られることもあり、さらに大規模な群れとなる。また、オスの場合は単独行動が多いが、若いオスはオス同士の群れをつくり、行動することが多い。

繁殖期以外であれば、老齢なオスだけの群れというのも餌場では見かけることがある。縄張り争いなどが必要のない時期であれば同じ年頃のシカ同士のほうが話が合うのかもしれない。

繁殖期に入ると、数頭のメスの群れが自分の縄張りにいる場合に、そのメスの群れにオスが合流することで繁殖期の群れが形成されるようだ。よりよい餌場をもつオスはメスに受け入れてもらいやすく、有利に子孫を残すことができる。そのため、オス同士の縄張り争いは熾烈を極めることになるのだ。

その結果としてオスと数頭のメスの群れができることになる。しかしこのいわゆるハレムの群れのリーダーがオスかといえばそうではないようだ。むしろ経験豊富なメスやバイオリズム的に調子のよいメスがその群れを誘導しているようにも見える。一方、経験の少ない若いオスは、まだメスを囲い込む力がないため、単独で山中にいる場合が多い。全く繁殖をあきらめているかといえばそうでもなく、オス同士の戦いを傍目に見ながら、常に近くにいるメスと繁殖できる可能性を虎視眈々と狙っているのだ。

繁殖期以外

メス、オス、仔などが混ざり合った雑多な群れとなっている。ある程度の経験の多いオスは単独で行動することが多いが、群れに合流してともに行動することもあるようだ

オスの群れ

母シカと仔

2月のオスが中心の群れ。雪が少ない時期には、雪の下にある草を掘り返して食べている

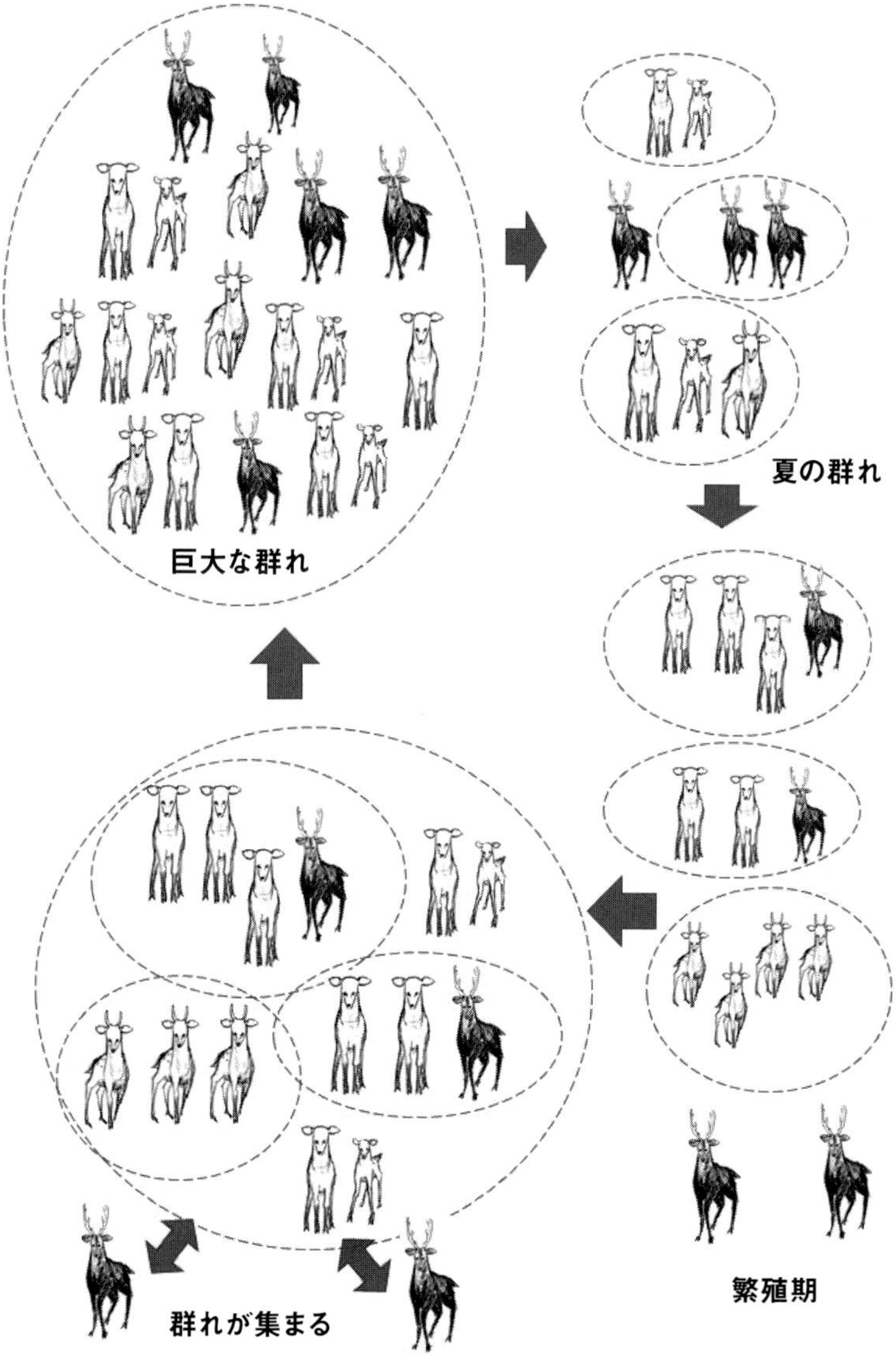

シカの一年の群れの形成のイメージ図

母系の群れが基本となり、数を増やしながら群れ自体の数も増えていく。繁殖期以外は、雑多な群れとなることが多く、気候や餌の状態などでオスは単独で行動したり、群れに入ったりなど気ままに過ごしているようだ。繁殖期は縄張りが鮮明になるため、オスは戦ったりメスを獲得したりで忙しくなる。そのため、オスが群れのリーダーとはならず、むしろ経験が豊富なメスが「リーダーのようなもの」を務めているように観察していると感じるのだ

オスはツノの分岐で、おおよその年齢を知ることができる。右から、1歳、2歳、3歳、4歳以上

4つに分岐した落ち角。例年4月ぐらいに自然に落ちる。この角は4歳以上が落とし主だろう

9月下旬〜10月上旬のオスシカ。斑点の模様がほとんど消え、全体的に黒い毛で覆われてくる

シカの外見の変化を見てみよう！

●春〜夏

シカのオスは角が自然に落ちる。カモシカ（牛の仲間）の角は抜け落ちることはないが、シカの角は毎年生え変わる。季節が進むごとに、再び角が生え始めてくる（袋角の状態）。また、体毛は雌雄ともに薄茶色になり、背中には白い点が見られる夏毛に変わる。

●秋〜初冬

背中の白い斑点が薄くなり、特にオスは毛の色が黒っぽく濃くなっていく。繁殖期に向けてオスは角研ぎをするが、ハンノキで研ぐと赤っぽく、松で研ぐと黒っぽい色となる。繁殖期はシカもオシャレだ。

繁殖期のオス同士の戦い

がっちりと絡み合ってしまい、頭骨となっても外れない。この2頭がたとえ生きていたとしても、永遠に角は外れることはないだろう。それほど、この2頭の戦いは激しく、生きることに必死だったという証である。時に残酷なことのように思えるが、必死に命ある限り生きようとする野生動物の姿は、私たち人間に何か訴えるような説得力があり、生きることにのみ一途な姿は、時に強く心に刻まれ心を動かされる。2頭の懸命に生きた証として、現在も大切に保管している

繁殖期のオスの戦いは、非常に激しい。数分ですぐに決着がつくこともあれば、決着がつくのに数時間かかる場合もある。オス同士で激しく角を突き合わせ、勝者が決まるまで体力が続く限り戦うようだ。山のなかで角を突き合わせている音が、私の住む家まで届くこともある。ガッツ、ガッツと突き合わせ、角を組み合い、どちらかが勝つまでそのような戦いが続くようだ。

まれに、組み合った角が絡み、外れなくなってしまうこともある。写真はちょうど河原で戦っていたオス同士が半日たっても決着することなく、しかも角が絡んでしまいどうしても離れなかったシカの頭骨だ。

片方が力尽き膝の骨が折れた状態で、もう片方は勝ったはいいがどうしても絡まった角が解けることなく、力尽きたシカを引きずるようにして歩いていた。それを不憫に思い、ちょうどヒグマの下見に行った帰りだったので仕留めた。相当激しく戦ったものと見え、河原の小石や砂が、ちょうど土俵のように円を描いてきれいに周囲に取り除かれていた。

山を歩いていて、実際に自分がシカの戦いの真っ只中に行き合うことは初めてではなかったが、このように角が絡まり解けなくなったシカに間近で出合ったのはこのときが初めてだった。シカの生きること、子孫を残すことへの執念のようなものを、改めて強く感じさせてくれる出来事であった。

【狡猾なハンター】

成獣は、頭胴長60cm前後、尻尾は約40cm。足跡が直線的なのが特徴

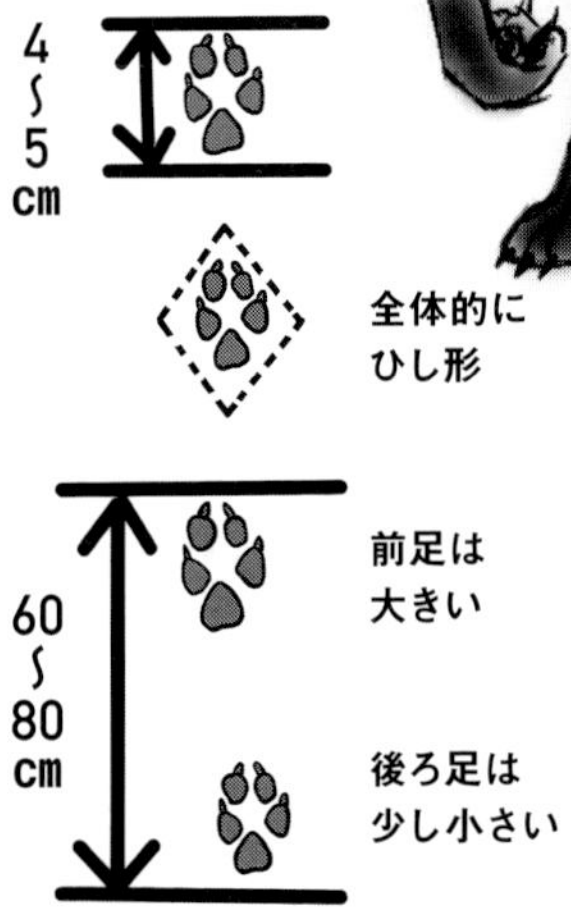

キタキツネは体格が大きいため、本州にいるキツネよりも歩幅が大きい

私の子どものころは、北海道であってもキタキツネは山奥でしか姿を見ることができなかった。農家などが増え、深い山が姿を消すとともに、人家のそばで姿を見ることが増えていった野生動物であるように思う。

キタキツネは黄金色に輝く毛皮に価値があるので、毛皮に傷をつけないために罠で猟をすることが多かった。

罠猟では、捨て罠と本命とふたつの罠を獲物の通り道にセットする。本命の罠は必ず前脚にかかるように、罠を置いた場所は獲物の足並みを少し乱すように木の枝などを置いておく。

その動物の足跡やしぐさ、毎日の行動をどれだけ綿密に観察できるかに罠猟の出来は左右されるだろう。

11月にはすでに冬毛へと換毛し、少しふっくらとした印象となる。仔は独立して、自力で冬を越す

【寒いところはあまり得意ではない】

成獣は、頭胴長約60㎝、尻尾は約15㎝になる。溜糞の習性がある

道東でタヌキの数が少ないのは、土に穴を掘ることが苦手で、岩場など自然の穴を巣穴として利用するため、棲息地が限定的であったこと、北海道の寒い環境が苦手だったことがあるだろう。また、タヌキがジステンパーウイルスに対し抵抗が弱かったことも頭数が増えなかった原因ではないかと私は考えている。

　タヌキは一族で通年巣穴をもつが、穴に入っているタヌキを狩猟するのはひと苦労だ。木の棒の先を割って穴に入れてひっかけるか、煙でいぶし出す方法がある。穴から少し離れた所に溜糞をするので、棲息地の判断材料となる。

　追いかけるとコロッと転倒して気絶したようになるので、その隙に仕留めるのがよい。タヌキは死んだふりがうまく、たとえ皮が半分だけ剝がれた状態であっても逃げ出すことがあると昔から猟師の間では伝えられている。タヌキの毛皮は良質で、真冬に背中に敷いて眠るだけでもとても暖かい。キツネと同様に皮を傷つけない方法での狩猟がよいだろう。

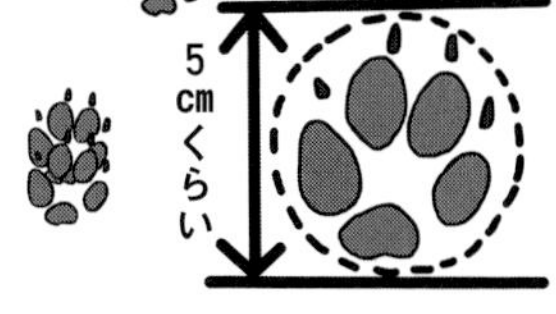

キツネの足跡よりもやや丸みがあり、梅の花にたとえられる。キツネと比べ、ジグザグに歩く

【近年数が回復しつつある】

成獣は、頭胴長およそ50cm。夏毛は茶色、冬毛は白くなり耳の先端だけ黒いのが特徴

ウサギの走り方と足跡のつき方

前足を一歩ずつ踏みながら進み、3歩目で両方の後ろ足をつく。その跳躍力でまた前に進み片足を一歩ずつ踏むことで前に進む

トラッキングをしながら、止め足、戻り足などのことを学ぶには最適な動物である。5月の末と、時には8月の初めに3、4羽の仔を産み、仔たちだけで狭い範囲にいて、授乳のときだけ仔の所へ親がやってくる。秋、日照時間が短くなるとともに冬毛に変わりだすために、雪が積もる前に白くなっていることが多く、枯れ野のなかで発見しやすい。

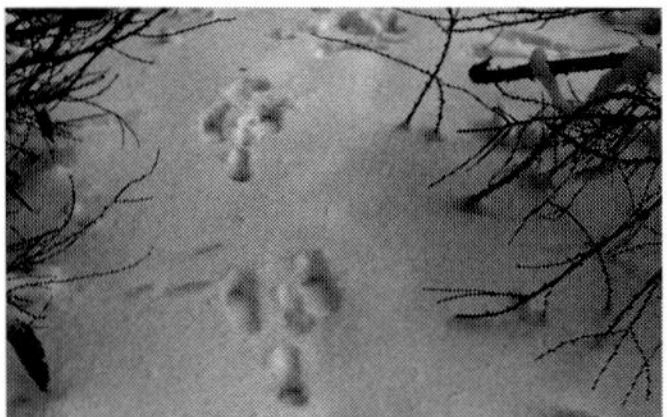

雪の上の足跡。留め足を使うので、トラッキングの練習をするのに最適だろう

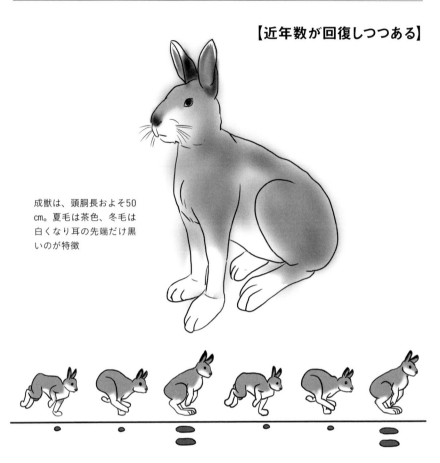

【希少種であるがゆえに保護を切に願う】

全長約40㎝、体重約400ｇ。本州の高山地帯にいるライチョウのように冬は白くならず、夏毛も冬毛も茶色のまだら模様

5月下旬から6月ごろ、木の多い林道を走っていると、砂利道の道路の上を、雛《ひな》を連れたエゾライチョウがトコトコと歩いている姿を見かける。その姿はとても愛らしく、実に北海道の初夏らしい。

エゾライチョウは近年その棲息数が減っている野鳥である。狩猟によってその数を減らした、とも考えられるが、それ以上に林道を猛スピードで走る車がエゾライチョウとは気がつかず、まだ飛ぶことを知らない雛を無情にも踏みつぶしていくことも原因のひとつであろうと私は考えている。

エゾライチョウを狩猟した際に腹を割くと、素嚢《そのう》のなかにシラカバの芽がびっしり入っていることが多い。独特のにおいが肉につくのを避けるため、早く内臓を出す必要がある。シラカバだけを食べているわけではないと思うが、シラカバ林が少なくなり、木の種類の単一化が進んだこともエゾライチョウの数が減っている要因であろう。この原稿を書いている現在は（2020年）まだ禁猟種ではないが、禁猟になる可能性はあるだろう。

少し足を引きずった跡がある（雪上）

エゾライチョウの足跡は、「逆Tの字」であることが特徴だ

【マガモは狩猟鳥の代名詞】

マガモのメス。オスに比べて地味。地味ななかにも茶色と白でグラデーションされた色は控えめながらも美しい

マガモのオス。首が美しい緑色、カールしている尻尾はおしゃれだ

よく見かけるのは沼地や川の流れが穏やかにたまっている場所で、複数で羽を休めている。風上に向かって飛び立つ習性があるので、狩猟する際には風の向きを必ず確認し、どちらに向かって飛び立つのかを見極めるようにする。対象が小さいので、命中率を上げるためには飛び立ち羽を広げた状態を狙うとよいだろう

狩猟できるカモ類は、陸ガモと海ガモ合わせ11種になる。海ガモのほうが肉の赤黒さが強い。陸ガモは主に3種いる。マガモは、オスはアオクビとも呼ばれ美しく、メスは地味な色である。カルガモは、大きさはマガモと変わらないが、雌雄ともに色合いはマガモのメスに似ており、くちばしの先が少し黄色い。コガモはタカブとも呼ばれ、前出の2種より小さくオスは頭の茶色がメスより濃い。それぞれ北海道でも繁殖しているが、多くはシベリアから越冬のため秋から初冬に渡ってくる。昔の鉄砲撃ちに「鳥を食ってもドリ（肺臓、気嚢）を食うな」とよくいわれていたが、見えない脅威（いまでいう鳥インフルエンザなど）に注意していたのかもしれない。

動物のことを知る❽ その他の動物

野生動物の場合、捕食者↕被捕食者の関係があれば、お互いの行動がある程度互いに影響を与えている。

ヒグマやエゾシカが他者から影響を受けて自らの行動を変えるときは、おおむね人間の行動が関わっている場合が多いと思う。

例えば、牛や馬は家畜であるが、それをあるチャツ（ウシやウマを一時的に集めておく囲いのこと。放牧地にある）に追い込むときが一番対象動物とその他の動物（ヒト）の関係性がよく理解できるだろう。人が山に入った際の気配や行動は、ダイレクトに影響を与える。人間の気配は彼らの行動をいとも簡単に変えてしまうほど、自然のなかでは特異なものだ。

ヒトの動きはヒグマやそのほかの動物の動きに直接的な影響を与え、お互いの存在が非常に複雑に絡み合い、お互いの動きに影響するのが山のなかである。自分の動きから相手の動きを予想することが重要であり、途中で発見した食痕や痕跡がその予想を補足する材料となる。

ヒグマが近くに潜んでいる場所では小さな鳥でさえも姿を消して、一帯が静寂に包まれることがある

また、影響を及ぼすのは、動物対動物にも当てはまる。例えば、ヒグマがシカを自分の獲物と考えたときだ。エゾシカはヒグマの餌としてはイレギュラーであるが、容易に捕獲できる可能性がある場合、ヒグマの行動が一時的に変化する。

ヒグマがシカを襲うのを近年、ニュース映像などで見かけたりするが、それらのほとんどは特異的な状況下である。例を挙げると、繁殖期でオスシカの警戒心が低くなっている状況、地形的な利点で餌として得やすい状況（防護柵などの人工物を利用するなど）、シカが弱っていて簡単に獲物が手に入る状況、などが該当するだろう。

ヒグマが近くにいる場合、山のなかは奇妙な静けさに包まれていることが多々ある。不思議なもので、つい先ほどまで鳥のさえずりやキツネやエゾリス、ウサギなどものんびりと姿を現し、餌をついばみ、さえずりが聴こえ、華やいだ空気だったはずなのに、それがピタリとやむ。ぽっかりとそこだけ別の空間に入ってしまったような静寂に包まれることがある。

このようなときは、比較的近くにヒグマがいる場合が多く、ヒグマが普段の雰囲気ではなく何かしらに対して警戒していたりすることで、周りもその気配を察知しそのような現象が起こってしまうのだろう。ヒグマが警戒したり、殺気を放ったりしていなければ、その気配が周囲に伝播してこのような現象は起こらない。

そういう場所は、どこかにヒグマが息をひそめて隠れており、しかもこちらに気がついて警戒していると考えて、十分に注意しなければならない。意図せず、ヒグマとの合意点をこちらが侵してしまうと、大事故につながりかねないからだ。

小・中型哺乳類や鳥類

野生の中型哺乳類はウサギやキツネ、タヌキ、鳥類であればシマフクロウやオジロワシ、オオワシなどが山中や川でよく観察される。キツネやウサギは比較的人間と生活圏が近く、低山ではよく見かけることがある。一方、ヒグマを追うような沢の奥ではこのような種類の動物はほとんど見かけることはない。猛禽類に分類される、トビ、オジロワシ、オオワシは海岸付近から川の中流までは比較的見かけることが多い。オオワシなどの一部の猛禽類は、繁殖地であるサハリンと越冬地である道東を季節ごとに往来する。

これらが北海道へ渡ってくるのは初雪が近くなってからなので、川でヒグマの跡を探している際に見かけるようになればいよいよヒグマを追うのに最適な初雪も近いな、と感じ取ることができる。

シマフクロウは、北海道の低山の川の付近に棲息している大型猛禽類であり、羽を広げると1.8～2mの大きさにもなる。夜行性でネズミやオショロコマなどの魚などを餌とする。最近ではめったに見かけることもないが、私の家では夜になるとシマフクロウの声を聴くことも多い。

モモンガやシマリスや小鳥などの小さな生きものが、大きな動物の存在を教えてくれる

何かある!?
違和感を知る

オジロワシやカラス、トビなどは四季を通じて私たちの身の回りにいる鳥の代表例である。

そのような鳥たちの動きを観察していると、「そこに何かある」という異変にも気がつくことができるだろう。特に、山のなかにシカなどの死骸があるときに、上空を旋回するトビやオジロワシなどの猛禽類、木に止まりやかましく鳴きかわすカラスの群れなどに出合うことが多いだろう。このような鳥の動きや鳴き声は、狩猟においてはとても重要である。

そこに何かある、という異変を遠くからでも教えてくれるのが鳥たちであるからだ。

鳥は特に目がよいので、こうした自分たちの餌となるものを素早く発見することに長けている。特に動物の死骸には、多数の群れをなして上空で旋回しながら集まり始めるのだ。

その死骸は、道路で車などにはねられたものかもしれないし、寿命で力尽きたのかもしれない。いろいろな原因が考えられる。死骸にすぐに群がる鳥類とは異なり、時期によってはヒグマもそういった死骸に興味を示すが、ある程度腐敗が進んだものにつくことが多いようだ。

木に止まっているカラスの群れ。付近に、カラスの餌となる動物の死骸や弱った生きものがいるかもしれない

カラスやトビ、ときにはオジロワシやオオワシも、そこに何かがあることを知らせてくれる。死骸など鳥の餌となるようなものがある場合、上空を旋回するように飛び交う。主にネズミや魚を餌としているようだが、まれに弱った動物や、生まれたばかりで自力で動けない動物、なんらかの理由で死んでしまったシカなどの死骸をついばむこともある

動物の行動を左右する要素は、ほかの動物の存在よりもむしろ、天候によるところが大きいだろう。野生動物は地形や天気を敏感に、そして複合的に読み取り、行動を決定している。

天気予報がない動物たちは、自分たちの感覚で天気の変わり目を判断し、行動を我慢しなければいけないときや、天候が数日荒れると判断した場合は、いつもより多く餌を食べる行動をとる。天候の変化を日々感じ取ることで、採餌場所や行動する時間・行動ルートが微妙に変化する。それは、野生動物に限ったことではなく、我々人間も同じことだろう。それぞれの要因が密接に絡み合ったとき、その条件での最適解として動物の行動が発生する。

渡りをする鳥は群れで休息地となる川や沼を目指して飛ぶ

気温

気温の高低は動物の行動に影響するだろうか？　真夏であれば、涼しさを求めてほかよりも涼しい沢のような場所が動物にとっては心地よい場所になる。ある程度気温が下がってくると、ヒグマの場合は冬ごもりの準備をするが、それは単純に気温が下がったから活動が低下するというよりはむしろ、採餌条件が整わないことにより、自分の生命をつなぐための本能の部分が大きいだろう。エゾシカの場合はどうかというと、冬の寒い日であっても、群れで行動しながら少しでも餌が得られる場所へ移動する。

風

風が強い日は、動物は風が当たらずに過ごせる場所でじっと動かずにひたすら耐える。基本的に、動物の行動を最も左右する環境的な要因は風である。人間の場合も、雨や雪よりも風が出ると歩きにくく、外出が億劫《おっくう》になることもあるだろう。動物も同じである。

シカは林のなかなどのちょっとしたくぼ地で風をしのぐことが多いようだ。林のなかは、吹きさらしにはならないので、住宅がある場所よりも林のなかのほうが、風があまり気にならずかえって過ごしやすいことが多い。林のなかで、かつ地形的には少し

向かい風のほうが飛び上がるための風を翼に受けやすい。いつでも飛び立てるように、カモは風向きを意識している。ハンターは、できるだけ風下から近づきたい

くぼ地となっている部分であれば風が強くても過ごしやすく、嵐が過ぎ去るまでその場所から動かずに過ごす。ヒグマの場合も基本的には同じであるが、やはり風が当たりやすい海岸や川岸ではなく、少し山奥の森などのくぼ地でじっと風が通り過ぎるのを待ち、耐えしのぐようだ。

カモを狙うときの風

カモを狙う場合、特に風向きを考えなくてはいけない。カモは水面に浮かんでいるときは風上に顔を向けて休んでいることが多い。というのは、風上に向けて飛翔するからである。そのため、カモを仕留めるために近づくときは、風下から近づくとカモに悟られずに近づくことができる。そして、射程距離に近づいたら、居鳥（水面に浮いている）を撃つのではなく、羽を広げた状態を撃つ。水面にいるときよりも弾の当たる面積が広くなるからだ。多少遠くても獲れる確率が高まるのである。

鳥類の狩猟は、餌場の特定も大切だ。カモ類でいえば、海ガモは海を餌場とするカモの総称であり、ノリの養殖場などでノリや魚、ツブなどの貝類などを餌とする。猟をする際には、船頭と船の手配が必要だ。一方の陸ガモは、陸で草や植物の実を餌とする。まれにノリの養殖場に着く場合もあるが、基本的には、川の流れが緩やかなたまりや池、沼などにいることが多い。普段から猟場の地形を確認し、餌場となる場所の風向きなども頭に入れておくことだ。

天候
（晴れ・曇り・雨・雪）

天候も風と同じく動物の行動に大きく影響を与える要素である。晴れや曇りはそこまで行動に影響は出にくいが、季節によってはやはり影響する。一番影響を受けやすいのは、雪が降るか降らないかの晩秋の時期だろう。この時期のエゾシカは繁殖期となり、冬に向けて脂肪を蓄える必要もあることから、活発に行動し移動距離も長くなる。

ヒグマについても、冬ごもり前にしっかりと脂肪を蓄えるとともに、穴に入ってからは出産期となる。ヒグマについては特に、天候によって冬ごもりの場所まで移動し、穴に入るタイミングも天候で決まる。根雪になるまでに何度か雪が降るが、年によっては、根雪になると思われる量の雪が降ったあとに、暖かい日が続き、長雨がダラダラと続くことがある。そうなると、ヒグマは根雪になってもすぐに自分が決めた穴に入らずに、その周辺で何週間も様子を見ながらウロウロしている場合がある。また、一度穴に入ったものの、暖かさと雨につられて再び穴から出てきてしまう場合もある。そして急な天候の変化で思いがけず吹雪に遭遇し、ポツンと困ったように林のなかに座り込んでいる。そのようなことは、まだ経験の浅い比較的年齢の若いオスに多いように思える。根雪のなり始めに、そのまま雪が続かずに暖かい日や雨が10日ほど続くような年は、動物側の事情も少し変わるだろう。雪が降ったからヒグマはもう冬ごもりしていて、山のなかにはいないだろうと気を抜いて山を歩かないほうがよい。最後の食いだめに出ているヒグマや、天気の急変で途方に暮れているヒグマに出合うとも限らないのだ。

上）雨の上がりはじめたころに虹が出た。同時に鳥たちも飛びたちはじめた。下）低地にも雪が断続的に降っている日は動物も動くことはない。むしろ雪が降りやんでから動き始めるため、人間も荒天の日は動かずに体を休めるのがよいだろう

安定した天気が何日間続くのか、嵐が何日間続くのか、すぐ回復する天候なのか――動物の動きはこの「何日続くか」に左右される。その日その日の天候だけではなく、長いスパンでの天候の変化を判断することが大切だ。

雪が断続的に降ったあとのササ藪。ササの上にも雪が降り積もっている。このような場所をヒグマやシカなどが通ると雪が落ち、ほかとは明らかに雪ののり方が異なるため、「何かが通ったな」ということがわかる。また、雪上には足跡も残りやすいので、それらと合わせて獲物を追跡する

雪や雨がまとまった量で一日中降り続くような日は、思い切って猟を休み、体を休めるという判断も大切である。特に雪が断続的にしんしんと降っているような日は、雪がやんだあとに林道などを軽く見まわる程度でもよい。ヒグマやシカは、雪が降っているときは休息場所からあまり動かず、雪がやんでから動きだすことが多いからだ。クマやシカが通った場所はササに積もった雪が落ちて目印となり、追跡の手掛かりとなる。

それらの雪の落ち具合、溶け具合から獲物が通った時間を逆算していくわけだが、雪が降り積もっただけで追跡の効率は雪がないときと比べてぐっと上がるだろう。

ただし、足跡が新しいからという理由だけで、以前追跡していた個体とは別の個体へ安易に乗り換えを行うことはよくない。乗り換えてしまった場合、結果として獲物が獲れないことのほうが多いためだ。足跡の新旧も大切ではあるが最初につかんだ獲物との間合いをどのように縮めていくのかをとことんイメージすることが大切になってくる。

ヒグマ猟は特に雪が降ってからが勝負である。ヒグマとの適切な間合いを取りながら、距離を縮めていかなければならないため、雪上にはっきりと足跡が残るこの数日間は非常に貴重となる。ヒグマも、いつ穴に向かおうか、と思案している時期でもある。この時期を逃さずに、雪のない時期からしっかりと地形とヒグマの行動を観察することが大切になるだろう。

一年間の日長の違い（標準2019年）

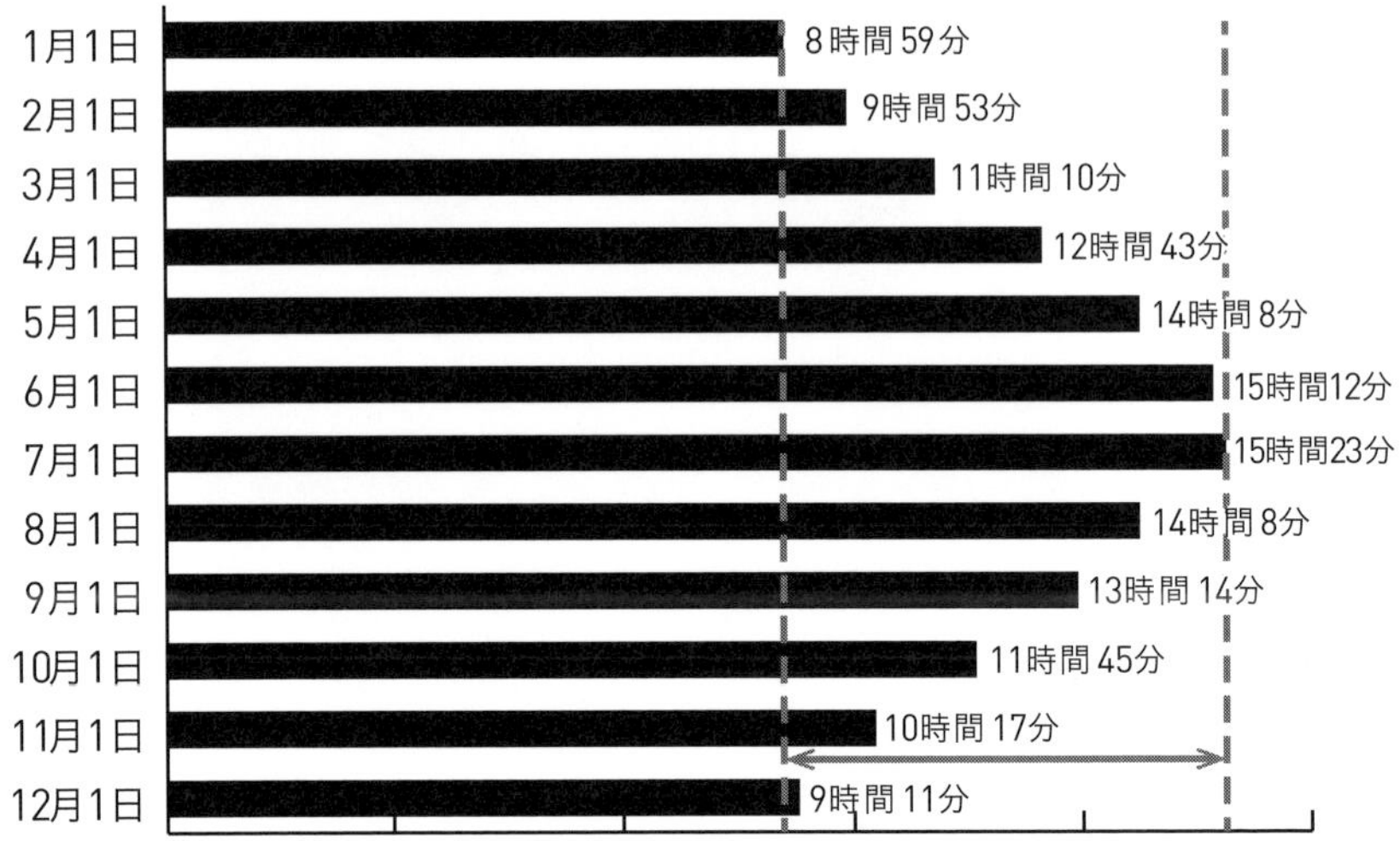

最大で6時間24分の差がある！

出典：日長のサイト（https://sunrise.maplogs.com/）の住所検索から2019年のデータを取得し、グラフを作成

活発になる時間帯がある

動物が活発に動くのは、昼間よりも夕方から朝にかけての時間帯であることが多い。朝には、その日一日をゆっくりと快適に過ごすための餌場と休息場所を求めて移動するし、夕方からは快適にその夜を過ごせそうな餌のある場所や休息できる安全な場所へと移動する。その繰り返しである。動物は夜行性の種も多く、キツネやタヌキ、シマフクロウなどは夜に狩りを行う代表的な動物たちであるし、エゾシカも夜行性とはいいがたいが、実際には朝方や薄暮などに移動することが多く、道路を横断することで車との衝突事故が起きやすいのも、こうした時間帯である。ヒグマは、夜間から早朝にかけても活動するらしく、朝起きてみると昨日はなかった足跡が家の周りで発見されることはよくある日常である。

夜は動物を活発にするだけではなく、大胆な行動を起こさせる。特に山のなかでは夜間にヒグマと遭遇すると、事故につながりかねないのだ。夜目が利かない人間は自然のなかでは動物よりも不利であり、危険を避けるのが難しい。そのため、夜間や日が明けきらない早朝は山へ出かけて行くことは避けたほうがよい。山中でキャンプやビバークする際には明るいうちに火を熾して食事などの準備をすませ、日が沈んでからは行動するべきではない。まだ日があるうちにベースキャンプにたどり着くように行動するのが原則だ。日没後は発砲でき

日が昇り周囲が明るくなってから行動しても、11月中旬〜12月は14時をまわるとあっという間に夕方の色が濃くなってくる。山のなかでは特に薄暗くなるのが早いので、昼の休憩時間を取りすぎず、夏よりは早め早めの行動を心がけたほうがよい

ない法律上の規制もあるが、山中の闇では行動がとれないのだ。人間は目で見る動物であることをよく理解し、日が沈んだらさっさと寝てしまうのが山のなかではよいだろう。

道東の秋から冬の猟期中は特に日が落ちるのが早い。午後2時をまわると、夜に向けての気配が伝わるほど光の量が極端に落ちる。そのような時期に山に入る際には、昼休憩の時間についても夏と同じ時間にというわけにはいかない。夏よりも早め早めに行動しなければ、あっという間に日が暮れて真っ暗になるのだ。

猟期中の10月1日と1月1日で日長の差を比較してみても、3カ月の間に2時間46分日長に差がある。活動できる時間は、10月と1月ではこの差だけ短くなっているのだ。

シカ猟の場合、日が昇りきってから日没直前までの間で追跡し、仕留めなければならない。そのため、シカの行動と習性を日頃からよく理解しておかなければ、そのあとの作業や解体を真っ暗な闇のなかで行わなければならなくなる。シカを獲るなら、朝に餌を食べたあとに休み場所へ戻る途中の個体を撃つことになる。撃ち場所と撃つタイミングをしっかりと頭のなかでシミュレーションしておく必要がある。

初弾で獲物を斃せなかった場合、追跡しなければならない。追跡には時間がかかる場合もあるだろう。平地と比べて山のなかでは思ったよりも早く周囲が暗くなるので、常に余裕をもった行動を心がけるべきである。

動物が好む地形がある

地形が獲物にどのような影響を及ぼすかは、天候や風と合わせて考える必要がある。前述のとおり、特に動物は風を嫌がり、避ける傾向にある。雨と風がひどい日には、風当たりが強い海風や吹きさらしになるような草地などにエゾシカやヒグマなどの動物がいるとは考えにくい。これは、一年のどの時期でも基本の考え方である。

秋から晩秋にかけては、初雪や気温、風の案配や天気がどのくらい続くのかによって、ヒグマの場合は穴ごもりの場所に移動する時期が決まる。

野生動物は常にこれらの要素を感覚的に感じ取り、複合的に判断を下しているようだ。それにより、冬ごもりの周辺の地形、山の斜面などの状況により、穴へ向かうために深い沢を越えるタイミングなどが決まってくるようだ。

地形と天候と風など複合的な要素を判断し、動物の行動を予測することが大切であるが、それらの要素は地形的な特徴にもなる。どの季節にどんな動物や鳥がどの場所で休息しているのか、どのような植物が春一番にその場所で芽吹き始めるのか、その周辺にある植物のうちどれが餌となっているのか。これらを採集やビバークなどを通してしっかりと把握し、体験として体にしみこませることが理想で、実際の獲物の追跡に活用したいものである。

また、山全体の地形を見るということも必要である。山を見たときに地形の特徴から明暗の差がある場所を注意するようにしなければいけない。動物は自分の体の輪郭が表れにくい場所で休息することが多いので、その差に目を向け獲物を探すことも山のなかでは必要である。

山のなかではササ藪をこいで進む場所もあれば、川を渡渉するときもある。様々な地形の特徴を頭に入れるために常に歩き倒しておくことが獲物の跡を追う際には大切だ

オスのヒグマの場合、ちょっとした穴で冬ごもりに入る場合もある。メスよりも穴を慎重に選ばずにそのまま適当な場所で冬を越すことが多いのがオスの特徴だ。ちょっとした崖にある穴については周辺の状況をよく観察し、注意する必要がある。冬ごもり用の穴として一度でも使用している場合は、周辺のササを穴のなかに引き入れて敷く。そのため、穴の周辺に生えているササが薄い。ササが薄くなっていないかもよく確認する必要がある。

オスのヒグマの場合、ちょっとした穴や窪みを休息場所とする場合も多い。そのため、風の当たらない斜面にある穴や木の根元にある窪みなどは、周辺にヒグマの痕跡がないか注意して観察する

地形やその特徴は様々だ。それらの特徴を上手に活用し、ヒグマやシカなどの野生生物は自然のなかでたくましく生きている。どのような場所に、どんな足跡や痕跡があるのか、また、どのくらいの頻度で利用しているのか。その季節はいつか？　地形の特色とともに覚えておくとよいだろう

地形の多様性を知る

その年の気候にもよるが、地形が動物にとって大切なのは、場所によって植物の実り方が異なるからだ。一見すると、春はあちらこちらに草木が生えているので動物も食べ物に困らないと思うかもしれないが、場所によっては雪解けが非常に遅い所もある。遅霜などの影響もあるため、一概に暖かくなってきたから食料が豊富とはいいがたい。動物は、その時季に一番おいしいものをしっかりと選んで食べている。人間も旬のものを好んで食べるだろうから、そこは同じだ。

自然のなかではある時期にヒグマなどがコクワなど同じものをメインに食べ続ける場合があるのはこのためだ。しかし、遅霜や実りの悪い場合はどうであろうか？　野生で生きる動物はその場合も、実が残っている場所や遅霜にやられない場所をよく知っている。もしその時期に目的とする実りや成長が悪くても、「あの食べ物ならあそこにあるだろう」という代替案と場所もよくおさえているのだ。いつもメインとしているあるひとつの種類の実りが悪いからといって安易に人里へ下りてくるということではないように感じる。

人里へ来て作物などを食べる場合は、もともとその場所に実のあるものや作物などを目当てとして、自分の食料計画と目的をしっかりともって来ている場合がほとんどであるように思う。本当に山のなりが悪くて人里にあるものを奪うために急遽下りてくる場合は、よほど山の自然のキャパシティが突然の開発などにより非常に狭隘《きょうあい》になってしまったような地域に見られる現象であるように思う。ヒグマが棲息する場所の自然が広く、多様性が失われていなければ天候が悪く実りが悪くても、それを埋め合わせる代替のものが必ずあるはずである。そのためには、棲息する場所が多様性のある地形を有している必要がある。人間の都合で自然が開発されてしまうことで、地形の多様性が奪われてしまったとき、動物もまたその野生としての本質の多様性が失われてしまうのだろう。

ヒグマをはじめとする野生動物は、動物である限り必ず楽をすることを覚える。より楽に大量の食料を得る方法をすぐに覚えてしまう。それは、畑の作物であり、川に遡上するサケやマス、増えすぎたシカを人工構造物を利用して捕えることかもしれない。

ともあれ、このような楽を覚えてしまうということはある意味で動物の学習の結果による進化ととらえることもできるが、その原因が人間の活動範囲が広がったことにより、動物との棲み分けができなくなってきていることが理由だとしたら、はたして野生動物との共存ということはどういうことだろうか。私のような狩猟を好む者にとって、自然の広がりと多様性が失われていくことはどのような意味をもつのだろうか。ヒグマが我々の目につきやすくなったことと、頭数が本質的に増

沢を挟んで、斜面によって日の当たり方が異なることがわかる。木の実の結実のタイミングや落ち方なども地形によって変わってくるので、猟場を見る際には頭に入れておきたい要素だ

えていることとは全く別問題と考えねばならないし、ヒグマ本来の性質が失われていることと地形の多様性が失われていることは、別問題ではないのかもしれないのだ。

人間の活動の結果、地形の多様性が失われ環境も変化すると、適応するためにヒグマの性質は変わっていかざるをえないのだろう。生物の進化とは違うやりきれなさがある。

猟場の地図を暗記しておく

地図はあくまでも地形のイメージを膨らませるための補助と考えている。自分の主な猟場は、すべて諳《そら》んじることができるようになることが理想的である。実際に歩くことで覚えた場所も多いが、それよりも猟期以外の時期を利用して、いろいろな地形の地図をよく読みながら地形のイメージを膨らませることが大切である。そのことに慣れてくると、山を見るだけで景色を想像することができるようになってくる。地図は、自分がそうなるように訓練するためのツールであり、初心者以外の人は山に持っていくことはない。地図を見て山を歩くよりも、実際の地形と周辺の環境をよく観察することが大切である。

猟に入る前は狩猟区域かどうかをあらかじめ確認する必要がある。また、自分がどのルートを通りどこまで歩いたのか、家に帰ってから地図上にその場所を明確に示せるようになるとその場所が自分の記憶と体験として身についてくるだろう。

初心者は山でこまめに地図をチェックするよりも、猟をしていない時間に地形の「予習」と「復習」をすることのほうが大切である。自分が猟場と決めた山とその周辺の地形図を何枚か購入しておけば、日頃の勉強に役立ち、実際に訪れたときの土地感覚を身につけるための手助けとなる。さらに、猟の記録を簡単でかまわないので書き留めておくとよいだろう。

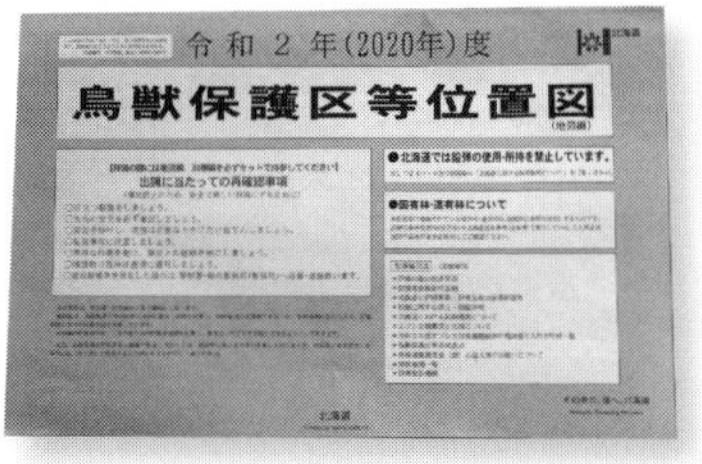

狩猟前には『鳥獣保護区等位置図』で必ず禁猟区などをチェックする。毎年自分が猟場としている場所であっても、翌年には禁猟区に設定されている場合があるからだ。必ず猟期前に新しい位置図で確認しておくこと。写真は令和2年度の猟期に発行された北海道の『鳥獣保護区等位置図』。林野庁のホームページでもチェックできる

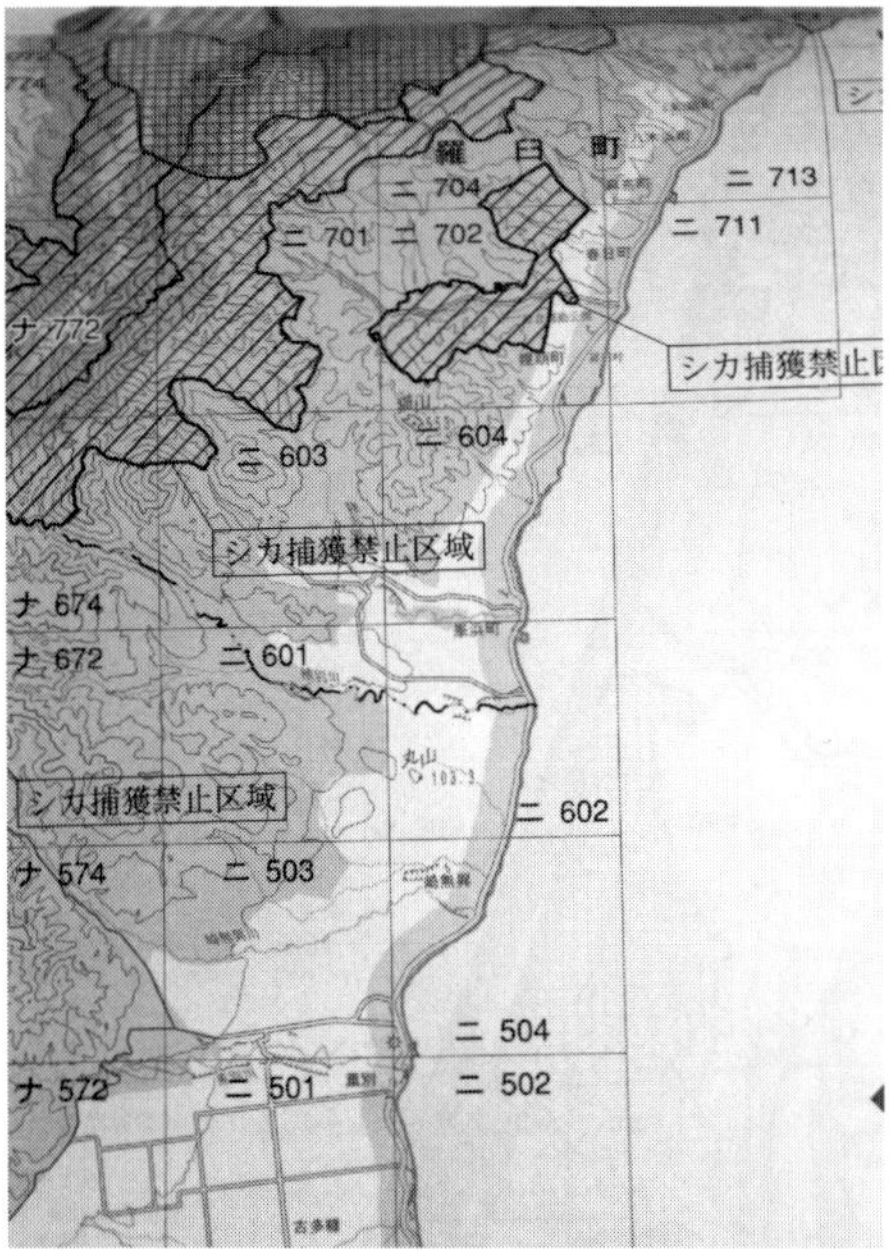

前年度から突然変わることもあるので、禁猟区も必ず確認しておこう

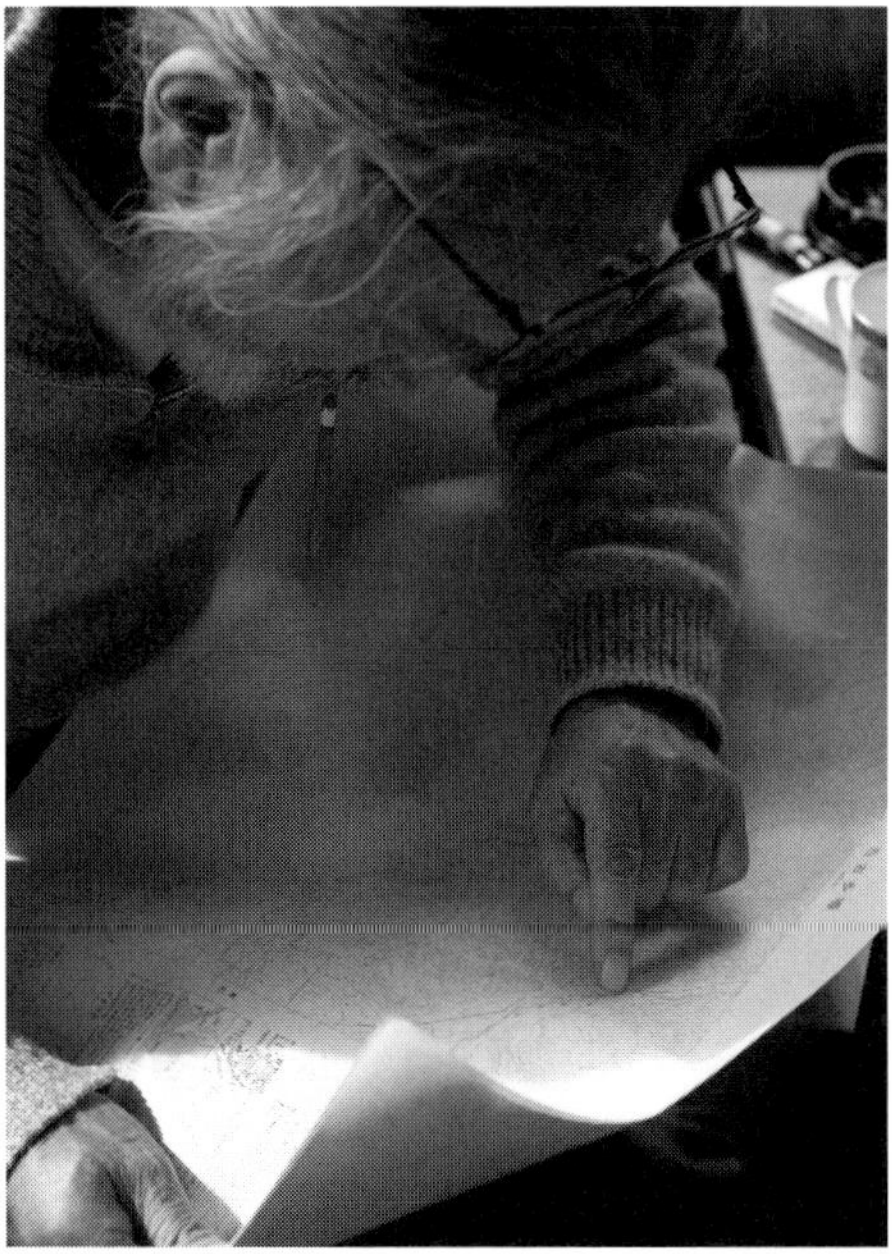

猟期以外の季節を利用して地図で周辺の地形を確認する。実際に歩いた場所も帰宅後に地図で確認することで、より地形のイメージが定着しやすくなるだろう。空いた時間を利用しながら、地図を眺めておきたい。地形図は25,000分の1または50,000分の1の縮尺で用途に応じて使い分けて確認するようにしている。自分の猟場の地形図を入手して活用するとよいだろう

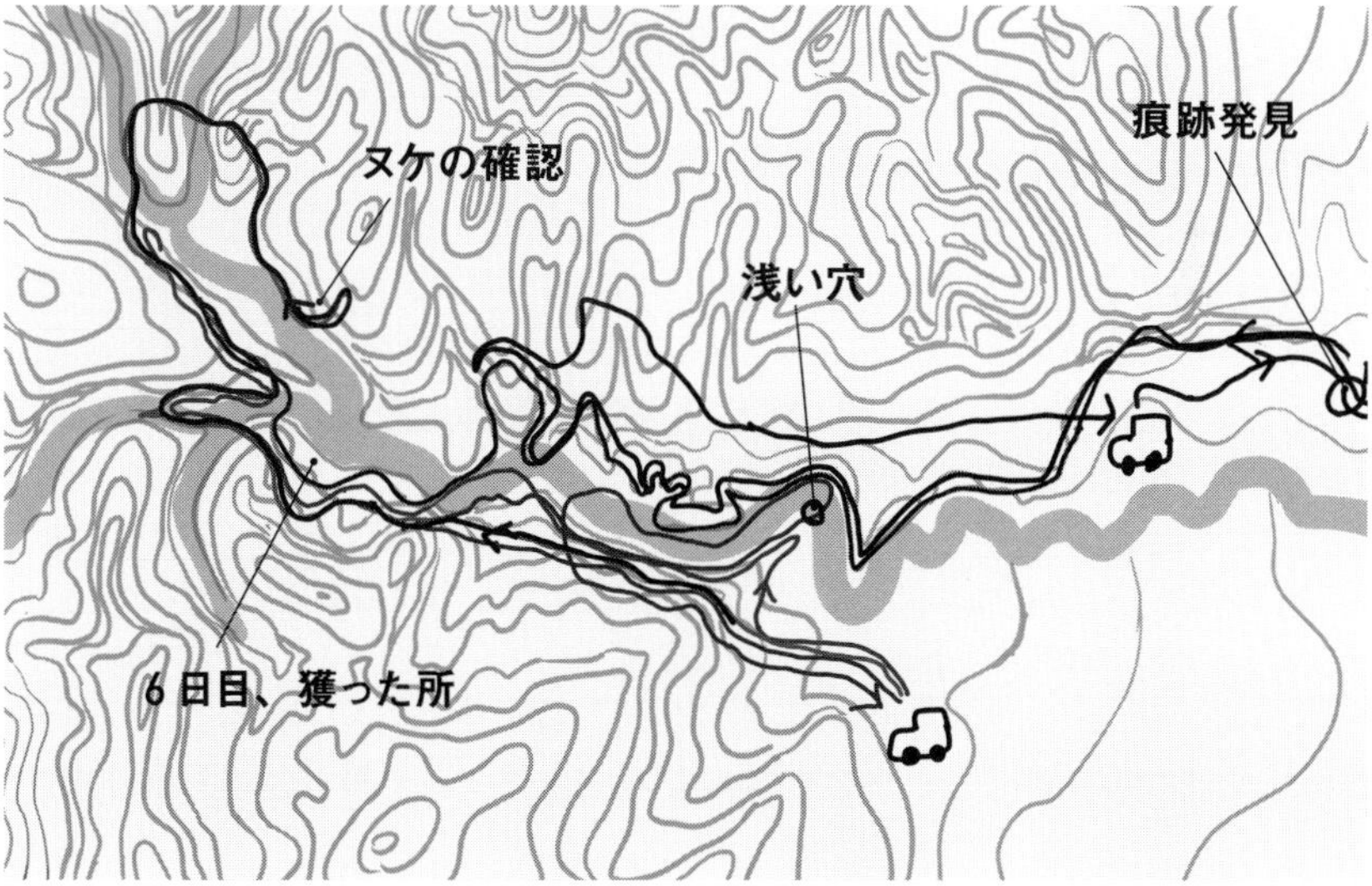

ヒグマを追って歩いた場所をメモした地図。日帰りで5日ほど追跡したため、日ごとに色分けして記入しておいたものだ。途中でどのような痕跡を発見したのかについてもメモをしてある。地図は携帯しないので、帰宅後に思い出しながら記入する

トラッキング（tracking）とは、動物が残した様々な痕跡を読んで、目的の動物を追跡することをいう。追跡するには獲物が残した痕跡を丹念にたどっていく技術が必要だ。獲物の痕跡には「足跡」「食痕」「糞」「におい」などがある。それらを的確に読み取り、ヒグマの射程距離の間合いに近づくための技術と知識は一朝一夕には身につけることができないが、徐々に上達することは可能だ。

ここではヒグマ猟の解禁直後の10月から雪が降る前までの道東での無雪期のトラッキングを解説していく。

どこから取り掛かるか

ヒグマ猟を始める際に、具体的に何から始めたらよいのか？　一番容易に追跡が可能となるのは、ヒグマの痕跡を見つけることである。特に、うまく乗ることができるヒグマの足跡を発見できるかどうかだ。足跡にうまく乗るというのは、聞き慣れない表現かもしれないが、新しい足跡だからといって追跡が成功するわけではなく、ヒグマとの間合いをうまく図ることができる足跡というのをつかめるか、ということである。古い足跡だからダメ、ということでもないのがトラッキングの面白さだ。その足跡を見ているだけで常にそのヒグマの様子が想像できるような、獲物との波長が合う跡を見つけたときは、必ず最後には仕留めることができるものだ。

積雪が本格化してからがヒグマ猟の本番であるが、無雪期にヒグマの痕跡をしっかりと観察しておくことが重要だ。そうしておくと、より積雪時の追跡が楽になるだろう。サケが遡上する河原で第一の痕跡を発見できる場合が多い

ヒグマの痕跡はどのような場所にあるか？

自分が狙うと決めたヒグマが今日はどのあたりを歩いているかは、いままで集めてきたヒグマの痕跡と自分の経験から複合的に判断するしかない。そのため、一年を通じた猟期以外の情報も重要になってくる。ヒグマがどのような行動をどのような時期に行っているかを、しっかりと観察するところからすでに猟は始まっている。

無雪期の場合、積雪期と比べて圧倒的に足跡は見つけにくい。運よく足跡を見つけることができたとしても、ヒグ

マは足跡がつきやすい砂や泥の上ばかりを歩いて移動するわけではない。草の上やササ藪、砂利道など、自由に歩いて行動するため、積雪期と比較して追跡の難易度がぐっと高まる。特に仔連れの母グマは別として、ヒグマは単独で行動する。そのうえ大きな体と体重を支えるのに見合った大きな手足で歩く。しかし、その歩き方は実に繊細で、ジワッと体重をかけるような歩き方をしている。シカのように群れで行動し跡がある動物の足跡と比較して、跡がはっきりと残りにくいのが特徴だ。人間の足跡も素足で歩いた場合は跡がつきにくいことを想像すると、ヒグマの足跡の追跡の難しさが理解できるだろう。ヒグマが立ち寄りそうな場所は足跡がないか、よく探そう。

目的をもって一直線にやってきている足跡。よどみなく足跡がついており、遊びがない。主目的は川に遡上したサケだろうが、別の目的も考えられる

泥の上についたヒグマの足跡。周辺にはヤマブドウやコクワの木があるので、植物性の餌を中心としているようだ。このクマはサケがいる時期だけ狙って川に下りてきていた

ヒグマが食べているものから想像する

　ヒグマの痕跡を探すといっても、行き当たりばったりで山のなかを歩きまわって探すのではトラッキングの面白さを味わうことができない。こうしたトラッキングの醍醐味は、自分の予測や経験と照らし合わせ、動物の行動を想像することだ。そのためには、シカならシカの、クマならクマの、動物の気持ちや考えを追体験するように山のなかを歩くようにするとよい。

　まずは、いままでの季節を通して観察してきた猟場の状況を思い出しながらじっくりと周囲の状況を把握しよう。季節を通じて猟場を歩いてきたことで、どこにコクワの木があったか？　ヤマブドウの木はどこにあったか？　遅くまで実が残っていそうな地形はどのあたりだったか？などがわかるようになる。

　これらを自分の記憶と経験から呼び起こし、おおよその見当をつけていくのだ。自分の経験と記憶を頼りに、ヒグマが何を食べているのかを考えることが重要になる。

　時期によって様々なものをヒグマは食べているが、その年の山の植物や実のなり方によく注目することが肝心である。特にヒグマはドングリやコクワを秋口に好んで食べる傾向にあるが、これらの実は生えている場所や木によって熟れる時期が微妙に異なる。それらを食べた糞を運よく見つけることができたら、まずはじっくりと糞を観察し、新しいのか、何を食べているのかを詳細に見てみよう。例えばコクワをたくさん食べているようならば、コクワの実がよく得られそうな場所を考え、遅くまで実をつけていそうな場所を想像する。どんなに不作の年であっても、山ではある特定の場所ではなっていたりするものだ。ヒグマが食べているものから想像力を膨らませて行動範囲をイメージし、ある程度の場所の目星をつけることが非常に重要となってくる。

ヤマブドウの熟した甘い実を好んで食べる

前年に落ちたドングリを冬ごもり明けに食べることもある

フキの茎。虫が入って変色したものを熱心に食べる

ウドの種も好んで食べる。種の部分は特徴的な形

コクワ（サルナシ）の木は、太い木に絡みつくようにして上へと伸びている。クマは果実を得るためにツルを引っ張ることがある

熟してくるとコクワから甘いにおいがする。断面はまるでキウイのよう

ハンノキの小さな種も食べている

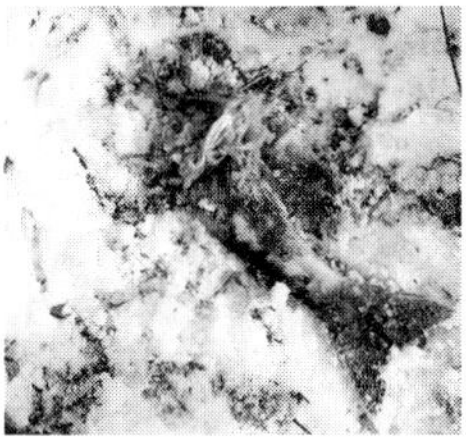

サケやマスの死骸。まだ気温が高い時期に、ハエのウジがついたものをより好む

ヒグマが食べているものと同じ植物の実を食べてみる

シカの死骸も場合によっては食べる。ハンターによって撃ち捨てられたものか、自然死したものか、ヒグマが獲ったものか？

場所の目星をつけるには

　うまく場所の目星をつけたら、その場所へ行ってみることだ。実際に山のなかを歩いていると、新たな食痕や糞、足跡などの痕跡を見つけることができるかもしれない。ヒグマの行動の痕跡を収集していくことが重要である。自分が目星をつけた場所でヒグマの痕跡があったとしたら、次はどうするか。例えば、コクワの木をよじ登って食べているのか、熟して地面に落ちたコクワを拾って食べているのかなど、その場所の情報をできるだけ多く拾っていくことに注力しよう。

　もし、熟したコクワが一粒残らずきれいに食べられているとしたら、ヒグマがその場所に足繁く通っている何よりの証拠だ。近くに新しい足跡を見つけることができるかもしれないので、自分の足跡でせっかくのクマの足跡を踏んで消し去ってしまわないように、十分に注意して観察する必要がある。

真新しいヒグマの爪痕。爪痕も大切なヒグマの痕跡だ。お気に入りの場所だと複数ついていることがあるので、次の痕跡を見つけやすくなる。爪痕の周辺に藪をかき分けた跡や足跡、食痕がないかよく観察しよう

足跡を見つけたら

　足跡を発見したら、じっくりと注意深くまずは観察する。そして、自分の足跡と、へこみ方、深さ、湿り気などを比較して、古い足跡か新しい足跡かを判断する。新しい足跡であれば、なるべく細かく時間をさかのぼって想像してみる。今朝なのか、昨日なのか……。それらは、ここ一週間ほどの天気・気温・風・湿度など、様々な条件と合わせて複合的に判断していく。

　例えば湿り気の多い場所に足跡がついていた場合、土についている足跡のなかの水のしみだし具合、その水の濁り具合、足跡の深さ、周囲の草の倒れ方、などの状況から判断し、ヒグマが通った時間を推察するのが望ましいのだ。

時期によっては、キノコのなかに入っている虫を目当てにキノコを食べている場合もある。どのような木にどのようなキノコが生えているのかをしっかりと観察しておこう。猟期以外の山の観察が手掛かりとなって、ヒグマの痕跡を発見できる場合は多々ある

上）足跡を見つけたら、足跡がどこに向かっているのかを自分で歩いてみて確かめる。跡が古い場合は、ほかの動物や別のクマの足跡が重なっている場合もある。じっくり何度も行き来をしながら、獲物の動きを見定めていくのは、ヒグマ猟もシカ猟も違いはないだろう。痕跡を消さないように、ヒグマの足跡の上に人間の足跡をのせないこと。右）何日かごとに同じ場所に通っているヒグマの場合、周辺をよく探索すると新しい足跡がついている場合がある。同じヒグマと判断できる場合は非常に幸運だ。次の一歩はどこに向かっているかの見通しをつけやすくなる

足跡をたどる

　雪の状態やクマの動きなど、いい条件がすべて重なる日は、一年に何日もない。足跡をつけているときに、いい条件の足跡に乗れることはなかなかないものだ。そのため、「だいたいクマがここを通って、ここに向かうのだろう」ということを計算して歩くことになるが、それはとても大変な作業となる。

　足跡を見つけて、それが新しい足跡の場合、ヒグマを仕留めるためには当然そのまま追跡していくことになる。

はっきりくっきりと足跡が残ってヒグマまで誘導してくれて、すぐに見つけることができれば一番理想的であるが、まずそのようなことはない。ヒグマはそもそも非常に警戒心が強く、その体の特徴から足跡が地面に残りにくい。そのうえ「戻り足」を使い、追跡者を翻弄する場合も十分にある。せっかく苦労して見つけた足跡が新しいとなれば、何がなんでも追跡し、仕留めたくなるのは当然ではあるが、ここでもう少し慎重に事を進めるべきだ。

川を渡ったかどうかの判断は、足跡の雰囲気やクマの目的がどこに向かっているかで判断する。定期的に川にやってきているのか、冬ごもり前に最後の食いだめとしてサケを目当てに立ち寄っただけなのか……周辺の痕跡から総合的に予測し、次の痕跡を目指す

　山の季節やその年の自然の傾向というのは、このようなヒグマや野生動物の追跡を行ううえで外せない知識である。そのヒグマを秋に見つけて追跡するのであれば、準備は春から、いや、毎日の山歩きがその準備といっても過言ではないのだ。経験に勝るものはないので、春夏秋冬を通じて歩き倒し、その地形や特徴を熟知した自分のフィールドをもつことが、まず何よりも肝心なこととなるのはいうまでもないだろう。

　自分の足跡というものも、トラッキングをするためには重要だ。雪や風の状態を覚えておき、昨日と今日の足跡の違いを知ることである。その先は、自分の「読み」となるが、自分の足跡からも状況を判断できるようになると、さらに深い読みが可能となる。
動物は、風を嫌がる生きものである。そのため、川から上がってくるときに風の方向が気に入らなければ、近くで止まっているかもしれないな、という読みをもって歩くのだ。さらに、例えばその場所にコクワのツルなどがあった場合、残ったコクワの実を拾うためにクマが付近に潜んでいる可能性も考える。

話を戻そう。かろうじて残っている足跡の追跡は、まず痕跡があった場所から次にどこにヒグマは向かうのかを想像するために、いまがどの時期であるのかを考える。ヒグマがそろそろ冬ごもりする時期ではあるが、雪不足で雪がないだけなのか？　それとも、初雪までほど遠いのか？　雪は降ったが、雨などにより溶けてしまって根雪にならないのか？……など、様々な条件を整理する必要がある。

そして追跡している時間帯や、何度もいうが大事なのは天気である。ササの上にのっている露や雨のしずくが藪のなかで一部分だけ落ちているのであれば、自分より前に通っている動物がいる証拠だ（足跡を見つけて、そこに一直線に延びているのであればヒグマの可能性が高い）。それらのちょっとした変化を見逃さず、ここを何かが通ったらこの場所はどのようになっているか、という想像力を働かせる必要がある。

また、ヒグマも歩きやすい道があればそちらを選ぶことが多く、いったん林道などに上り再び藪を抜け、松林を通り抜けていることもあるのだ。松林を通り抜けているときの足跡は特に探しにくいので、追跡には慎重さが必要だ。雪の日であっても松林のなかでは雪があまり積もっていないことがあり、そこだけぽっかりと足跡が抜けたようになることもある。そのような場所では注意深く観察しなければ対象のヒグマの足跡を

一見すると何もない河原の砂利の上。注意深く見て歩かなければ意外に痕跡を見落としやすい

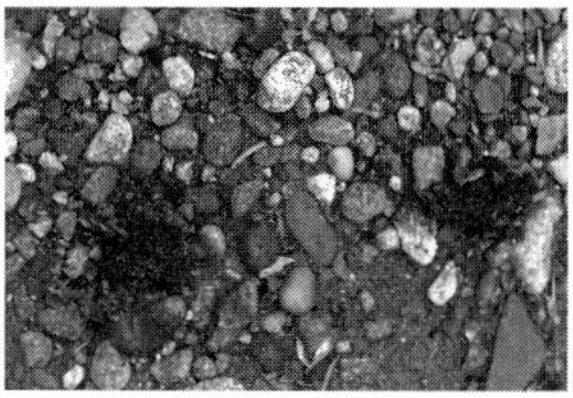

上の写真から近寄ってみると、砂利の上には糞が点々と落ちていた。歩きながらしたのであろうか？　周辺に明瞭な足跡はない

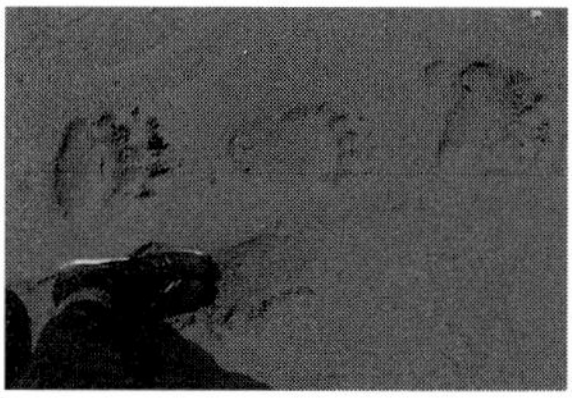

足跡は自分の足と比較することでおおよその大きさがわかる。また、足跡のつき方が不明瞭な場合は、自分の足跡のつき方と比較してみると次の一歩を推測することができる。足跡は根気よく観察すること

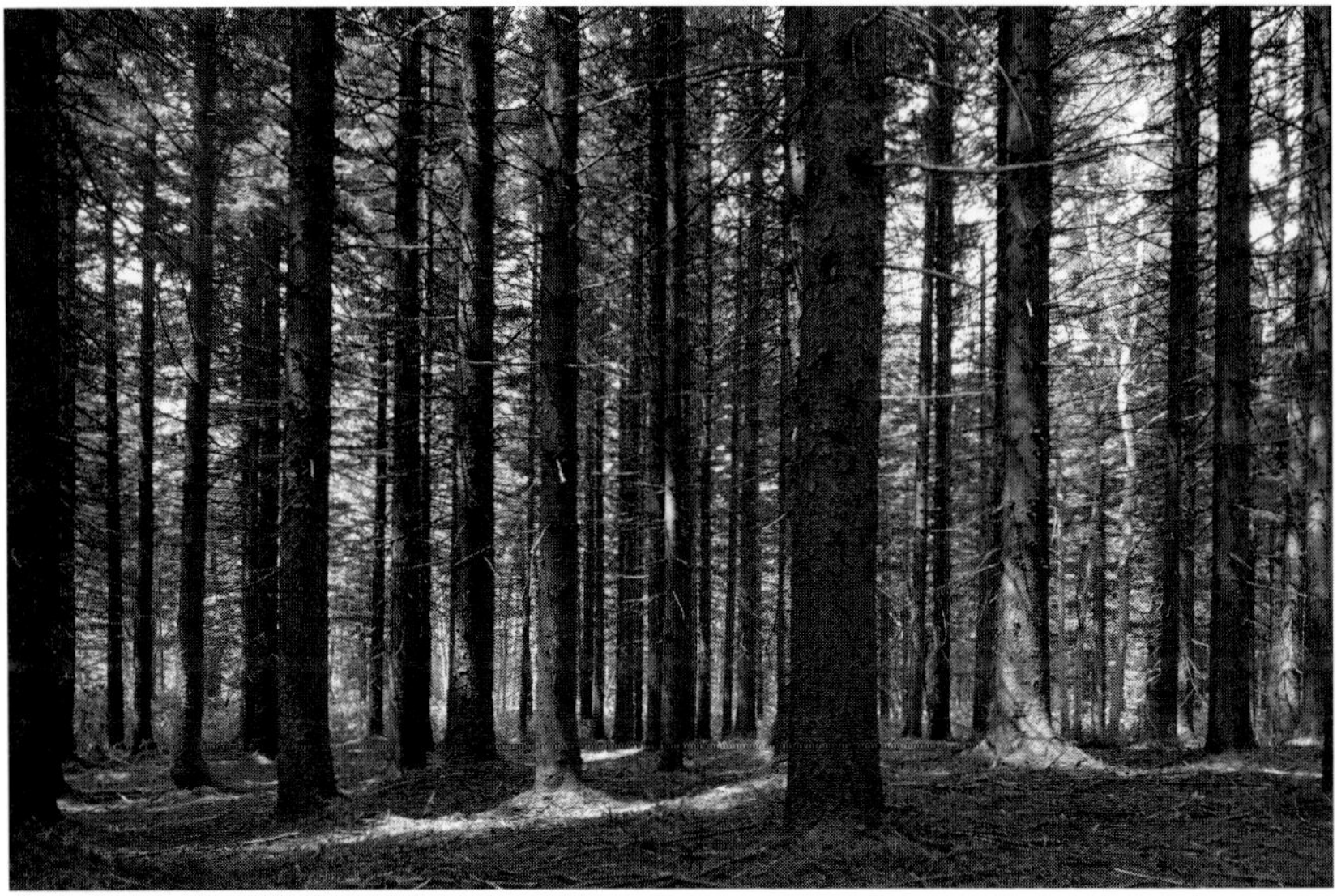

カラマツ林など落葉針葉樹の林のなかはマットレスのような地面となっており、足跡をつけにくい。一歩一歩自分の足跡と比較しながら、地面の窪みやかき分けられた跡を慎重に見定めていく

見落としてしまうことが大いにありうるのだ。

足跡の判別がつきにくい場合は、まずは松林の地面についている自分の足跡と、ヒグマの足跡らしきものをじっくりと見比べてみる必要がある。自分の足跡であっても、とても判別しにくいはずであるが、落ちた松葉の窪みの深さ、方向、霜やしずく、濡れ方の案配などをじっくりと観察してみる。いま歩いてきた自分の足跡や足の運びなどの状態と、ヒグマの足跡らしき窪みをひとつひとつ比べて観察していき、林を抜けた方向について推測して、次の一歩を見つけていくのだ。

山のなかでヒグマの次の一歩を見つけるには相当な時間と根気が必要で、作業を繰り返し丹念に行う必要がある。

「止め足」とは

すでについている足跡にピッタリと合わせて一定距離を後退し、ポンッと側方に跳躍するなどして進行方向を突然にかく乱するような足跡のことを止め足という。

一般的にはヒグマが穴に入る際に足跡を紛らわすために、そして不快なものをやり過ごすときに使うとされている。その場合も、なぜそこで止め足を使う気になったのか？　周囲に何があるのか？　ヒグマの目線になって観察することで、ヒグマにとって大切な、歩調を乱すような「何か」のヒントが得られるかもしれない。または、単純な気持ちの変化による遊びや、ウロウロと穴に入る時期などを計っているとも考えられるだ

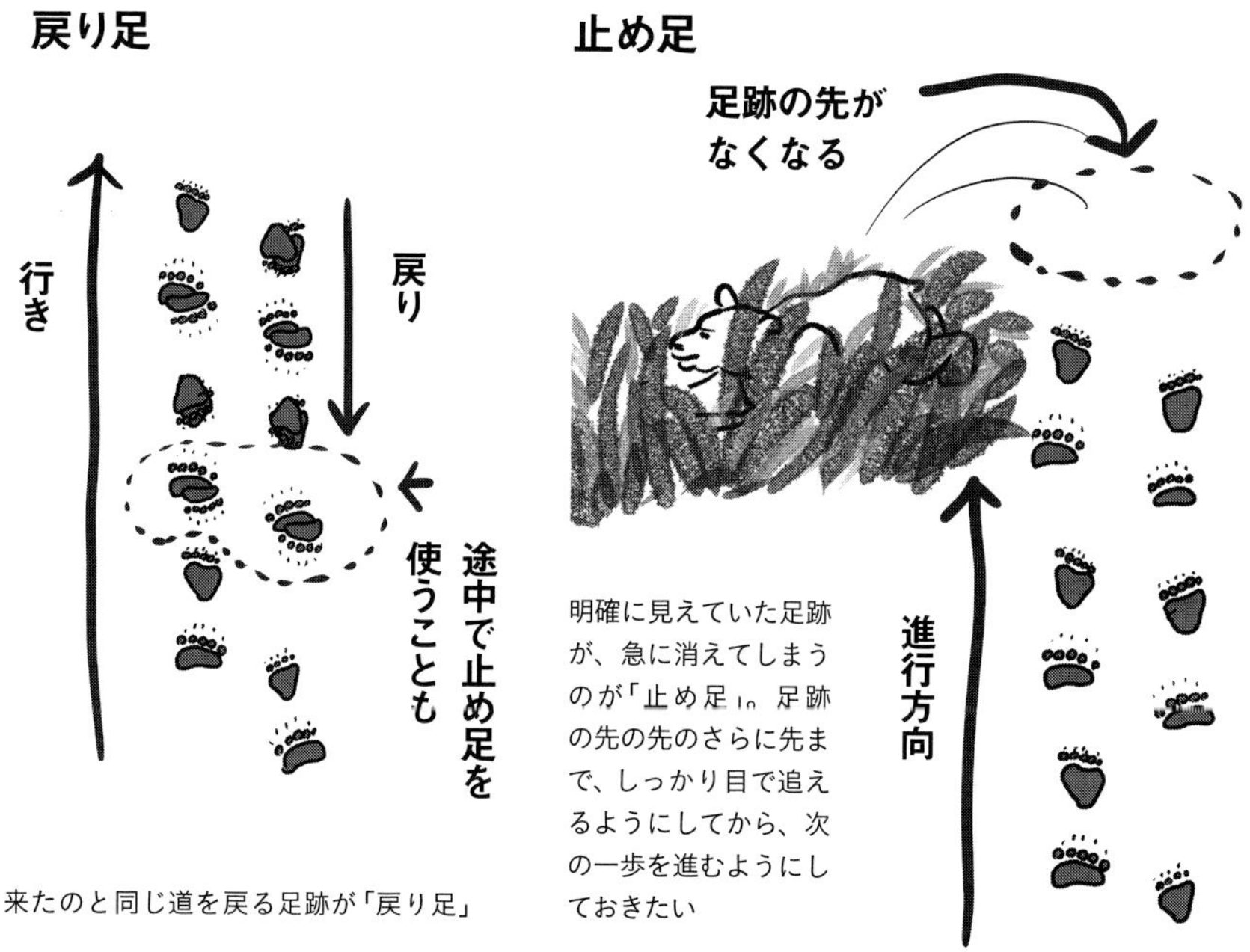

来たのと同じ道を戻る足跡が「戻り足」

明確に見えていた足跡が、急に消えてしまうのが「止め足」。足跡の先の先のさらに先まで、しっかり目で追えるようにしてから、次の一歩を進むようにしておきたい

ろう。

突然、足跡がなくなったときは、次の一歩をどのように探し出すかに全神経を集中しなければならない。周囲の状況も判断しなければいけないので、非常に忙しくなる。

人間にあとをつけられているから、ヒグマが止め足や戻り足を使うわけではなく、それはヒグマの一連の行動のなかでの「気持ち」の変化であろう。このような場合、人間の行動や気持ちとの合致点を探し、ヒグマの気持ちを想像することも追跡の最中では楽しい時間である。

人間でも、急な気持ちの変化で気に入らなければ帰るし、何の気なしにジャンプしたいときもあるだろう。疲れて休み場所を探したり、火を焚く場所を探したりしながら歩くときもある。そういったときの足跡はどのような間隔で、どのような状態か？　そういうヒグマの「心の機微」を足跡から想像することも、追跡するうえでは大切なことである。

例えば、ひとつの木に執着し、爪痕を熱心につけるヒグマがいる。これは私の想像であるが、このヒグマは木そのものというよりも、その近くにあるヤマブドウに執着しているのではないか。ヤマブドウをことさら好むクマであるがゆえ、何度も様子を見に来ては近くの木に爪痕を残し、ブドウがなる日を待ちこがれているのではないか？とも想像できるのだ。

ヒグマが熱心な理由を周辺の状況と合わせて足跡や痕跡から想像するのが面白いのだ。

動物に「なんともない、安心だ」と納得させる

　道東では、サケが遡上する季節になると、ヒグマはサケを獲るために河原をウロウロしているが、遡上する数が減っている昨今はサケを獲るのも大変だ。産卵後の弱々しいサケや力尽きたサケの死骸を川から引き上げてうまい部分だけ食べてしまうことが多い。遡上が多い時期には、一カ所で何十尾も弱ったサケや死骸を食べているクマもいる。そういう川岸には、一定期間同じヒグマが数頭いるときがあるので、不用意に餌に夢中になっているヒグマと鉢合わせてしまわないよう、こちらも注意をしながら河原へ下りていかねばならない。飼いネコでもそうであるが、何かに注意しているときに意図せず人が手を伸ばしたり出てきたりすると、こちらが驚いてしまうほど飛び上がって驚く。野生動物の場合は、驚きが不意を突かれた恐れとなり、攻撃へと転じることが多々あるものだ。

　間合いというのは、相手との心の距離であったり、物理的距離であったりするのだが、要は自分が心地よい状態を保てる他者との距離である。獲物が「なんともない、安心だ」と思える距離と納得できる感覚があるので、相手との距離を詰める場合はいかに相手に「なんともない、安心だ」と納得させられるかが重要となってくるだろう。

　相手との間合いを考慮しながら、餌場が特定の場所に集中してしまう春先や秋口の季節は、特に人間を含めて動物同士の距離が自然と近くなる。そのため、こちらの行動によってその間合いが急激に近くなりすぎないように、山のなかではより慎重な行動をとるべきである。

　雪が根雪となる直前までの期間では、ヒグマの足跡を一番容易に発見できるのは、サ

マス（サクラマスやカラフトマス）は、サケよりも少し早く川に遡上する。浅瀬や淵に集まったサケやマスを狙ってこの時期の河原にはヒグマが入れ代わり立ち代わり訪れる場合がある。植物系の餌を食べるときとは異なり、真剣に食べ物を得るというよりも動くものを追いかけて楽しむレクリエーションの感覚であるように感じる

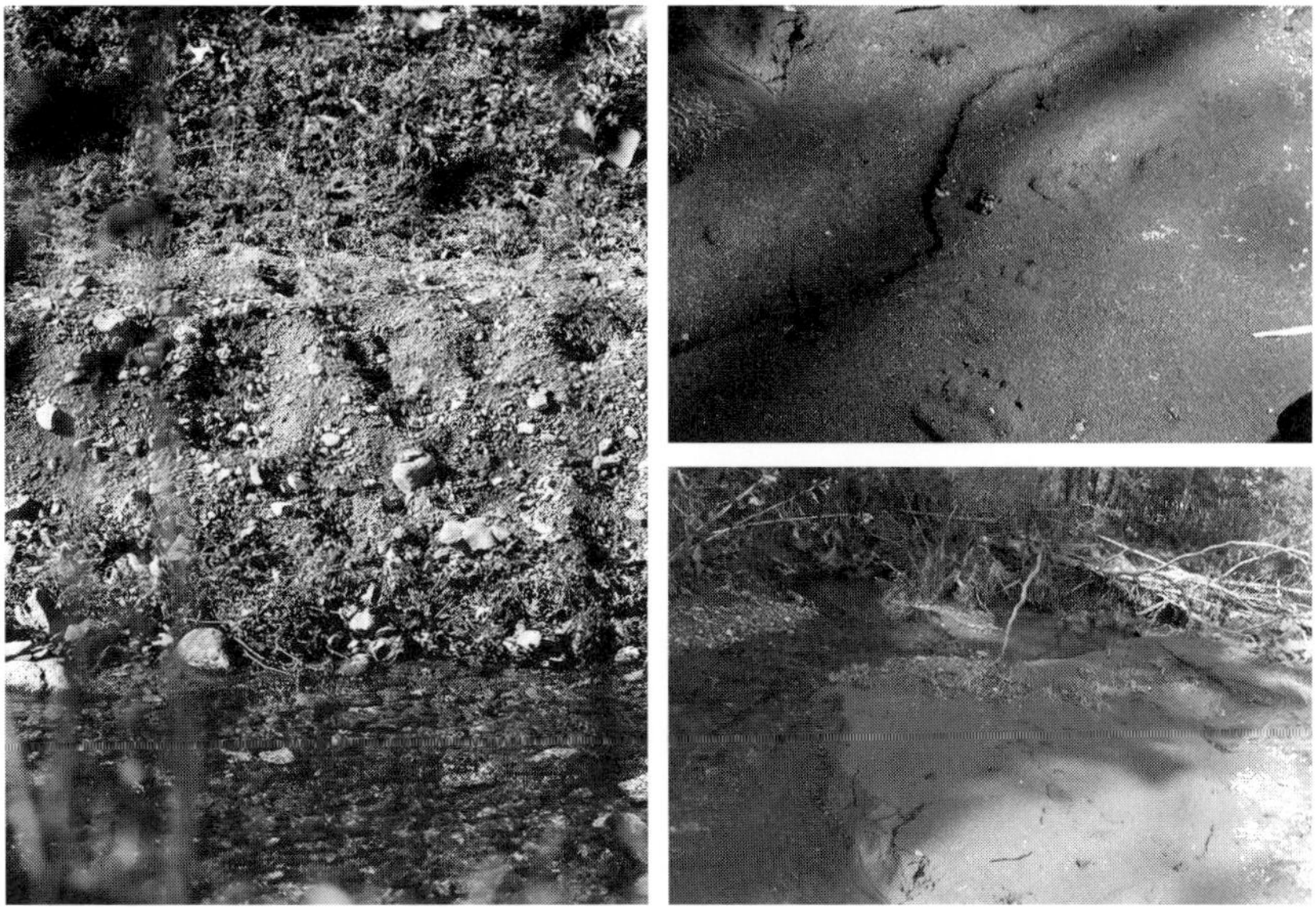

サケがいそうな淵には、ヒグマの足跡がある。サケがいるかどうか様子を見に来たような足跡だ

ケの遡上時期であろう。その先、いつぐらいに根雪になるのか、雨は降るのか、しばらく暖かいのか、によって、穴に向かうかどうかを想像し、判断する必要がある。

　ヒグマの場合、いい足跡に乗っても、人間の足では1～2日かけてようやく追いつけるかどうかである。そのくらいの間合いまで、まずは追いつかなければならない。そのような間合いにどのようにもっていくかということが、猟の醍醐味でもあるのだ。単なる忍び猟ということではなく、トラッキングとストーキングをセットとして考えなければいけない。

　私の経験上、ヒグマの場合、最後に餌を食べてから、冬ごもりの穴へ向かう距離は、直線距離で40～50㎞が普通だ。ひと晩でヒグマがその距離を歩けたとしても、人間だと2日はかかる。この距離感が特に間合いとして重要である。オスのヒグマに多く見られるが、この間合いよりも近いと、せっかく穴を掘ってなかに入っていたとしても、穴に近づいてきた人の気配を察知して、穴からポーンと逃げ出してしまうことが多い。この場合、クマが穴に入って、ここで冬ごもりすると完全に決めることができる安心感を与える時間が必要である。それが、人間の時間で、間合いということを考えるとだいたい2日がちょうどよい時間だろう。

　ヒグマはここで冬ごもりすると決めると、穴から少し離れた所に生えているササを採って穴のなかに敷く。そのため、ササが部分的に薄くなっている。若いクマだと、穴の近くでササを採るが、少し年をとったクマは全体的にまばらにササを採る。このようなサインを見逃さずに発見することも間合いを考える際に大切である。これは、猟期以外にヒグマの穴を発見しておく際にも非常によい目印として役に立つ。ヒグマの穴かどうか、間近に近寄らなくても周囲の状況から判別できる場合もあるのだ。

天候を見定める。すぐに穴に入るのか、入らないのか？

ここで、前後10日間の中期間の天候とその年の長期的な天候の傾向とを合わせて、総合的な判断と見極めをしなければならない。その年の天候が、全体的に暖冬なのか、例年並みであるのか、それとも冷えるのが早いのか、雪が遅いのか早いのか——。これと合わせて前後10日間の天気の傾向はどうであったかもつかんでおく。いったん雪が積もったものの暖かくなって雨が続いたのか？ そのまま冷え込み本格的な積雪となるのか？ 本格的に根雪になるのであれば、ヒグマも穴に入るために山のさらに奥へと移動し冬ごもりの準備を始めるであろうし、まだダラダラと暖かい日が続くのであれば、あまり奥へは行かずに穴の周辺（または穴を掘ろうと決めている周辺）で行動しながらその時期を待っているはずである。そのときに、まだまだ食い足りないヒグマについては少し足を延ばしてでも食料を得ようと、コクワやヤマブドウが残っている山のあたりにいるかもしれない。ひと口に天候といっても、その年の長期的な天気と短期的な天気の傾向と地形から、総合的にど

冬ごもりの穴の周辺のササ藪をよく観察してみると、ササの葉がまばらに採られているのがわかる。葉を穴のなかに敷くためだ

のようにヒグマが動くかを想像しながら判断しなければならない。

天候と地形からヒグマの行動範囲にだいたいの見当をつけたら、今度は根雪がいつになるのか、が問題となってくる。少なくともヒグマは、根雪になる前か、その直後には冬ごもりをしてしまう。そうなると、なかなかヒグマを仕留めるのは難しい。次に穴から出てくるのは翌春であるから、実際には翌年の猟期までチャンスがない。初雪が降り根雪になるまでの間にヒグマを追跡し、穴に入るまでの間に仕留めなければならない。

急な斜面で追いついたときは注意する

どこで仕留めるか？

ヒグマをどこで仕留めるかについては、特にここがベストという決まりはない。ヒグマを見つけて、確実に仕留めることができる場所と距離であれば、それがチャンスだ。そのチャンスを確実なものにするためには、少し冷静に仕留めるタイミングをうかがわねばならない。

例えば、ハンターが急峻な崖を登っていて、その少し上をヒグマがよじ登っているとしよう。自分が両手を離しても十分な体勢で銃を構えることができ、ヒグマに確実に弾が当たるような位置であれば、それは撃つタイミングともいえる。しかし、撃ったあとはどうであろう？

撃たれたクマがそのまま自分に向かってゴロゴロと転がり落ちてくる恐れもあり、困ったことになる。

極端な事例と思うかもしれないが、単独猟ではこのような単純な判断ミスから起こる事故は特に命取りとなる。獲物を見つけたらすぐに引き金を引きたくなる気持ちもわかるが、撃つとき、狙うとき、そして撃ったあとも、安全が確保できる状況であるかどうかを常に考えておかねばならない。

そういう意味でも、地形を考えること、想像をすること、獲物に近づきすぎない適度な間合いを考えることは、単独猟をするにあたり非常に重要なことである。

すべての条件がそろったときが、獲物を仕留めるタイミングとなる。

根雪になる時期を推測し、ヒグマが冬ごもりする前に追跡をやり遂げる

初雪が降り、その雪が解けないでうっすらと積もっている状態のときが、一番ヒグマを追跡しやすく、仕留めるチャンスでもある。いったん降った雪が解けた場合や雪が積もっていない状態のときは、やはり追跡がやりにくく、それまでの地形条件や経験上の山の実りなどからヒグマの位置を推測しながら痕跡を探すことから始めることになる。

いったん雪が降り積もってしまえば、雪が降る前に収集した情報と合わせ、積雪期はヒグマの跡を追跡しやすくなるのでヒグマとの距離を詰められ、仕留めるチャンスも出てくるのだ。

無雪期には判然としなかったヒグマの行動も雪の上ならば比較的追いやすい。ただし、チャンスはヒグマが冬ごもりするまでのわずかな間しかないので、そう多くは巡ってこない。少ないチャンスをものにするためにも、しっかりと跡をつけ、うまく間合いを詰めていくだけだ。

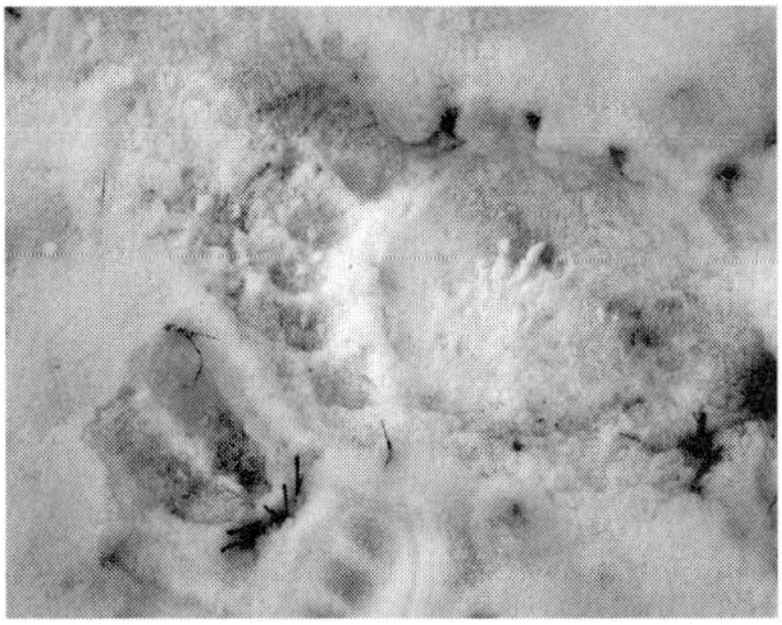

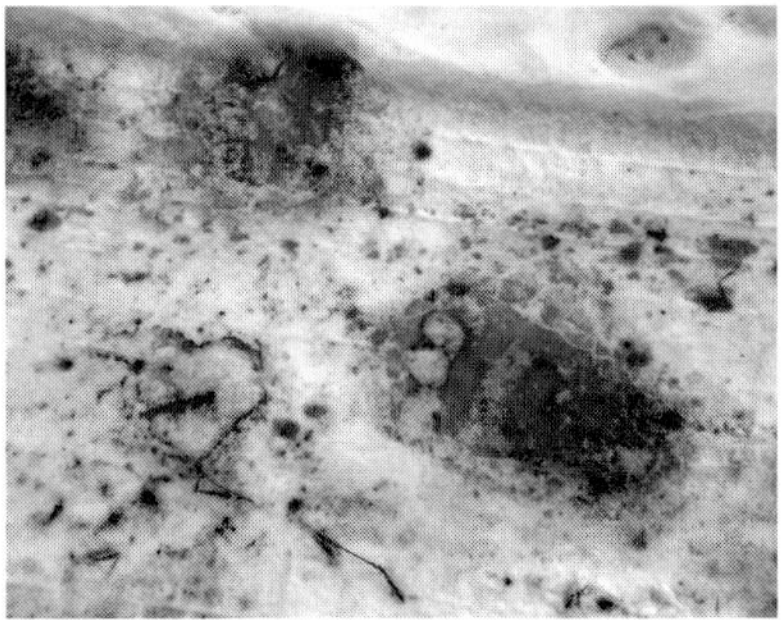

上）シカの足跡のそばについたヒグマの足跡。足跡の新旧だけではなく、歩幅、歩き方から、そのときのヒグマの気持ちを自分の気持ちになぞらえるように考えてみる。下）轍（わだち）に残っていたヒグマの足跡。溶け具合から少し前のもの

初雪になったら

初雪になったら、まず無雪期に最後に見かけた足跡の場所まで行ってみる。そこに足跡がなければ、もっと山奥へと移動しているだろうと予測し、追跡を開始する。

ヒグマはコクワやヤマブドウをまだ拾いながらでも食べているのか？　それとも、もう食べるのをやめて、穴がある（穴を掘る）場所へ向けて移動しているのか？　それは、いままで無雪期から続けてきた追跡の経験と、自分が獲物と定めたヒグマの個性から判断しなければならない。

また、その判断の一助として天気も重要になる。初雪が降ったあとの天気が、すぐにクマを山奥の穴の近くへと向かわせるような天候であるのか？　それともまだ余裕があるのか？　それらは先にも述べたように、長期的・短期的な天候とその周辺の地形から判断しなければならない。

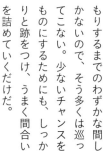

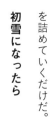

山の上のほうは雪が積もっていても、平地に近い所はまだ根雪にならないことが多い。いいタイミングで平地にも雪が降り、数日間解けない状態が続くのがトラッキングの理想的条件のひとつ

足跡を追う

雪の上に新しい足跡を見つけたら、慎重に跡を追っていく。雪の上の足跡は追いやすいが、本格的な積雪ではない場合は藪のなかではかえって見失いやすい。ヒグマが通った足跡を追うというよりは、藪に積もった雪の落ち具合でヒグマがその場所を通ったかどうかを判断していかなければならない。

何度か同じ場所を行き来している場合は、新旧様々な足跡がついている。同じ個体であれば新しい足跡を追うということも、取り掛かりの初めとしてはよいだろう。足跡を追っていくうちに多くの場合、新しい痕跡を発見し、少しずつ間合いを詰めることができるようになる。

新雪の足跡追跡

夕方、ほとんど暮れてしまい、暗くなった空から雪のにおいがしてきた。それは、いままで何回か降ってきた地面に当たるとすぐに解けてしまう雪のにおいと異なり、水気の少ない軽いにおいであった。牛舎での作業が終わるころには、真っ暗な空から乾いた雪が家の玄関から灯に照らされて次から次へと落ち始めていた。

次の日の朝、まだ暗い外は、いままでの朝とは異なり、雪明かりで草地の半ばまでが、ボンヤリと霞んで見え、少し離れた牛舎から聞こえる牛たちの気配の音も雪に吸われ、昨日聞こえていた音のように反響することもなく静かに聞こえ、雪が積もっていることがわかる。

12〜13㎝積もった雪は夕方になっても、それほど解けだしもせずに、その後は雪も降らずに、その積雪のままであった。

雪の量といい、気温といい、雪が降りだした夜は動かないとして、ここ2〜3日はクマが動きだすとすれば最適な条件である。

夕方の仕事を終え、街へと用事を足しに行った帰り、9時半過ぎになんとはなしに家へ向かう道を曲がらず通り越し、林道へと入った。

林道脇のササの葉には、乾いた雪のためと昼間の薄曇りで弱い陽の光のために雪ものっていない。ウサギの跡もキツネの跡もついていない、まっさらな雪面がガラスの粉を撒いたようにキラキラと輝く。

と、その林道に少し雪を蹴散らしたような乱れが、ライトに照らされて、前方に浮かんだ。近づいてみると、まぎれもなくクマの跡であった。

車を降りて調べる。その跡は、大きく、しかも新しい。林道に出た所と、横切って林に入った所を確かめる。空を見上げる。星はほとんど見えないが、今夜は雪は降りそうにない。自分の呼吸が白いモヤとなって、暗い空中に上がり、消えていく。暗闇のなかで、ライトに照らされたその足跡を胸に刻みつけ、家へと帰った。

その日の朝は、いつもより少し早めに牛舎へと行く。今夕は、クマの行く先、動きによっては、帰れなくなるかもしれないので、乾草をいつもより多めに与える。昨夜は、予想どおりほとんど雪は降らなかった。ただ、薄曇りの空には、ところどころ星が見える。この天候なら、今回の雪は、2〜3日消えることもないだろう。

少し大きめの梅干しを入れた握り飯を懐に入れ、ザックを背負い、ライフルを抱え、家を出る。

足の下から雪を踏みしめる音がきしんだ。薄く明け始めた草地に小さく聞こえる。その音を聞きながら、気持ちのなかに、クマを追う気負いも昂ぶりもないことを確かめるように歩いていく。ただ、昨夜暗闇のなかでライトに照らされた足跡だけが、何度も気持ちのなかに浮かび上がってくる。

川に降り、河原を上がって足跡を探すことにする。もちろん昨夜の跡の方向を考えて、川下に行っていることも頭に入れ、その予測地点よりも下から探すことにする。

上流に向かって2kmほども探すが、河原を歩いた跡はなかった。林道と川は、ほぼ平行して上流に向かっているので、道と川の間を歩いた可能性がある。途中から河原を離れ、林道の方向へと直角に探す所を替え、林に入る。

川と林道の中間ほどで、足跡を見つける。足跡は、歩幅の変化もなく、昨夜見たのと同じ状態で、あまり藪のなかも通らず、林のなかを奥に向かって続いている。そしてそれは、だんだんと林道のほうへと続き、林道を渡り隣の沢へと向かいだした。

そして、昨日動きだしたのではないかと思われる所へ、大きく弧を描くように進み、隣の沢へと続いた。

沢に入り、流れのなかを30ｍばかり下り、向こう岸に渡っている。向こう岸一帯は所々エゾマツが茂り、ササの多い所もあり、緩い起伏が多い所となっている。

向こう岸に渡って少しすると、クマの跡は、それまでの歩き方とは変わり、乱れだした。

クマは近い。休む場所を求めだしたことが、足跡の乱れからわかる。場所柄からいっても、もうどこに潜んでいてもおかしくはない。スリングを首から外し、ライフルをアップレディの状態で、胸前に保持する。薬室に弾を送りボルトを撃発の少し手前の位置まで下ろす。撃つときは、ほんの少しボルトを下げる操作だけで発射できるようにする。

見通しのよくない林のなかなので、目で追うクマの足跡の続き具合も、短い距離しか追えない。クマの足跡を間違っても自分の足跡と重ねないように、足跡の脇1～2ｍの所を、それと平行するように進まなければならない。踏んでしまうと、止め足や戻り足があった場合、その判断に苦労することが、多々出てくるからである。

気温も少し上がってきたのか、足下の雪のきしみもなくなり、静かに進む足の下の雪がゆっくりと沈み音が出ない。

倒木の陰、エゾマツの5～6本かたまって生えている所、根っこごと倒れているその根の陰など、潜んでいそうな所のひとつひとつを、半時計まわりに回り込みながら、足跡をつけていく。

ササ藪は、ササの葉についている雪がないので、抜けていっているのかどうかは、ササ藪のなかに身を沈め、藪越しに周りを透かし見ながら、膝で歩くようにして、足跡の脇を進む。

耳に神経のほとんどを集中させ、かすかなクマの動きによる音も、聞き逃さないようにする。そしてまた、このようなクマの動きになったときは、いつの間にか回り込んでいる跡より前に出すぎることもあるので、前方ばかり、進むほうばかりに気をとられては危ないので、後方にも十分に注意することが必要であるのだ。

少し林が開け明るさが増した。薄雲の上には、ところどころ青い空が見える、そんな明るさであるが、空を見ることはできない。なぜなら、明るい空を見てしまった眼は、雪の反射と相まって、うす暗い林の下を見るとき、非常に見えづらくなるからである。目を閉じ気味に薄目にして周りの林の暗い所を見るようにする。

その場所で、スコープのレンズに松葉などのゴミがついていないかを再度点検し、ポケットからティッシュを取り出し、レンズを拭く。また、薄暗い林のなかへ入った。途中に、深く、濃いササ藪がある。その脇を通っている足跡が、何かおかしい。よく見ると、進んでいる足跡の上にほんの少しズレて逆の跡があり、前足先がそのササ藪のほうにほんの少し向いているのがわかった。

クマは戻り足を使い、ここまで戻ってきてリサ藪に飛び込んだのだ。その藪を半時計まわりに回り込んでみると、反対側に抜けていた。

回り込んでいく途中、足跡を見ると、藪に飛び込んだ所から10mほどの所で、足跡がプツリと途絶えていた。止め足となっていた。そして、反対側に抜けていた所からその藪に入ってみると、藪のなかの窪みの雪の上に寝た跡があったが、雪がそれほど溶けてはおらず、長い時間そこにいたわけではない跡であった。戻り足を使い、止め足を使って飛び込んだササ藪は、クマにとってなんとなく居心地のよい場所ではなかったのであろう。

藪を出た足跡は、エゾマツの多くなった林に続いている。クマにますます近づいている感覚がする。薄暗いエゾマツの林に入った。

林のなかは、陽の差す所より静まりかえり、小鳥の動きも声もしない。林の下は、ササが少ないが、松葉にさえぎられたため雪の積もりも少なく、足跡が鮮明ではなく、目で足跡をたどりづらい。横目で落ちて積もった松葉の上の薄い雪の上の足跡を、片膝をつきながら少しずつ進む。動きを止めては、周りの気配に耳を澄ます。

左前方約5mに5～6本のエゾマツがある。その前には、ほとんど腐れかけたような太い倒木があり、その陰は見えない。右手の同じような距離には、背の低いマツが、左側のマツより密に生い茂り、枝が垂れ下がっているためその根元あたりがよく見えない。

半時計まわりに見ていくならば、右手の密に生い茂った所から、左の倒木の陰を見ていかなければならない。動きだそうとしたとき、初めに見た倒木の陰のほうから、ほんのかすかな、小枝と小枝が擦れるような音と、ジッと見られているという感じがした。

ゆっくりと、片膝をついたままの姿勢をそのほうに向けた。そこには、倒木の上に前足を乗せて、ジッと見つめているクマがいた。

ゆっくりと、本当にゆっくりと撃発の位置へとボルトを下ろしながら、ライフルを構えた。ボルトを下ろすかすかな音に、クマはわずかに耳を動かしただけであった。スコープをはみ出るクマの顔の鼻を探し、少し下を狙い引き金に添えた指に力を加えた。次の弾を薬室に送り、倒木の陰から聞こえ、次第に弱まっていくクマの音に耳を傾けていた。

シカ笛でおびき寄せる

　コール猟は、シカ笛を用いてオスまたはメスのシカをおびき寄せる猟法である。いまは、オスの声、メスの声の笛が市販されるようになった。オス用の笛、繁殖期の鳴き声(ラッティングコール)は、季節限定で用いる。特に猟期の初めごろ、北海道では10月中旬ごろの、まだオスがメスのあとをつけて動きだすことが本格的になる前、縄張りを主張しだすころに上手に用いれば、縄張りを侵されたと思い、藪を鳴らし走り寄ってくることもある。

　しかし、その期間はあまり長くはない。縄張りがほぼ決まり、その範囲を動きまわるようになれば、走り寄ってくるより、静かにいつの間にか近くまで来ていることのほうが多くなる。それで、笛を使うときは、早い時期、少し遅い時期にかかわらず、笛ばかりでなく、角で木の幹を叩いたり、ササを角でかきまわしたり、前脚で地面をかきむしるような音を立て、縄張りを侵していることを相手に知らせて、そのあと笛を鳴らすこともやめ、静かに相手が近づいてくるのを待つ。やたら笛だけを鳴らすと、警戒されることのほうが多くなるので、笛に応えるオスが近くにいることの確認程度に鳴らし、それに応える者が近くにいれば、先のササ藪などをかいて音を出し、静かに待っているほうが効果がある。

　このように繁殖期が始まっ

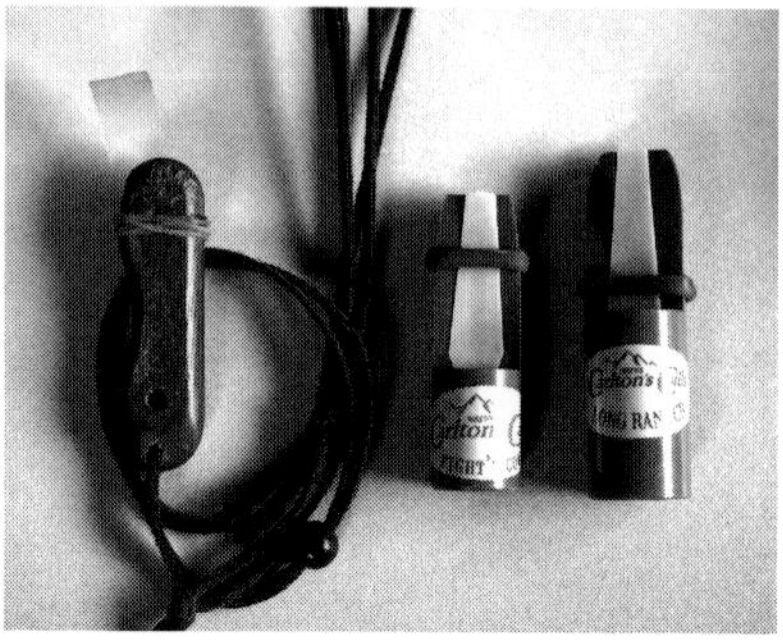

市販されているシカ笛の例。右と真ん中は白いリードの部分で音の高さを調整でき、オスとメスの声を鳴き分けられる。リードを調整すれば大きい笛だけで高い音も低い音も出せるが、せっかく決めた音を再度調整する手間を省くため、高い音(小さい笛＝メス用)、低い音(大きい笛＝オス用)と経験的に使い分けする猟師が多いようだ。シカの鳴き声をよく観察し、笛を調整して使う。左の笛は、阿寒湖のお土産屋さんで見つけたもの。テープのリード部分を自分で交換し、音をよりシカに似せている

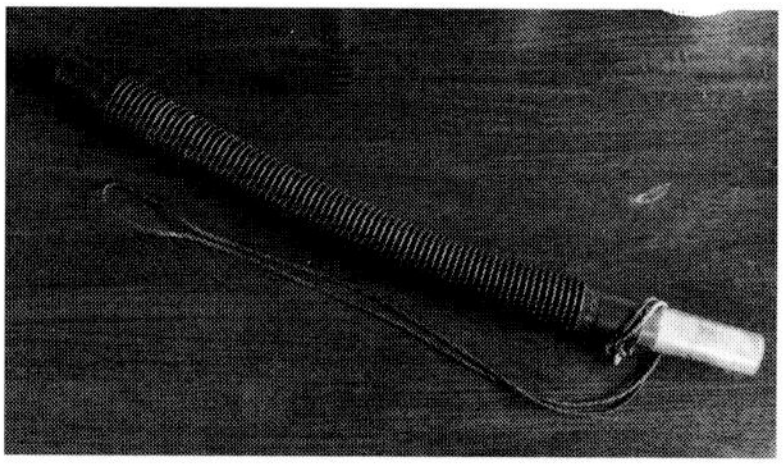

ホースタイプのシカ笛「ビューゴー」

左)猟場に落ちている手頃な枝で、木の幹をガリガリとこすったり叩いたりして大きな音を出す。この音が、オスの力を示す角研ぎの音と思ってほかのオスジカがやってくる。右)草などを足でガサガサすると、シカが歩いている音だったり捕食音だったりに聞き間違い、シカが興味をもってやってくる効果がある

た早期の段階では、オスが縄張りを決めることを利用して、笛を利用することが大事である。

　その時期が過ぎ、オスがその縄張りの近くを通るメスに付いて動きだす時期になったら、今度はメス用の笛を使う。このとき、周りにオスの鳴き声がない場合であったとしても、甘えるような、何かをねだるような声で鳴らし、周りの気配を探る。全く周りに気配がないときは静かにシカが歩くようにして場所を変えて、再び鳴らしてみる。

　特にオスのにおいが強くする所では、長く待つことが大事である。メスの笛を使うときはオスも様子を探りながら、静かに近づいてくるので、あまり動きまわらないほうが成果が上がることが多い。

　待ちの姿勢に入ったら、全身の神経を耳に集中して、周りの気配と異音の発見に気を配ることが大切である。

　また、このコール猟の効果があるこの時期、笛を使用しなくてもオスジカを寄せる方法もある。角は四股あるが縄張りをもてなかったであろう一頭で動いているようなシカを、藪や林のなかなどではなく開けて見通しのよい所で見つけたときに効果がある方法なのだが、真っ白いタオルなどをあたかもメスジカが尾の白さを見せるように振ると、それをかなり遠くからでも見つけ、どんどんと近づいてくる。近づいてくるのを確認したらタオルを振るのをやめ、射程に入るのを待つだけでよいのだ。

メスジカは警戒心が高い

　この時期、5〜6頭の群れになっているメスジカはオスよりもとても敏感になっているので、異常を感じるとピッという警戒の声を発し、走りだすことが多い。しかし、その群れから少し遅れて、オスも行動しているので、メスにばかりに気をとられず、あと

コール猟の流れ

❶ オス笛を吹く

- 「ビヨーーーーーーー、ビヨーーーーーーー」と2回ほど
- オスジカがこの音に応えるかどうか、距離の見極め
- しばらく待ってもう一度吹く
- 応えが返ってくる(距離が近いと判断した場合は②へ)

※縄張りをもとうとするオスがいるかどうかを確認する

⬇

❷ メス笛を吹く

「ビー、ビー」、または足元のササをガサガサと音を立てたり、木の枝などで幹をガリガリと音を立てたりする。下手な笛を吹くよりもこちらがよい場合がある

- しかし、これらはあまり長い時間やっても意味がない
- 的確な長さで、さも「ここにいる」感じを出してやることが大事

※これらは、縄張りをもとうとするオスがいることを確認したうえで行う

⬇

❸ じっと待つ

- メスは動かない。基本的にオスを誘い出す猟であるコール猟は、「待ち猟」の一種。笛の吹き方のタイミングなどの良し悪し(うまい下手)や、あとはじっと待っていられるかどうかが成功のカギとなる

からメスにつられて動きだすオスがいるだろうことにも、たとえその姿が見えなくとも注意を配ることが大事である。そして、メスが走りだしたときには、口笛などをピッと鳴らすと、またはメス用の笛を警戒音のように短く吹いてもよいのだが、走りだした群れが止まることがほとんどであるので、撃つチャンスがある。この方法なども、もう立派なコール猟といえるだろう。

この方法は、繁殖期以外でも走るシカには効果的なのでぜひ試してほしい方法である。

また、遅く生まれた当歳仔をもつメスジカは、群れにも入らず、仔連れでいることがあるが、これは単独のオスなどと同じく、近づきやすく撃ちやすいことが多いものだ。

コール猟の有効な期間は短いが、その期間のなかにもいろいろと状況の異なることがあるので、シカの状態をよく観察することである。そして、シカの鳴き声によく耳を傾け、鳴き方の変化、音量の違いなど、何を求めて鳴いているのかをシカの身になって考えてみることも、面白いことだと思う。

鳴き方、音量などの変化に面白さを覚えることにより、おのずから笛の鳴らし方もその時々に合った吹き方ができるようになると、シカを寄せる回数も多くなり、成果も上がることに通じていく。

蛇足ではあるが、シカ笛を吹いたら、ヒグマが、かなりのスピードで近づいてきたという話を近年2〜3聞いている。ヒグマのなかにも、この時期のシカ……特にオスジカは、獲りやすいことを学んでいるものもいるらしいので、藪を鳴らして走ってきた者が、何者であるのかの判断も必要である。シカと思っていたらヒグマであった思いがけないそんなときにも、うろたえることのないようにしたいものである。

繁殖期のオスは判断力が鈍っていることもあり、笛を吹いたり枝などを使って幹を叩いたりすることで、縄張りに別のオスが入ってきたと思って至近距離に寄ってくることが多い

気づかれないように接近する

半日、または一日を通して、足跡などを追ってシカを探し山中を歩く。シカとの距離が重要で、獲物に近すぎても、遠すぎても獲物が得られない。また、あらかじめシカの休み場所を把握しておくことも重要となる。シカは反芻動物なので、餌を食べたあとに横になり休む。そのようなシカの休み場所を把握しておくと、その場所にゆっくりと近づくか、あらかじめ森のなかで撃ち場所を決めておき、シカが休み場所と採餌場を行き来する性質をよく理解したうえで、シカのタイミングと行動に合わせて狙って仕留めることになる。

シカも人も、どんなに注意しても動いているときは必ず音を出す。そしてほとんどの場合、シカのほうが人の出す音に先に反応する。もし、その音に気づかれたとしても、シカに危険な音だと判断されないような動き方をしていれば、十分な距離までシカに近づくことができ、撃てるチャンスがあるはずである。藪を歩く際には、どうしても音が出てしまうので、なるべくシカの間合いと歩調に合わせるように努力することで、シカの警戒心を低くすることがで

単独でどこかに向かっているシカの足跡。ゆったりとした歩調で目的地に向かっているらしい。秋口に単独で動いているので、若いオスの可能性がある

メス中心の群れの様子。群れで餌場に移動してくる。何頭か見張り役（⬇）がいて周囲をときどき警戒しているのがわかる

きるだろう。

そして、上手に歩く努力をすると同時に、シカに気がつかれるよりも先にこちらが先に見つけることだ。そのためには、ひとつのことに集中し心を奪われないように、広い視野であたり一帯に均一な緊張感で注意を向けることだ。特に目を見開いてキョロキョロとあたりを見ながら探すのではなく、目は半眼でぼんやりと見るくらいのほうが、かすかに目の端で動くものをかえってとらえやすい。見たい、獲りたい、という欲求は目の動きで相手に悟られてしまうものだ。

また、過去に自分の肌で感じた天候・気温・風なども記憶しておき、寝屋、足跡、餌場などの場所と採食時間帯を自分の記憶と照らし合わせることも大切だ。天候を考慮に

シカの獣道。高い頻度でこの道を利用しているのが明瞭な踏み跡からわかる。餌場から休み場所へと一直線に延びていた

藪を進む際にも、シカに悟られないようにシカのように歩くことを心がける。四足歩行の動物と二足歩行の人間とは進むスピードや目線が異なる。そのため、止まるときや進むときの「間合い」をシカの呼吸に合わせながら進むのだ

入れることによってシカの行動と採食時間を予測でき、遭遇率はぐっと上がるだろう。

自分の猟場となる付近一帯のシカの動きを知るためには、自分がシカになったつもりで何日間か徹底的に歩いてみることだ。シカに限らず、野生動物の動きは天候に左右されることがほとんどであるので、雪や雨、気温、湿度、風の向きや強さ、そういう情報を彼らは人間が感じる感覚とは少し違った感覚で敏感に感じ取り、彼らにそのときに必要な行動を起こさせているようだ。その感覚をシカになったつもりで歩き、自分が感じ取るしかないのだ。

動物には安全距離というある種の「間合い」が確かに存在する。動物によってその距離は異なるが、相手がその距離内に踏み込んでくると通常は逃げたり攻撃したりする。一方でその距離を越えなければ、何食わぬ顔で草を食べたりしながら平気な様子でいたり、積極的な行動をとろうとしないものだ。何かの危険に対しても、ある距離を保ってさえいれば動物は逃げずにじっとたたずんでこちらを観察し、その危険度を判断しようとする。そのときは、こちらも一度確実に立ち止まって様子をうかがい、シカが再び餌を食べ始めるまでじっと動かないで待つようにする。ときにシカは、安全距離を越えて近づきすぎても、逃げ出さず凍りついたように物陰に隠れてやり過ごそうとすることもある。逃げ始めたシカの注意をあえてこちらに向けることで足を止めることもある。

警戒する距離に入らなければ、草を食みつづけている

上のイラストからさらに近づき警戒する距離に入ると、草を食むのを止め、動きも止める

ケーススタディ❺ シカ「待ち伏せ猟」

獲物の行動パターンを読み、効率よく仕留める

待ち伏せ猟で重要なポイントは、いかに日頃から獲物の行動パターンをおさえておくか、に尽きる。シカの基本行動として、餌場と休み場を朝と夕方に行き来する習性がある。餌場となるのは、季節にもよるが比較的見通しが利き、餌となる青草がたくさん生えている場所である。この餌場で数十分から数時間過ごし（その間も少しずつ移動する）、ある程度おなかがいっぱいになると、反芻を行うため休み場所へと移動する。この、朝晩の餌場と休み場所の移動は、だいたい毎日同じ時間、同じルート、同じ群れが通ることになる。そのため、どの群れが、どのような天候のときに、どのような時間帯に、どこを移動するかをあらかじめ観察し、把握しておく。把握できたら撃ち場所を確保し、じっと身を潜めて自分が狙った獲物が通るのを待つ。複数の群れで行動することが多いはずだが、しっかりと狙う獲物は事前に絞っておくこと。どれでもいい、撃てば当たる、という考え方は猟の楽しみを半減させてしまうので、自分の「読み」が当たるかどうかも含めてしっかりと身につけたい技術である。

撃ち場所を決めたら、あとは静かに獲物が撃ち場所に入ってくるのを待つ。この日は、開けた場所でシカが出てくると予測した場所で待った。待つ場所によっては、開けていても相手からすぐに気がつかれない地形的な特徴もうまく生かす

獲物を待つとき、ただ闇雲に場所を決めて待つのでは継続的に獲物は得られないだろう。シカの道を毎日観察していると、毎回同じ場合もあるが、同じようにシカが出てこないこともある。時間帯と天候（雲の高さ・風・気温）など、毎日条件が違うのだから動物のバイオリズムもそれに合わせているはず。

今日はどのあたりを通るだろうという予想もさることながら、今日はダメだという見切りを早くにつけることも猟では大切だ。獲れなかったら自分の読みが甘かったということ。なぜダメだったのかを自分のなかで反省し、次の猟に生かす。

待つ際に、木化けという大きめの木を背にして座って待つ方法がある（石を利用する方法が石化け）。なるべく、木と同化した気持ちになって

周囲の風景に溶け込んでいるが、すでにこちらに気がつき注意を向けている。少しでもこちらが動けばすぐさま駆けだすだろう。メスのシカは特に警戒心が強く、オスよりも近づくのが難しい

じっと静かに座って待つ。このときに鼻水が出ても啜ったりぬぐったりもしない。遮蔽物があるほうが相手から気づかれにくいが、自身が自然に溶け込むように木と同化しようと努めることが大切だろう。

勢子との猟

待ち伏せ猟の際に、複数人で猟をする場合もある。撃ち手と獲物を追う勢子とに分かれて猟をするわけだが、撃ち手は先に述べたように、地形やそれまでのシカの行動パターンからシカを追い出す場所、撃ち場所を決めて、獲物がその場所に入ってくるのを待つ。複数で猟を行う場合は、勢子がうまく追い出してくれれば成功する確率も上がる。この場合は、撃つ側の腕というよりも勢子の経験がものをいう猟だ。もし、猟がもっとうまくなりたいと思っているならば、勢子を経験するのも動物の動きを知るうえでよい学びとなる。

シカの糞。新しい糞であれば、今日も同じ場所を通ってやってくる可能性が高い。シカは天候と時間帯を見極めて、餌場と休み場所を往復するものだ

猟をしない日と猟当日の朝

体を休める

断続的に雪が降りしきる日や風が強い日などは、猟には行かない。動物たちもそういった日は、じっと雪や風が当たらない場所で体を休め、大きく行動することがないからだ。そのような日は、こちらも思い切って体を休めることにする。ヒグマの足跡を追っている場合は、そのヒグマが今頃どのあたりで、雪や風をしのいでいるか、いままで追ってきた足跡と合わせながら想像している。そうすることで、天候が回復してから、どのあたりの沢を重点的に調べるかの見当をあらかじめつけておくことができる。

それ以外では、日頃猟で使っている道具のメンテナンスを行う。山刀をはじめとする刃物類はもちろん、飯盒やコッヘル、ロープ類の点検もし、必要であれば補充もしておく。猟が休みの日に、特にライフルはしっかりとしたメンテナンスをしておく。銃身、銃腔内の埃をはらい、しっかり拭き上げておく。いざというときに、自分の身を守るものでもあるので、メンテナンスは丁寧に行うべきであろう。

猟当日の朝の習慣

緑茶は若いころからよく飲む。単独猟で山に泊まりながら猟をしていたときも、少しだけ緑茶を携行し飲んでいた。山での唯一の贅沢だったものだ。緑茶の葉には、ビタミン類も多く含まれているため、お茶を喫し終わると、葉もすべて食べることで山のなかで不足する栄養を補うこともできた。猟期中は、朝のお茶の入り具合で出猟を決めることがある。朝起きるとお湯を沸かし、毎日お茶を入れて喫するが、その際に朝のお茶を上手に入れることができ、おいしく喫することができるかどうかで自分の体調がよくわかるものだ。お茶が本当に香りよくおいしく感じるときには出猟する。自分のコンディションが最高のときに、集中を高めて猟に出るためだ。

出猟しない日は、おやつに甘いものも食べる。地元のコンビニエンスストアで販売されているロールケーキや、全道で販売されている菓子メーカーのバターサンド、和菓子などを少しだけ楽しむことで体の疲れが取れ、気分転換になる。

そして、猟場に出ると甘いものが貴重であるので、休憩の際に角砂糖を3つほど入れた紅茶を飲む。体が温まり、ほっとひと息つくことで、「よし、こっちから見てみよう」と気分転換にもなる。私にとって、お茶と甘いものも猟の出来を左右するもののひとつだろう。

第3章

単独猟実践術

トラッキングの優先順位

ヒグマをトラッキングする際の優先順位は、❶食痕❷糞❸足跡——である。

何よりも足跡を見つけることがトラッキングの主要な部分であると思いがちであるが、足跡を見つけるためには、何を食べているのかを知る必要がある。まずは、ヒグマがどのような餌を求めて行動しているのかをしっかりと把握することだ。そのため、得られる情報の優先順位としては食痕がほかの痕跡よりも先の順位となる。

ヒグマのトラッキングがなぜ難しいのかを少し考えてみよう。シカの足跡は、じゃんけんのチョキのようにふたつに割れた形の蹄となっている。そのため、歩くときにはその小さな蹄に全体重がかかり、地面にはっきりとした窪みとして足跡が残りやすい。そのうえ、時期によっては集団で行動するため、跡が連続的に残りやすいといえる。一方のヒグマは、手足に大きな肉球があり、その柔らかく大きな肉球部分を地面につけて歩くために体重が分散され、そもそも足跡が残りにくい。ヒグマは大きい獲物ではあるが、ドシンドシンと歩いているわけではない。歩き方はむしろ、非常に繊細であり、常に地面に対し、ジワッと体重をかけるような歩き方である。そのため跡が残りにくい。

また、仔連れの母グマでない限り、数頭で群れのように行動することもない。単独行動が主体の動物であるため、必然的にヒグマの足跡は連続的ではなく断続的になる。その、断続的となる足跡と足跡の間の空白の地帯には、沢や藪、地面がふかふかの松林や草地があり、特に足跡が残りにくい。そのような足跡の空白地帯については、そのほかの痕跡やいままで収集した周囲の状況そして想像力で空白地帯を埋めていく。

食痕や糞を見つけた際に重要なのは、「いったいどのようなものを食べているのか」に注目することである。自然のなかで棲息するヒグマは、ひとつのものを腹がいっぱいになるまで食べるということを普段はあまり行わない。むしろ、いろいろな食べ物を少しずつ、あちらこちらの場所で見つけ、食べ頃のものに目星をつけて食べている。

糞の内容物や食痕、地形やその年の天候と自分の経験などを踏まえ、ヒグマがどのあたりを行動しているか目星をつける想像力を養っていくことが大切である。

シカの数が増加した現在の自然環境のなかでは、草割れや藪分けの跡がヒグマの通った跡であるかは容易に判断することはできない。実際に山中ではシカが通ったあとに蹄の跡が残るような土地ばかりでもないので、ヒグマの足跡から続く草割れなどの跡が本当に追跡しているヒグマであるかどうかは、周辺の痕跡と合わせて慎重に判断しながら追跡する。

このようなときに、降った雪がしばらく残っている状況であれば、自分の経験と想像から導き出した仮説に対してより精度の高い確信をもたら

食べものがある場所や食痕、糞、足跡から、ヒグマの現在地を特定していく

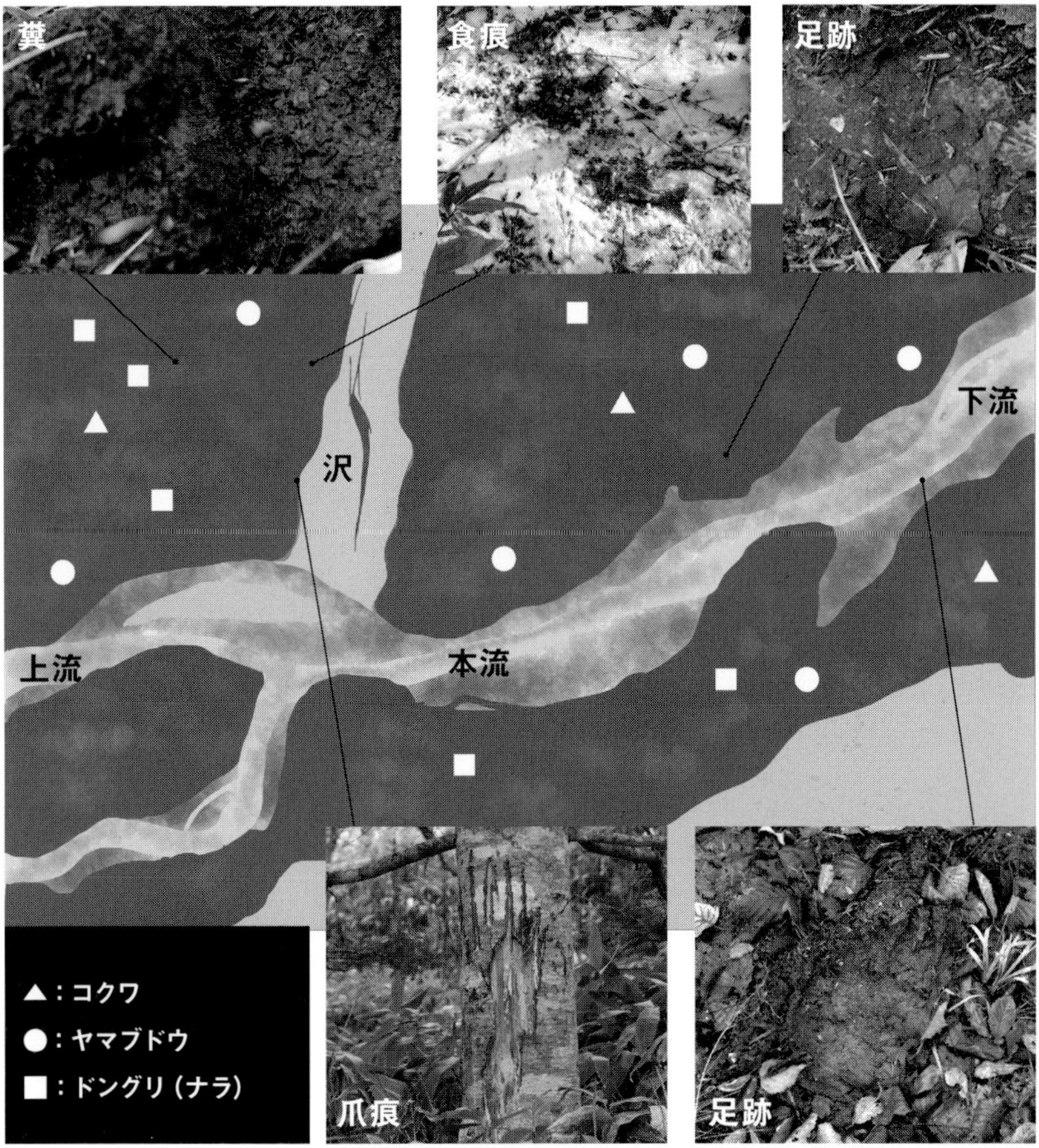

してくれる。雪が降ってからヒグマが穴に入るまでの短い期間の猟は、雪があったほうがやりやすい。藪のなかには、足跡が残りにくいが、藪を自分より先に「何か」が通ったことを、雪の落ち具合で確認できるからだ。

確認した痕跡から、いま追っているヒグマについて常に心のなかで考えてみる。今頃はこのあたりを歩いているだろうか、あそこに残っているコクワを食べに行っているかもしれない――。その波長がぴったりと合ったとき、ヒグマに追いつくことができる。

逆に、心に何も浮かばないヒグマは追わない。自分の感覚が自然のなかで生きるヒグマと同じ感覚となれたと実感できることは、私にとっては心ときめくことである。

春先にいち早く咲いたエゾノリュウキンカの根を掘り起こし食べていた跡。つい先ほどまで熱心に土を掘り返し食べていたようだ(5月上旬)

そのときに食べた餌を知る

ヒグマの食痕はどのようなものであるか？ 季節によってメインの餌は異なるため、その食痕がヒグマのものであるかどうかは、足跡などそのほかの痕跡も含めて周辺の状況から総合的に判断しなければならない。

春先に咲くエゾノリュウキンカ（ヤチブキ）は人間にとっても花や葉は可食部であるが、ヒグマは根を掘り返して食べることが多い。丹念に根元を掘り返し、うまそうな部分だけを選んで食べているようだ。

夏は沢の付近でフキを食べていることが多い。フキの食痕は、日数が立つと水分が失われた部分が裂けてくる。その裂け具合からいつごろの食痕かを推測できる。また、何日か同じ場所で餌を食べることも多く、付近にヒグマが食べたサークル上の空隙地帯と分け入った道ができるのも夏のフキの餌場の特徴である。

ササ藪のなかに生えているフキ、イタドリ、ササの芽などを食べている。何度も通っているようで道がついていた(6月)

左)秋になると実(ドングリ)を落とすナラの木にもクマが寄る。木の周囲はササ藪に覆われている場所も多いが、この藪を抜けなければヒグマに近寄れない。上)ナラの木の近くには新しい足跡

直近に食べている餌を知る。糞を制するものはトラッキングを制す

　糞は時間がたつと表面が乾き、酸化する。酸化するに従い表面から黒くなっていく。糞を棒などでほじって内部との色の違いを確認し、酸化の進み具合からいつごろ排泄された糞であるのかを推測する。ヒグマにも個性があるので、食の好みから行動を探るのだ。その時期にヒグマが食べているものによって、糞の内容物は実に様々だ。周囲の食痕と、糞の内容物と照らし合わせて観察し、追跡しているヒグマの餌場や次に向かう場所、おおよその行動範囲を予測する。

　下の写真はコクワの実を食べた糞である。ヒグマはコクワの実がなると、熟れて落ちたものだけを丹念に選んで食べる。コクワの場合は木に登って食べるという行動がほとんど見られないが、ヤマブドウの場合はツタが絡まっている太い木に登って実を食べることもしばしばある。若いクマの場合は、冬ごもり直前に餌を食べ足りないなどのやむをえない理由から、落ちずに枝に残っているコクワを木に登って食べる行動がときどき見られる。ヒグマは、その年の山の食べ物のなり方により複数の採餌場を経験的に知っており、メインとなる餌の代替種を2〜3種は常に確保している。

　メインの餌としてよくドングリという話があるが、いつも目当てにしている餌場のドングリのなり方が冷害や強風

上）表面に種がたくさん見えるので、コクワやブドウなどの木の実を中心に食べているようだ。比較的新しい糞のようだ。右）拾った木の棒を使い何を食べているのか丹念に知ろうとする。ほじくって内部を見ると、やはり種がたくさん入っていた。この付近のコクワの木について、食べていたようだ

いろいろな糞

シカを食べた糞は黒っぽく、大量の毛が混じっていた。周囲には、足跡も多く見られた

ドングリを食べた糞はナッツバターのようになっている

ドングリの糞。酸化が始まって表面は黒いが、比較的新しい

木の実や細かな種など雑多なものを食べていた糞

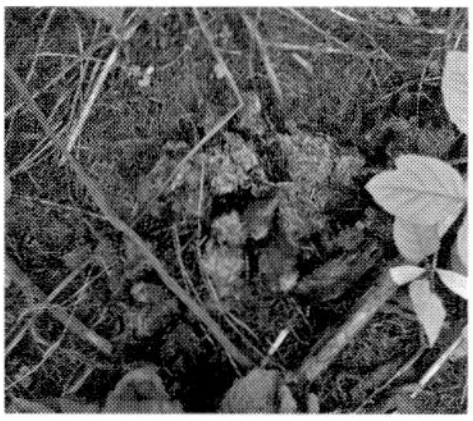

細かい繊維が混じる糞。乾燥しやすい

繊維質の多い、乾いた糞。色がやや濃くなっている

林道に落ちていた糞。フキを食べていた

フキやイタドリを食べた新しい糞。繊維状なのがわかる

コクワばかりを食べた糞は黄緑色だ（写真＝坂本創）

により早くに落下してしまい実りが悪かったとしても、地形によって必ず実が残っている場所がある。それは、春も同じで、遅霜にやられていない場所の植物は必ず山中にはあるものだ。

食べたものがわかる

クマの消化器系は未発達なので、食べたものが不完全な状態で排出されることが多い。全体的に赤茶色の糞はドングリと判断できる。ヤマブドウの種は白っぽく残り、紫色の皮も残る。アリは、体液が吸収され外骨格がそのまま残るので、アリの形のまま糞になって出てくる。コクワを食べたクマの糞に鼻を近づけてにおいをかいでみると、発酵したような甘い香りがするものだ。コクワを食べたクマの糞は、初めて見た人はクマの糞だとはすぐには気がつかない。色やにおい、皮も残っているためだ。しかし、一カ所に多量にあるのでヒグマの糞だと気がつくはずだ。

雨が降った場合、糞は水分を含むため軟らかく戻るようなものもあり、古いものであったとしても新しく見える場合がある。雨が降ったあとは、慎重に糞を判断するよう心がけたい。

クマが林道わきのフキなどを餌としている場合、たいていは林道に糞が落ちている。クマも、なるべく糞をしやすい場所で気持ちよくしたいのだろう。まだ若いクマなどは車や人、ほかのクマの気配に驚き、糞をたれながら歩いて去っていくことが多い。糞はクマを知る貴重な情報である。

糞の仕方でヒグマの心持ちを推察する

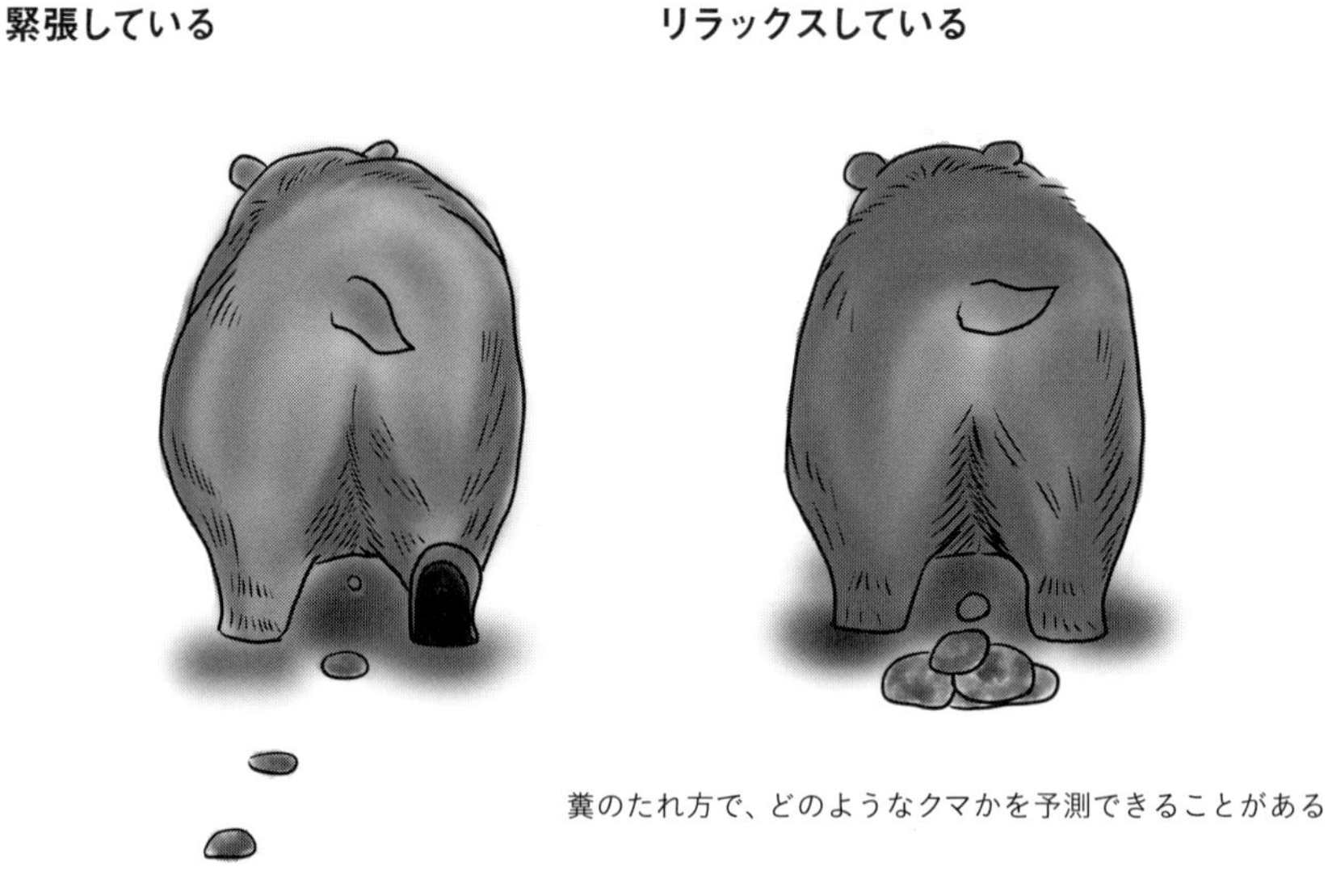

糞のたれ方で、どのようなクマかを予測できることがある

糞の酸化状態を知ろう

上の写真の糞を見ると繊維質なものをふんだんに食べているのがわかる。周囲にはササ、フキ、イタドリなどが生えていて、フキとササの食痕もあった。ササの柔らかい芽とフキとイタドリを食べると、このような状態の糞になる。表面は1〜2日たっているので、黒く酸化している。乾燥度合いは、上の写真の糞のほうが進んでいるだろう

ヒグマの共食いか!!

このヒグマの糞にはたくさんの毛が混入していた。ヒグマはまれに共食いをするが、共食いの証拠となるこの糞は、ほとんどが毛であった。おそらく骨もまだ柔らかい当歳仔のものであろう。ところどころ、骨などのかけらも混じっていた。腸の形そのままに出てきた、なんとも珍しい糞である

この場所に来たという証拠

　ヒグマは手頃な木の幹に背中をこすりつけてにおいをつけたり、大きな爪痕をつけたりする。ヒグマ同士の縄張りの主張ということもあるだろうが、自分のお気に入りの木などに、ネコの爪とぎのような本能的な気分で行っていると考えるほうが自然かもしれない。幹に抜け毛などがついているとヒグマの痕跡として見つけやすいが、においは相当強く残っていないとなかなか判別は難しい。その点、幹に残っている爪痕ははっきりと確認することができるため、ヒグマの追跡のための「取っ掛かり」となるだろう。

　爪痕の様子をよく観察し、樹液などの滲み出し具合や盛り上がり具合で、おおよそどのくらい前につけられた跡であるか判断をする。

　痕跡の近くをヒグマが何度か通っていれば泥や砂の上に残る足跡が見つかる場合もあるかもしれないが、たいていは痕跡が残されている樹木は藪のなかや少し丈の長い草地にあることが多いので、うっすらとでも雪が積もっていないと次の痕跡を探すのは苦労が多い。発見した時期や天候を考えながら、餌となりそうな植物などに痕跡が残っていないかをひとつひとつ周囲を確認しながら判断していく。これは、非常に時間がかかる作業であり、藪が少しでもかき分けられていないか、朝露がほかの藪にはついているのに一部分だけ道のように落ちていないかなど、自分の通った跡と比較しながら丹念に確認をしていく。

　どこを通って次の場所へ移動しているのか、うまくクマの気持ちを想像できていると、次の地点ではっきりとした足跡などを見つけることができるはずだ。ヒグマの痕跡は山のなかではすべて「点」で存在しているものであるので、ポツリポツリと点在しているクマの痕跡を確実にたどっていくことができれば、追っているヒグマとの距離が徐々に縮まり、ついには追いつくことができる。

　トラッキングは痕跡を探し、想像し、たどる。その作業を根気よく、淡々と繰り返すものだ。そのなかで、獲物の気持ちを想像し、自分も自然のなかにうまく溶け込み動物だと感じる満足感を得ることができれば、トラッキングが上達するのも早いだろう。

糞の近くには、排出主の足跡があった。残っている木の実を目指してやってきたようだ

爪痕をつけるのは縄張りの主張やほかのクマとの情報交換をしているといわれるが、実際はどうなのか？　人間が壁に落書きをしたりするのと同じで、なんとなく爪跡を残したい気分であったのだろうか？　それも、自分のお気に入りの木や場所だという主張といえばそうかもしれない。爪痕は、ヒグマが書く自分のメモ帳か目印なのだろうか？　爪痕がつけられた木の近くには、食痕や糞が落ちていることが多いので、よく観察するようにしたい

人間の嗅覚は鈍い

においだけで獲物の移動した方向や潜んでいる場所を特定することは、やはり人間には不可能である。ヒグマの体臭は広範囲でにおうと思うだろうが、実際はそうでもない。

空気の流れは風が吹いてできるが、臭線（風によって運ばれるにおいの流れ）というのはわりと範囲が狭い。空気の流れで一枚の葉っぱだけが揺れているのを見たことがあるかもしれない。それほど臭線の範囲は狭く、においのする場所を断定するのは難しい。

全体的ににおいがするという場所は、その場所だけ局地的に空気がまわり滞留している状態といえる。そのため、その場所がにおいの発生源ではないこともあり、もしかするとその後ろにクマがいるかもしれないのだ。

しかし狩猟においても、やはりにおいは大切な情報のひとつだ。鼻だけでにおいだけをかぐのではなく、口と鼻で息をまわしてみると、結構つかむことができる。鼻だけではつかむことのできないにおいがあるのかもしれないので、ひとつひとつ試してみる価値はある。

寝跡に顔を近づけてにおいをかいでみると、かすかににおいが残っていると感じることもある。しかし、痕跡は微妙なので、においだけでの判断はなかなか難しい

何かが横になって休んでいたと思われる跡。周囲の足跡や爪痕、糞などの痕跡からヒグマであろうか？　ヒグマが休んでいたような場所では、空気が滞留しているとかすかににおいが残っている場合もある。寝屋の葉や土などにもかすかにヒグマのにおいが残っていることも場合によってはある

いわゆるヒグマが濃い場所

ヒグマが頻繁に訪れるような餌場や草が倒れているヒグマの寝場所のにおいをよくよくかいでみると、かすかに残臭があることもある。しかし、そのような場所はたいてい地形的に空気が滞留しやすい場所であることがほとんど

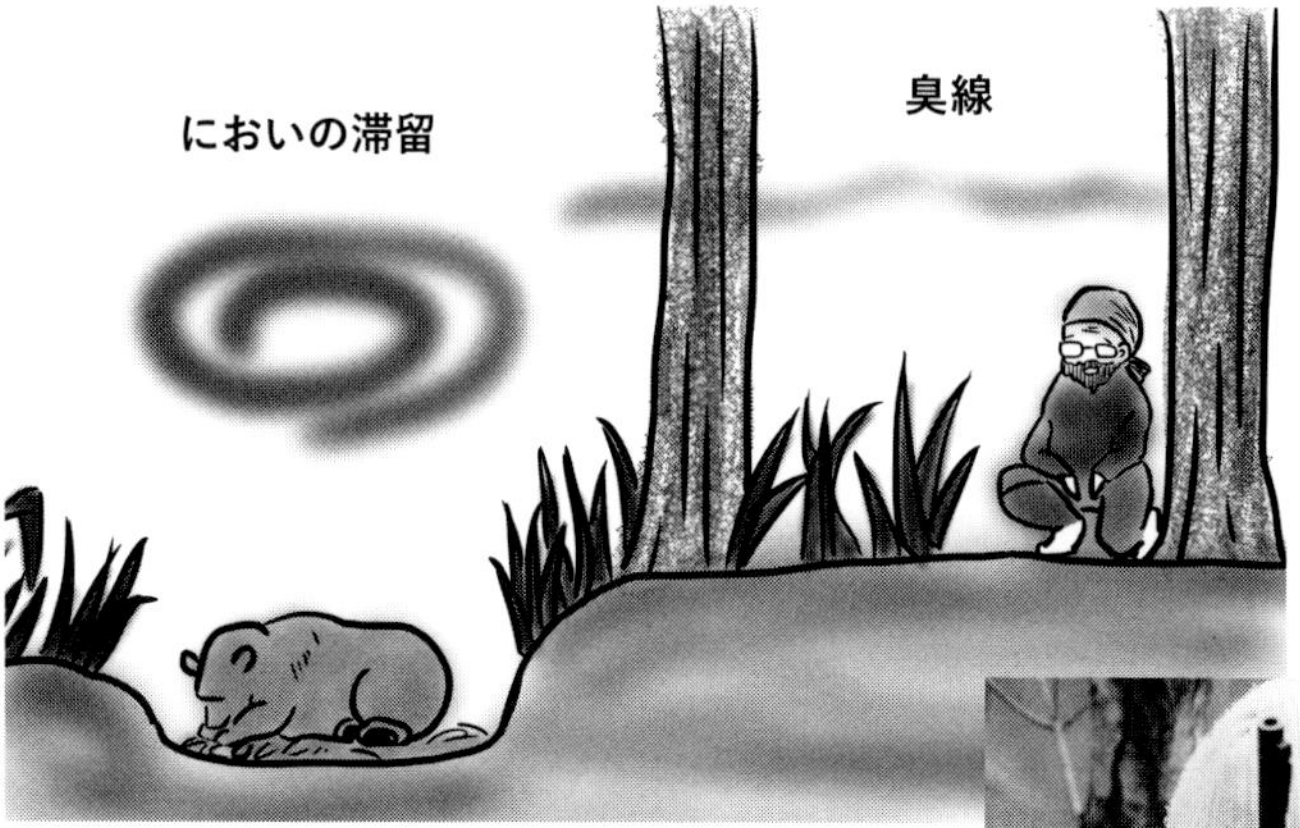

においは拾いにくく、臭線はごく狭いものだ

鼻だけではなく、口を開けて空気をまわしてみると、においをつかめることがある

であり、その場所だけにおいがするほんの一時的なものにすぎない。その臭線を頼りににおいだけで獲物が去った方向などを判断できない。

一時的な休み場所などの寝ていた窪みをかいでみるとわずかににおいが残っていたりするが、ヒグマはあえて、自分のにおいが周りに広がりにくい場所を選び、休む場所としているのだろうと想像する。そのほうが、自分の存在が周囲に知られることなく、安心して眠ることができるからだ。そしてそのような場所はクマにとっては風が当たらず、過ごしやすいのだろうと想像する。うまくいけば、においの残り具合でヒグマがその場所にいたおおよその時間や、その頻度については知ることができるだろう。

においは、地形的な要素や空気の滞留具合に左右されるため、その先の行動や行き先については、足跡などのほかの痕跡と併せて推察していく。

逆に、自分のにおいはクマに感知されてしまうのだろうか。ヒグマは確かに人間よりもにおいに敏感であろうが、距離が離れていると、地形などにもよるだろうが、クマでもすべてのにおいを拾えるわけではないだろう。

クマとの距離が最後に詰める15mほどになったときは、風上・風下には注意したい。風の流れによって、異質なにおいを拾われる可能性はあるだろう。シャンプーや歯磨き粉など山のなかでは不自然なにおいとなるものの使用は、猟に行く際には避けるべきだろう。

近くなら聞こえる

ヒグマが逃げる場合は、バッサバッサと音を立てて藪をかき分け逃げていく。しかし、通常は、パチッとかすかに枝が折れる程度の音しか出さないものだ。寝ている場所から起き上がる場合も、パキッと木が折れる音やササが擦れる音が必ず出るが、その音はとても小さな音であるので、集中していないと聞き逃してしまうほどかすかである。

ヒグマの痕跡を発見した場所の周囲の音はいつもどおりであるかを確認したい。つまり、鳥のさえずりがいままでしていたのに、不自然な静寂に包まれていないだろうか？

クマの気配をほかの動物の挙動で感じるということも大切なことだ。

森のなかにいて、直接見ていなくても、聞いた音が何の音であるかがわかるようになることが理想的である。ヒグマの場合、歩き方が非常に繊細でなかなか痕跡を見つけることが難しい。そのようななか、例えばヒグマがジワッと体重をかけて枝を踏んだときに発する、パキィッと枝が折れる音を聞き逃さないようにしたい。

音は気配と非常に密接である。人間も動物である以上、研ぎ澄まされる感覚は、部分的には多いはずである。大きく違うのは人間が「目の動物」であるということだろう。山に入ったら、まずは耳で音、すなわち気配を感じる。その気配について、次に目で確認をする。それらを総合的に見てあそこに何か「違和感」があると思う感覚が重要である。その違和感を、木に止まっているオジロワシやカラスなどの鳥やそのほかの小動物の状態で判断していくのだ。

もし、いままで盛んに鳥のさえずりがあちらこちらから聞こえていたのにもかかわらず、急にシーンと静まり返り、周囲が息を殺しているような気配がある場合、その近くにヒグマがいる可能性が高い。周囲の音を聴くことは、気配をとらえることでもある。気配とは、自分の周囲の変化を敏感に察知することであり、その手掛かりは目よりも音であるし、耳と肌で感じるものである。

周囲の音からの情報は非常に豊富であることから、聞き漏らすことのないように、自分の服装などから余計な衣擦れの音が出ることのないように、パッキング、服装までも気を配らなければならない。

近年はシカが増えてきたので、昔ほどは藪を歩く際に出る音に神経を使わなくてもよくなった。しかし、シカなどの動物をまねて歩かなければヒグマに近づくことは難しい。いつもと違うという違和感はすぐにヒグマに察知されてしまい、逃げられてしまうか、隠れられてしまうからだ。

藪を歩くときはなるべくシカの歩調や間合いをまねて歩くこと。それができれば多少いつもと違っても相手はすぐに逃げずに、「なんだろう？」とその場にとどまる。さらに、その音に対して「大丈夫」と思わせるだけの時間を相手に与えてやることが距離を縮める際のポイントとなる。

説明が難しい「気配」とは？

まず自分が、風上にいるのか風下にいるのかを注意すること。音は風に乗ると意外と遠くまで届いてしまうので注意が必要である。

山のなかでは、獲物の音を直接聞こうとするのではなく、その周囲の音に意識を向ける感覚がよいだろう。木や葉の擦れる音、ササの擦れる音、川の流れる音、石が転がる音、鳥のさえずる声など、自分を囲む環境の音すべてに自然と意識を向けることが常にできていれば、そのなかの些細な変化に気がつくことができるのである。

その些細な変化が、獲物の「気配」というものであるので、「気配」を察知するには、先ほどまでの「常態」との違いがわからなければならない。

とかく、山中では身の回りのすべての情報を耳と肌で聴くことが大切なので、その感覚を身につけられるようにするには、周囲の状況をしっかりと把握できるように、余計な「音」を山中に持ち込まないようにすることが大切である。

よく、タケノコを採っているとクマに襲われる、という話が北海道でもあるが、これはクマも人間も藪のなかをタケノコを採って歩く際に出るガサガサというササが擦れる音に慣れてしまい、異音として意識しないことが原因であるだろうと思う。人間のほうは、仲間でタケノコ採りに行ったときには、お互いに少し距離が離れてしまっていても、声をかければ危険はない、と安易に考えてしまいがちであるが、声をかけても返事が返ってこなかった場合はどのように考えるだろうか。ササをガサガサする音で聞こえなかったのか、タケノコ採りに夢中になっていて気がつかなかったのだろうと、確認もしていないことを早合点して近づくと、なんとヒグマに遭遇してしまった、というのはよくある話だろうと思う。

人間のほうも、仲間がそばにいる、という思い込みや気のゆるみがあるし、ヒグマのほうも、人が入ってガサガサやっているのが常態化しているので、ラジオや鈴など多少の異音があっても、自分の間合いにさえ入らなければ平然としているのであろう。人間もクマも、お互いにタケノコというものに執着し、集中して探し歩いているので、周囲の異変に気がつくのが遅くなってしまい、注意がおろそかになってしまっているのだ。

返事がないな、と思ったときに、なぜ返事がないのかを考えなくてはいけない。声をかけてピタッと動きがやんでいるようなのに、全く返事がない場合、クマは「なんだろう」と藪の隙間からこちらをじぃっと観察しているのかもしれないからだ。もしかしたら、入ってくるな、と警告の声を発しているのかもしれない。その些細な変化に気がつかなければならない。

いつもと「違うな」という感覚をもてるかどうかが、気配を感じるということにおいては大切なことであろう。

気象条件を読めるように自然に同調する

私の経験上ではあるが、ガスがかかっている天気の日は、山のなかでは風の方向を読み、いつごろ晴れるかという可能性を探りながら待つほうがよいだろう。雨や、特に風が強い日は特に人間は音を察知しにくくなってしまうので、山のなかでの行動は不向きである。

動物はどのように天気の変化を察知しているのであろうか。急な天候の変化であっても野生動物はあらかじめそれを察知して、安全な場所へといつの間にか避難している。

動物は人間が頼りにしている天気予報よりもはるかに優れた精度で長期・短期の天気を予測し感じ取るようだ。

天候が数日崩れるだろうと判断すれば、餌をたくさん食べ、安全な場所へと休息場所を替え、いつもとは行動を変えてしまう。人間には昨日と同じ条件のように感じる天気であっても、動物たちはわずかな変化を察知して自らの行動を微妙に変えてしまうので、同じ時刻・同じ場所で巡り合えるという期待感は同じでも保証は全くない。

それでも獲物の動きを知ろうと思うのであれば、人間も天気・気温・時間帯などの感覚を動物に近づける努力をしなければならない。そのためには、自然のなかに自分を同調させ、天候の変化を肌で感じるしかないのだと思う。うまく同調できたとき、獲物との出合いは偶然ではなく必然の出合いとなるのだ。

11月下旬の道東の山。雪雲が急激に発生して、降雪しているのが写真からもよくわかる

ヒグマ・トラッキング術❽ 追うべき対象、追うべきではない対象

一度、ヒグマを追い始めると、そのクマのことが心からなかなか離れない。あるときふと「今日はあのあたりの沢を歩いているのではないか」という、ひらめきのような予感が心にふわりと浮かぶことがある。そういう第六感でその沢に出向いてみると、ぴったりと追っているヒグマと出合えることがよくある。ぴったりとそのクマの行動と気分にまるでシンクロしているかのようなとき、それは出合うべくして出合った獲物と思えるのだ。

ひらめきのような予感で行ってみると、思い描いたとおりの場所と時間にヒグマと出合えるときがある

　追っている途中で、追う対象とは別の真新しい足跡と交差することもある。一見すると、先に追っているヒグマをあきらめて、新しい足跡に乗り換えたほうが時間的・物理的な距離としても相手との間合いが近いように感じるかもしれない。しかし、ここで乗り換えたりすることはかえって獲物との距離を遠ざけてしまうことが多いものだ。跡が新しいからといっても、そのクマに関する情報や観察は先に追っているクマよりも少なく、残り少ない短い猟期の時間だけではどうしても気分がくみ取りきれないことが多いのだ。乗り換えて追い始めてみたところ、そのクマは一日に移動する距離がぐっと広く、実は先に追跡していたクマと比較して結果的に間合いが遠いことも十分にありうる。

　対象との間合いは、すぐに測れるものではなく、そのときの相手の気分のようなものが行動に反映されていることからも、個体ごとに異なるものだろう。これは獲物の個性といえる。その個性を見極めながら一頭を追跡しきることができれば猟として成立する。

　十分に日数をかけて猟期前からの観察を重ねながら追っていたにもかかわらず、ふっと自分の心からそのクマが消え去ってしまうときがある。たとえ自分の思っていたとおりの場所で、追っていたクマの新しい痕跡を見つけたとしても、なんとなく心にそのクマのことが以前と同じようには描けない瞬間があるのだ。ふっと突然どこか遠くへ相手が行ってしまったような感覚となることがある。そういうときは、もうそのクマを追うのをあきらめることにする。おおよそのようなときは、相手との間合いが急に自分の遠く及ばない所に去ってしまっている場合が多いからだ。心が通わなくなった時点で、それでその年の猟はあっさりと終わらせてしまう。

　獲ることよりも、相手の行動をみながら「ははぁ、なるほど」といろいろ考えながら山を歩き、相手との間合いを詰めていく過程に猟の楽しみのほとんどを占める私のやり方は、獲物を獲ろうということだけに執着がないのだ。あとは、自分自身の反省として心から消え去ってしまったその理由を考える。

目つきやしぐさから読む

トラッキングをするなかで、危険な個体はいるのだろうか？

多くのヒグマは、追跡する際に危険のないクマであろう。ただし、年齢が若い個体をトラッキングする際は少し注意が必要だ。というのは、若いヒグマは年老いて経験を経ているクマよりも圧倒的に「遊び」が多く、そのうえ好奇心が旺盛であるからだ。

若い動物は行動に一貫性がなく、痕跡から行動を判断することが難しいものだ。思い付きであちらこちらと動きまわるので、追跡する際には注意が必要である。

ところで近年、北海道に限らず地方都市部でクマが人里近くに出没する事例が報道されている。このような人里に現れるクマは、はたして全部危険であり必ず人に危害を加える危険な対象なのだろうか？

実際は、おそらくそうではないだろう。テレビの画面越しにクマのしぐさや目つきを観察すると、たいていのヒグマはすぐさま排除するべき危険な対象とはならないと私は考えている。その判断は、感覚的なことであるが、人が相手を判断するときと同様に、ヒグマに対しても自分が感じるしぐさや表情、目の動きなどから全体の雰囲気で判断している。

野生動物は突然何をするのかわからない、と多くの人は考えるだろうが、それは相手が人間であっても同じではないだろうか？

機嫌のよい日もあれば悪い日もあり、なんとなく気分のよい日、イライラし何かに八つ当たりしたい日もある。経験の少ない人間の子どもは、目的地に行く途中で、自分の興味の赴くままに道草を食うことが多いが、大人になるにつれ経験が豊富になると周囲への興味が薄らぎ、そういった行動は目立たなくなり、目的地までよどみなくたどり着くようになっていく。それは、人間も動物も変わりはないように思える。

人は、動物に対しては相手との物理的距離だけを判断材料として善悪を判断してしまう。動物との共生は心理的距離も含めて考えなければ、なかなか難しいと私自身は考えている。

人里に出てきたクマとの距離が適度に保たれている場合は、すぐに排除する対象ではないだろうが、他者の存在をうまく測れる年頃でない子どもがその地区に多くいる場合は、集団の登下校や地域の見守り、登下校の時間帯をずらすなど、地域ぐるみの対策が必要となるだろう。まずは人間が相手との間合いを保つ努力をしなければいけない。

初めから人に危害を与えるリスクが高いヒグマは、襲う前に我々に対してなんらかの危険を感じさせるサインを出している。初めは、家畜や犬などのペットを執拗に襲うなどの被害が起こるだろう。行動が大胆で、土饅頭をつくっていたりする場合である。その場合は、そのサインを見落とすことなく的確に駆除を行う必要があるだろう。

感覚的ではあるが、言葉を交わさずとも目つきやしぐさ、全体の雰囲気からわかることもある

危ない場所

慎重に行動すべき場所

❶ヒグマが余裕で歩ける崖

ヒグマにとってはなんてことのない崖でも、人間にとっては通ることが不可能な場合がある。そのような場所では、無理をせずに迂回するぐらいの余裕をもって挑むほうがよい。

途中まで登ったのはよかったが、行くも戻るも不可能な場所まで来てしまうと、単独猟では命取りとなる。

❷少し深いササ藪

人間にとって見通しが利く場所というのはなんとなく安全だと思いがちである。

しかし、ヒグマ猟師の仲間の話を聞いていても、猟の最中に最も危ない場面に遭遇したことがある場所は、ササ藪である。しかも、背丈が高く見通しが利きにくいササ藪ではなく、比較的背丈が低く、腰ほどの背丈のササ藪であることが多い。

安全にササ藪を通りたいときは、一定のペースで進み、たまに立ち止まり周囲の様子をうかがうようにする。

猟以外でも、先がカーブになっていて見通しが利かない山道を歩かねばならないときは、いったん手前で立ち止まり、少し大きく咳払いなどをしてみる。相手がその音を聴き、逃げるのに十分な時間を与え、周囲の気配に耳を傾けて問題がなければ再び進むことにする。

藪のなかでじっと待っているクマに襲われると、銃を持っていても発射が間に合わない場合がほとんどである。十分に注意したい。

肩から上の見通しは利くが、それより下は見えない。しかし、ササ藪を進まないとヒグマに会えない

❸ちょっとした倒木

ササ藪と同様に倒木の陰などもヒグマが隠れるには好都合だ。

こんな低い倒木の陰にいるわけがない、とは思わないこと。ヒグマは非常に体がしなやかで柔らかい。ネコのようなしなやかさで上手に隠れる。体をピタリと地面につけて危険をやり過ごそうとする。間合いにうっかり入ってしまった場合、警戒音で知らせてくれればよいが、あまりにも急速に間合いを詰めてしまうと、反撃に遭ってしまうこともあるのだ。見通しが利くので大丈夫と、視覚ばかりに頼らないことだ。

そのほかの鳥の声などの情報から周囲の気配を感じて、安全を判断しなければならないだろう。

❹ちょっとした倒木にキノコが生えている

倒木の周囲が藪になっており、さらにキノコが生えている場合も注意が必要だ。

キノコやキノコに入っている虫を狙ってヒグマがそばに来ているかもしれないからだ。キノコ採りの場合に、「あ、キノコだ！」といって不用意に近づくと、倒木の陰に隠れているヒグマに攻撃されてしまうこともありえる。

その場合、ヒグマが潜んでいたとしても、ヒグマが逃げられるような間合いを取って近づくようにするべきだ。

ヒグマも人間も何か一点に心が奪われてしまい、周囲への警戒を怠ってしまうことがあることをよく自覚しておかないと、大きな事故になりかねない。

20㎝の高さに隠れられる

倒木の陰や藪のなかはヒグマが隠れやすいので、特に注意しなければならない。光と影が濃いような、ちょっとした木の根元なども気をつけるべき場所だ。そういった場所は、こちらからは相手が見えにくく、相手からこちらは見えやすい

❶思いがけずに遭遇したとき

ヒグマとの距離を縮めるべきときではないときに一気に縮めてしまうことは、猟としてはよくない。

間合いがうまく取れていない追跡の場合、たいていヒグマが先にこちらに気がついてさっさと逃げてしまうだろう。しかし、相手も動物である以上、ホッと気の抜けているときもあると思う。

そういったときに、近距離で意図せず突然出合ってしまうと、相手も心底驚くだろう。そこは動物であるので、その驚きが昂奮となり反撃してくる場合もある。自分に起こる感情や気のゆるみは動物であっても同じだと考えて、山のなかでは常に周囲に気を配り歩かないといけない。

❷なんらかの理由で気が立っているクマ

違う場所で以前に人間から嫌な仕打ちを受けたヒグマなどは、人間のにおいを感知しただけで気が立っている状態にあるだろう。

嫌なことがあったのならば、逃げるのではないか？と思うかもしれないが、ヒグマも年齢を重ね経験を積むことによって自信のようなものがつく。そのようなヒグマは「今度は俺が勝つ」と逆に挑んでくる場合も考えられる。

近年はあちらこちらで研究者が箱罠を仕掛けて、発信機を取り付けている。しっかりと研究のために管理されていればよいが、残念ながら私の目から見るとたいていは動物だからとぞんざいな扱いをしているように見受けられる。

そのようなヒグマとばったりと出くわしてしまった場合は災難としかいいようがない。

繁殖期でオスが昂奮し気が立っている場合もあるだろう。山のなかではめったにそのような場面には遭遇しないかもしれないが、もし出くわしてしまった場合は、静かに相手を観察し、安全な間合いをこちらから取るしかない。

❸場所が危険

獲物に近づくにあたり、足元がしっかりとしていて、自分にとって安全な場所ばかりではないだろう。

前日までの追跡がうまくいっているときは、急な斜面でヒグマに追いつくような場合も十分にありえるのだ。しかし、そこでちょっと考えねばならない。

その足場で理想的な射撃体勢を確保できるだろうか？万が一、撃てたとしても獲物をしっかりと回収できるだろうか？

斜面で獲物よりも自分が下にいる場合は、撃ったあとに自分のほうへ転がり落ちてくる場合も十分にある。また、バイタルに当たっていたとしても、痛みと昂奮で最後の力を振り絞り突進してくるようなこともあるのだ。

そうなると、斜面ではこちらは圧倒的に身体能力では動物に劣るので、巻き添えを食ってしまうことになる。

どんなにヒグマとの距離が近くても、安全が確保できないような場所では撃ってはいけないものだ。

❹見通しが利かない

ヒグマが潜んでいそうな藪のなかでクマザサのような茎

が細長いものがびっしり生えている場合は、自分が藪のなかにしゃがみこんで見たところで、ササが密集しすぎているので周囲が見通しにくい。

　ネマガリのような大きいササの場合は、上からの見通しは利かないのだが、藪のなかにしゃがんでしまえばササ同士の間隔があいているので、見通しが意外と利く。

　繰り返しになってしまうが、ヒグマは非常に隠れるのが上手な動物である。もしかすると、こちらから見えないだけで、藪のなかからじぃっとこちらをうかがって様子を見ているかもしれない。いつもと異なる気配を感じたときは、目線の高さを変えてみることも時には必要である。

❺雪が多く降りすぎた日

　突然、雪がドカッと降ったときも、追跡時には注意が必要だ。

　平地ではくるぶしほどの高さしか積もっていなかった雪も、ヒグマを追跡するような山の奥に行くと、膝よりも深く積もっている場所も多々あるからだ。ヒグマにとってはちょんちょんと軽くステップを踏みながら歩けるような深さの場所でも、人間の場合は山のなかのことでもあるし、ラッセルしながら進むことになるので、とても苦労することになる。

　ササ藪の上に中途半端に積もっている雪は歩く際にどんなに注意しても引っかかって歩きにくく、歩みは全く捗らない。そんなときは、簡易のかんじきを急ごしらえして、山のなかを歩くこともできる。平地ならそれほど気にならないが、斜面の上り下りでは、かんじきがあると心強い。いざというときのために、ぜひ覚えておいてほしい。

簡易かんじきをつくる

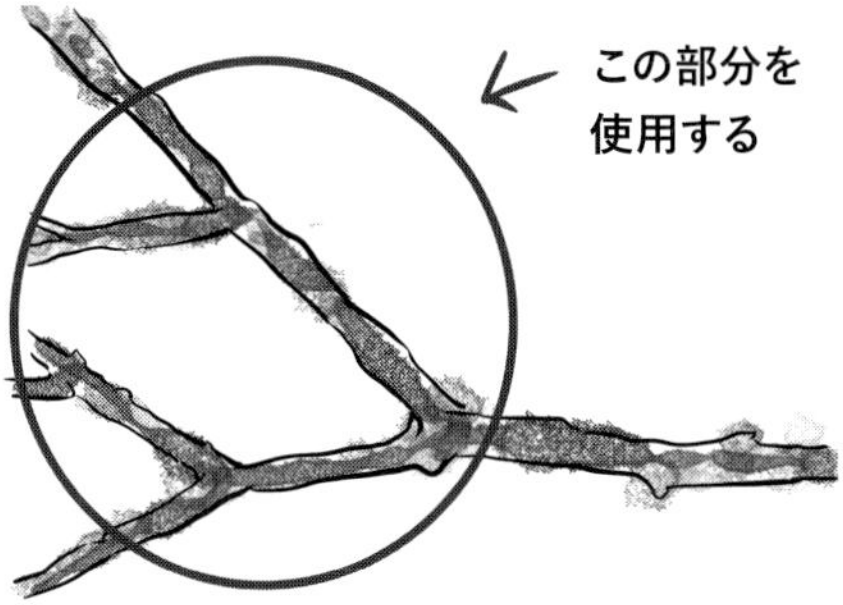

かんじきの形をイメージして木を切り出す。なるべく二又のしなりやすく丈夫な生木を調達する

切った木の枝を徐々にかんじきの形に曲げていき、紐で固定する。足を固定する紐もつけておく。輪の部分の大きさを調整すれば、雪質に合わせたかんじきにすることができる

忍び猟の歩き方の基本的な考え方

ストーキングをマスターする

忍び猟の歩き方の基本的な考え方は、いかに自分の存在を自然の一部に近づけることができるか、そして自分の身から余計な音が出ないように気をつけるか、である。野生動物は非常に敏感に気配を察知する。

靴にスパイクがついていれば、スパイクと地面が接地したときの音で気配を悟られてしまうし、自分も周囲の音を聞き逃してしまう可能性がある。そのため、音が出るような装備を身につけないのが基本的な考え方だ。歩き方についても、ドタバタと歩いたり、落ちている枝やササなどをすり足で蹴散らして大きな音を出したりするのはよくない。動物が目よりも音で危険を察知するのであれば、相手にとってどのような音が「異質」ととらえられてしまうのかを考えることが重要だ。

ストーキングを行う際には自分の歩くペースを一定に保ち、常に相手との間合いに気を配ること。そのためには、ペースを急に早めたり遅くしたりということは避けるべきである。クマを追っていると木に止まっているオジロワシやカラスがいたりすることがあるが、跡をつけている最中も、ただ「クマクマクマ」と考えすぎて獲物の足跡だけをつけていくやり方はよくない。そうなると、獲物との間合いの取り方や歩調が合わなくなり、結果、殺気として表れてしまい、獲物との距離を詰めることができなくなる。

爪痕（下写真）の近くにあったヒグマの通り道を進み、ヒグマの痕跡をたどりながら河原に出た。ヒグマの足跡がつきにくい場所では、自分の足跡の状態も判断する材料となる。なるべく、ヒグマの足の状態と同じ状態にしておきたい

獲物との間合いの取り方を常に意識しながら、周囲から色々な情報を仕入れ平常心を保ちつつ追跡することが重要である。そして、「安全、安全」ばかりでも、獲物を追うことができない。自分の安全を優先するあまり、獲物との距離を詰めることができなくなってしまうからだ。安全に気を配ることはもちろん大切であるが、必要十分な安全を確保するための行動なのか、自分の恐怖心からくる行動なのかをまずはしっかりと把握すること。獲りたいという気持ちや恐怖心を鎮め、静かに行動すると、動物は人の存在を感じないほど近くにいるものだ。

もし最終的に追跡や仕留めることに失敗したときは、すべて自分のミスであり、周囲の状況に対して自分の判断や発見が遅れているからだ。自分が持っている銃の威力を生かせないような追跡の仕方や判断ミスを犯すようであれば、「負けて」当然である。猟を始めたてのときは失敗がほとんどと考えて、自分なりにヒグマの行動をよく研究をして、追跡の経験を積むことが獲物を前にして引き金を引くことよりも猟のなかでは大切である。

地下足袋なら地面の感触を感じることができる。ヒグマのわずかな痕跡にも気がつく。常日頃から足の裏全体でジワッと地面を踏む感覚が大切だ。地面の状態を把握するとともに、鋭いものが地面から出ていたとしても踏み抜く前に気がつくことができるのだ。そのような歩き方を常に心がけるべきである。スパイク付きの靴は山を傷めやすいので私は使用しない

足裏全体で、ジワッと静かに接地させる

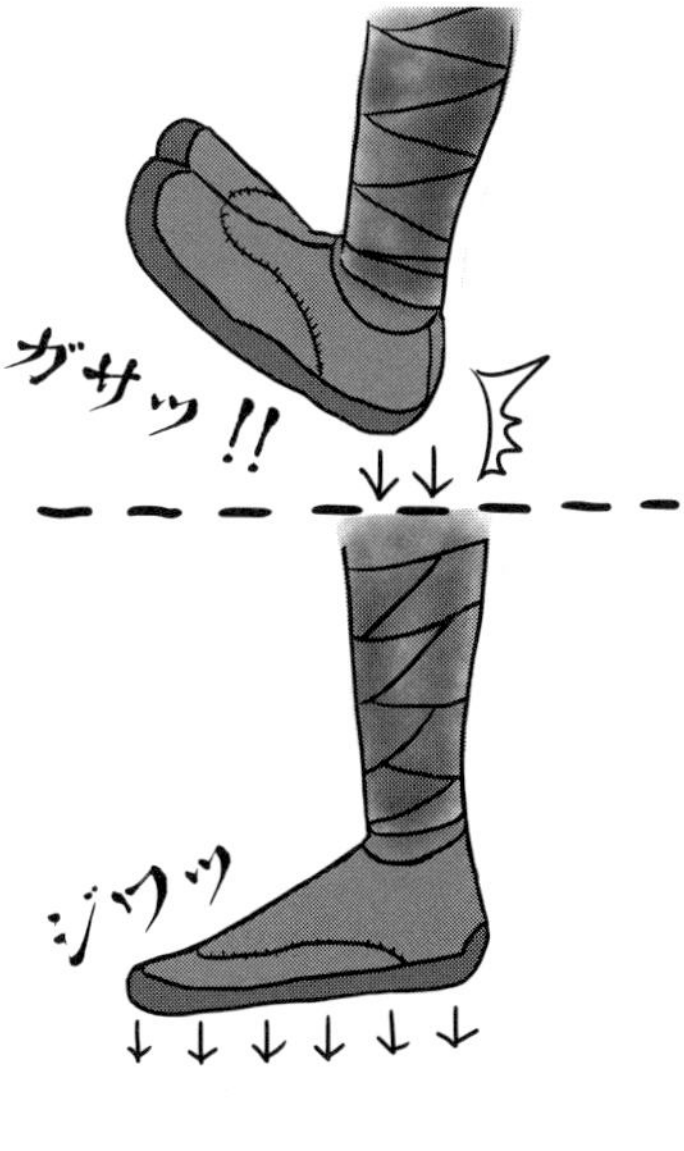

五感をフル活用する

極力目で見ることを控える

周囲の音をしっかりと聴くことが重要だ。人間は目で見える情報から判断を下すことが多く、そちらに注力しすぎてしまうため、周囲のちょっとした変化をとらえることが難しくなってしまう。それゆえに、すべてを目で見た情報で判断するのではなく、耳で聴こえてくる情報にも注意を向ける必要が山のなかではある。木の折れるかすかな音や、葉同士が擦れる音、藪をこぐ音など、それらひとつひとつの音が気配として感じることができるようになれば、目に頼らずとも動物の近づいてくる気配を察知することができるようになる。

忍び猟や待ち伏せ猟の際に、撃ち場所を決めて待つ場合には、目で見て動物をとらえようとすると、体が動いてしまったり、目を大きくきょろきょろと動かしてしまったりすることになる。そのような行動は、自分の気配を相手に知らせてしまうことになるため、極力目で見ようとすることを控えることだ。撃ち場に入っている場合は、ここで撃つと決めている以上、じっと目をつぶって獲物が撃ち場所に入ってくるのを待つだけでよい。その間に、風の音や、林のなかの音のなかに、獲物がやってくる音――つまり気配が必ずあるはずだ。目を閉じ、自分の神経を耳に集中していると、風に乗ってやってくるにおいにも自然と敏感になるはずだ。

そのほかにも、雪や雨といった天候の変化についても、風や空気のなかにかすかに混じるにおいで感じるようになるはずだ。この場合、肌で空気中の水分量や乾き具合なども無意識のなかに情報として加えて判断しているはずで、目で見る情報よりも目を閉じたときに感じる情報量のほうが圧倒的に多いことが理解できるだろう。日頃から山に入った際には、すべての感覚で物事や情報をとらえて判断していくことをまずは身につけていただきたいのだ。

常に周辺の音や気配に気を配り、異変にすぐに気がつけるようにする

ほかの動物の挙動でクマの存在を知る

同じルートで来た道を戻る場合も、帰りだから何もないということはない。行きの人間の気配を感じたことにより、違う場所にいた好奇心の強いクマが見にくることもあ

自分以外の他者に関する好奇心は、動物にもある。ヒグマでも、何か気になるものがあるときに目を向けたり、耳を傾けたり、鼻でにおいをかいだりする

るからだ。「なんだろう」という好奇心はどのような動物にもあり、個体差があるにせよ確認しようと見にくる。

例えば、草地でキツネが一定のペースで歩いていると、ネズミを探すために立ち止まり、耳を傾けて居場所を探るしぐさをする。耳を傾けて両耳で聴くことで獲物までの距離を正確につかむことができ、居場所の特定がしやすくなるのだ。ほかの動物の動きから学ぶべきところも多い。

鳥類の存在にも注意する。普段いない場所になぜたくさんのカラスやトビが集まっているのか、そこにはシカの死骸があるのか？　そのシカは、クマが獲ったものなのか、手負いのシカがいるのか、弱っているシカなのか？

それらを確認しなければならない。藪に入っていって、最終的にクマが潜んでいる場所を確定する際にカケスのような小さな鳥の動きに注目することも大切である。クマが潜んでいる場所にいる鳥は、いつもとは違う挙動があると私は考えている。

獲物までまだ距離があるときに見るほかの動物の動きと、獲物が近くなってからのほかの動物の動きとでは、注目するべき動物の種類も少し異なってくる。いつも周囲にいるそのほかの動物たちが「何に興味をもち」「どうしてそれに興味を示すのか」、その因果関係をつぶさに観察し、推測しなければいけない。

ほかの動物についても、注目し、その行動や習性についても覚えていく必要があるだろう。

急に詰めない

クマとの間合いがある程度近くなってきたと感じたときは、足跡と天候をよく観察し、どのあたりでクマが休みそうかということを判断しなければいけないだろう。

クマがその近くのどこかで休みたがっている場合、地面につけられた足跡が乱れてくることで判断できる。相手が休んでいるときは距離を縮められるチャンスであるが、急に距離を縮めないように注意しなければならない。

うまく近づくことができれば、逃げ出す機会を逸したヒグマがただ近づいてくる自分をじっと見つめている場合がある。このような近づき方ができれば忍び猟としては正解といえるだろう。

30mよりも遠い場合

相手が行動しているときは、こちらは静かに様子をうかがう。そして、相手が止まったり休んだりしているときにゆっくりと距離を縮めることを根気よく続ければよい。そして、自分に気がついているのか、いないのかをその様子から判断していかなければならない。

例えばクマがまだこちらに気がついておらず、地面をいじっていたとする。このとき、クマは何に興味をしめしていてこちらに気がついていないのか？　体の動きをしばらく観察していて、こちらに気がついているようであれば、それ以上近づけない距離ということになってしまう。理想的な射撃体勢がとれるのであれば、相手との距離にもよるだろうが、その場所から撃つということも考えなければいけないだろう。

30mよりも近づく場合

藪のなかで相手がブドウやコクワなどの餌に集中し、ガサガサと音を出しながらツルを引っ張っているときに合わせ、自分も少しずつ移動する。相手が、ガサガサと音を出すのをやめたら、自分も動くのをやめる。これを慎重に繰り返し、少しずつ距離を縮めていく。

クマの様子から目を離さずに、こちらに耳を向けて警戒しはじめたときは、じっとこちらは止まってやり、相手に「なんだ、大丈夫だ」と思わせるのだ。大丈夫だと納得するとまた餌に集中しはじめる。

射程距離（5〜10m）

自分の決めた撃ち場所に入ってくるまで、静かに目を閉じてクマが餌を食べたり木を倒したりなどの行動をしているときはひたすら待つのだ。撃ち場所に入ってきたヒグマと、藪越しに目が合うはずだ。ヒグマもおや？と少し考える。

ゆっくりと弾を入れながら銃を構えボルトのカチッという音に反応し、耳がピクピクと動く。それから鼻をヒクヒクと動かし、においかぎを取ろうとする。寝床で休んでいた場合は半身を起こしてこちらを見るし、ドングリなどを採ろうとしている場合は藪から立ち上がる。撃つ場面は異なるが、正面からの場合は鼻の下あたり（首）を撃つ。

穴に入ったクマの場合

時間的間合いをつくる

猟師仲間から聞いたエピソードを紹介したい。

初雪が降ったあとに雪が積もっていたある日、ヒグマが冬ごもりのために穴に入っていったところを狙おうとしたことがあったそうだ。ヒグマ猟の場合、冬ごもりの穴に自ら入り、銃先をヒグマの眉間や急所につけて撃ち仕留めるという方法がある。もちろん反撃される場合もあるだろうが、このときに大切なのも「間合い」である。

穴に入って2〜3日たったころ、気温も上がることもなく、このまま冬ごもりに入ると考えてヒグマの穴に近づいた。すると予想に反し、ゆっくりと休んでいるはずのヒグマが穴に近づく前に急に穴から飛び出し、逃げてしまったのだ。周囲はまだ根雪ではないが山の積雪はほどほどに深く、人間の足ではそれ以上の追跡ができなかったため、結局そのクマを逃がしてしまったそうだ。

倒木の根元にできた大きな穴。冬ごもりで使われることはないだろうが、一時的に入って休むことはあるだろう。猟期中は、このような場所には注意深く近づき、痕跡の有無などを観察するようにしたい

穴に入って落ち着いたはずのクマが逃げ出すのはなぜかというと、単純に「間合いを急に詰めすぎた」からだろう。つまり、ヒグマが穴に入ったあと、その穴に腰を落ち着け本格的にクマが「ここは安全だ」と納得し安心するだけの時間を与えてやらないといけなかったのだ。おそらくさらに1〜2日待てば、ちょうどクマが安心する「間合い」を与えることができ、穴に入ってヒグマを仕留めることができただろう。

穴に入ると反撃される危険性があると書いたが、もし反撃されたとすれば、やはり「間合い」が適切でないため反撃されるということ。こちらが「もういい頃合いだろう」と考えても、ヒグマにとってはまだ安心して休むには不十分なのだ。

相手との間合いをよく考えながら、急に距離を詰めることなく慎重に時間をかけて、あくまでも相手が納得し安心するのに必要な時間を与えてやることが重要である。

人の足ではまともにやっても追いつけない

ヒグマが半日で行ける距離でも、人間では2〜3日間かかってしまうこともある。通る道は平坦な所だけではなく、ササが密生していたり、急峻な崖だったり、深い雪だったりする。しかし、その追いつけない微妙な間が、実はヒグマを安心させるのに絶妙な間になることもあるのだ

まともに追わずに迂回して追うことも考える

どうしても人間では追跡しきれない場所がある。例えば、つかまる木やササが生えていない急な崖などがそうである。

興味本位から、行ける所まで行ってみようとヒグマの通った足跡をそのままたどり崖にへばりついてみたことがある。この好奇心を途中でどんなに後悔しても時すでに遅く、途中で引き返すのも、進むのも危険なほど行き詰まってしまった。ヒグマを仕留めるために跡を追っているのだから当然、猟銃も担いでいる。運よく、崖先でヒグマに追いつくことができたとしても、まともに銃を構えることができない場所であった。

このような危険な場所では深追いせずに、ヒグマの通るルートを予測し、自分が安全に、そして確実に沢や崖を渡ることができる地点まで戻る必要がある。雪が降りササの葉の上にのっていた雪が地面に落ちることで、藪下の足跡が途切れ、これ以上は追えないと判断した場合は、藪を大きく迂回して、藪が途切れた場所から追跡を再開する。

追跡の後半はほとんどが迂回するために戻り、少し進んではまた戻りといった具合になるので、相手との距離がなかなか縮まらずに、焦ってしまうかもしれない。クマには目的地まで半日の道のりでも、人間の足では2〜3日は遅れてしまう。だが、この遅れが実はちょうどよいクマとの間合いとなったりする。

間合いを悟る感覚

私が単独猟を行っているときに、最も気を配っていることは、獲物との間合いである。

この間合いが適切に保てるように常にペースを一定に保ち行動する。相手の間合いを無視して一気に距離を詰めてしまうことは、単独猟においては避けなければならない。

相手との距離が少しずつ近づくにつれ、相手の動きには特に気をつける。自分の存在が少しでも気取られてしまえばいままでの追跡は徒労に終わってしまう。クマは休みたくてここ数日は同じ場所を歩いているかもしれないし、何かに興味をもち、道草を食っているのかもしれない。相手もいつも同じペースで移動しているとは限らないので、いままで以上に足跡を判断する際に慎重さが求められる。

相手との距離が急に縮まったように感じた場合、どうすればよいのだろうか？

そのときこそは間合いを保つために、休息を活用するのがよい。登山のように定期的な休息でなくてよく、あくまで獲物との間合いの調整のために休息を利用するという考え方である。必ず入れなくてもよいので、第一は常に一定のペースで追うことが重要。そのうえで、獲物との距離感で休息をとるのかを決める。

あとから猟を思い返してみると、たいして疲れてもいないはずなのに、なぜここで休息を選んだのかがわからない場合がある。それは、いわゆる私の第六感が「獲物との間合いが近すぎる」と判断し、自然に休息を要求するようだ。人には伝わりにくい感覚であるが、山に入ったときは自分の本能のような感覚を大切にするのがよいのだ。

秋のヒグマの痕跡を追って、小さな沢の近くで休んだ。このときの焚き火は、お茶を沸かしたり行動食（牛乳豆腐）を炙れる程度の小さな規模にした

なぜ至近距離まで接近しなければならないのか？

引き金を引く前に安全や回収のことを考える

単独で山奥まで入っているため、確実に獲物を仕留めなければならない。そうしなければ、逆に獲物に反撃されることもあるだろう。そのため、できるだけ獲物に近づき、確実に仕留めるということが私の猟では何よりも重要になってくる。

しかし、どんなに近くから撃てたとしても、獲物を回収できない場所では撃たない。例えば、沢などの斜面を登っているヒグマを撃ったとして、力尽きたクマは沢に向けてゴロゴロと転がっていくだろう。その沢の下には深い渓流が流れていたとしたら、流れに乗って流れていく獲物を回収するのはとても難しい。

どの距離からどこを狙う？急所を確実に射抜く重要性

ヒグマの場合は、胸の上の首を撃ち抜くことが理想的である。横向きのときはいわゆる「あばら3枚」を狙う。私の場合はどの獲物も真正面から撃つことが多いため、アゴの少し下あたりに狙いを定めることが多い（P.190～詳述）。

確実に一撃で仕留められる距離は5～10mの距離であると私は考えている。20～30mの距離であっても撃つことはできるのだが、そこからさらに相手に近づいて撃ったほうが初弾で仕留めること、銃の威力などを考えてみても確実であろうと考えている。このとき、相手にどのタイミングで自分の存在を知らせるかもとても大切なことである。ヒグマがこちらに気がつき、「なんだろう」とこちらを確かめるために藪から立ち上がる場合は、比較的急所を狙いやすいからだ。いうまでもなく、理想的な射撃体勢となるように、ヒグマの体が自分の射撃体勢に対して常に真正面となるように、慎重に獲物に近づかなければならない。

私の場合は最後の最後、銃のボルトで弾を送り、カチッという音が相手に届いたときが、相手に自分の存在を知らせるタイミングとなる。相手までの距離が5～10mともなると、耳や鼻の動きまで4倍とやや控えめな倍率である私のスコープであっても、見えすぎるくらいよく見える。この距離まで近づくことができていれば、あとは相手が理想的な射撃体勢となってさえいれば、獲物の体の下側が藪の下側に隠れていたり、多少スコープに藪がかかっていたりしてもまず問題なく仕留めることができる。

獲物を真正面から狙うのであれば、鼻の少し下あたり、木に登っているときは、胸を撃つ。胸を撃ったあとは、ヒグマは木からずり落ちるように地面に下りて逃げようと数歩走ったあとで事切れ、倒れこむことが多い。

確実に斃せる理想的な射撃体勢となるまでじっくりとヒグマの様子を見ながら待つ。その待ちが単独猟における神髄だと考えている。初弾で斃せなかった場合、相手との距離が近い分、危険が常につきまとう。初弾でまず斃すことができないようなら自分の負けとなるだろう。

ヒグマが何に興味をもっていて、こちらに気がついていないのかをよく観察する

常にヒグマに対して、すぐに肩付けをして銃を構えることができるような体勢のまま、目線をクマの動きから離さないように、反時計まわりとなるように慎重に次の立ち木へと移動する

初弾で斃せないとどうなるか？

外した時点で自分の負けとなる

ヒグマの場合、私は撃つ距離が近いため幸いにもいままで外したことはない。相手との真剣勝負で初弾を外すということは、即自分の死を意味し、自分の負けだと考えているからだ。

ヒグマを初弾で斃せなかった場合は、自身に危険が及ぶだろう。単独猟の場合は、特にそのような状況にならないためにも、初弾で確実に斃すことを考え、そのためには相手に気がつかれないように、なるべく近づいて撃つ、ということに尽きると思う。

20〜30ｍであれば、あっという間に距離を詰められてしまう。遠くから撃っているので安全ということでもない。

クマ、カモ、そしてシカであっても、傷を負っている場合は、通常の休み場所となるような所ではまず休まないものだ。とりわけ手負いのヒグマを追うことは、危険なことである。藪のなかであれば、どこに潜んでいるのかわからないし、木の根元のめくれた部分など、こちらが思いもよらない場所に潜んでいることが多いからだ。これらの潜んでいそうな場所をひとつひとつ確認しながら進まないといけなくなるし、ほんの2〜3ｍの距離で襲われたら、銃を構えることも間に合わない。傷の痛みや昂奮で驚き、いったんはその場から逃げるだろうが、逃げる途中で隠れる場所を探し、いわゆる「止め足」というものを使いながらポンと藪のなかにでも逃げ込んでしまう。怖いものから逃げ隠れ、ゆっくりと傷を癒やすためというよりはむしろ、明らかに自分にとっての危険を排除しようと追跡者を襲おうと決めて隠れ待ち構えているようだ。

ハンターが複数人いた場合、確実に銃を撃った者だけを狙い反撃するという話もよく聞く。ヒグマの本能だろうが、自分の命を脅かした者を決して許さず、二度と自分が襲われることがないように全力をもって排除しようとするのだろう。そして、排除してからゆっくりと自分の落ち着く場所で傷を癒やそうとするのだろう。自分たちが確実に生き残るための方法を実行しようとするヒグマの賢さでもあるのだ。

こういった事態は、特に単独猟では避けなければならないことである。そのため私は初弾で確実に仕留めることができる距離まで近づくことにしているのだ。

撃つ前と同様に、撃ったあとも獲物の様子をよく観察し、致命傷を与えなかったために逃げたのか、当たっているのだけれども昂奮のために逃げたのかを血痕や毛の散らばり方、逃げ足の一歩の踏み出し方などからよく見定めなければいけない。それをよく見定めたうえで、本当に追跡が必要かどうか、必要であればどれだけの距離の追跡になりそうかを判断する必要がある。昂奮させなければ、獲物は意外と近くで休んでいるものなので、慌てずに間合いを保ちながら行動することが大切である。

どのような獲物でも初弾で仕留めることを第一命題とする

また、初弾を外したからといって、慌ててすぐに次弾を撃つこともよいことではない。逃げる獲物を撃つということほど、難しいことはないからだ。まず、当たることはないだろう。もし、当たっていたとしても、致命傷を与える場所ではないことがほとんどであるから、結局苦痛と恐怖だけを相手に与えてしまうだけとなる。軽傷の昂奮した獲物を追跡するのは、追跡する距離もいつも以上に遠くなってしまうので、とても大変なことである。

どのような獲物に対しても初弾で確実に斃すためには、ストーキング（忍び）の技術を会得して、獲物にできる限り近づいて撃つということが、猟においては基本となるだろう。

不要な二の矢を撃たない

頭や首を撃ち、致命傷を獲物に与えている場合、斃れた獲物は四肢でパラパラと宙をかき、走るような動作を繰り返す。一見、生きているようだが、これは神経が切断されたことによる反射現象で、徐々に動きが鈍くなりやがて静かに絶命する。特に、心臓まわりを撃ち抜いている場合、直後から胸腔内で大量の出血が始まっている。このときはまだ獲物に意識がある場合が多く、最後まで生きようと必死にあがいている獲物に対し、すぐに近づいたり、二の矢を放ったりすると、獲物が昂奮《こうふん》して起き上がり逃げだすことがある。

獲物を倒したら、まずは獲物の視界に入らない場所から獲物の様子を静かに観察し、本当に二の矢が必要な状況かを判断することが大切だ。

照準を定めにくい斃れた獲物への二の矢はたいてい外れてしまうものだ。それに、すでに致命傷を与えている獲物に対して不要な二の矢を入れるようなことは、やはり命に対する礼儀としてよくないことである。

獲物が起きて逃げるような場合、追い矢を撃ったり、すぐに追いかけたりすると、負った傷と危険を察知した昂奮で体力と気力が続く限り遠くまで逃げ出す。この場合は、まずは逃げた方向を静かに見定め、少し間をおいてからゆっくりと追跡すると、わりと近くで休んでいるものだ。二の矢は止め矢と考えるべきである。

撃ち場に獲物が入ってくるまでじっと待つ

先に述べた忍び猟も待ち伏せ猟も、最終的に大切なのは自分の撃ち場所を決めて獲物が撃ち場所に入ってくるのをじっと待つことである。撃ち場所は、木が密集している場所よりも少し木がまばらな場所がよいだろう。獲物までできるだけ近づき、自分が確実に仕留めることができるようになる場所に入ってくるまでは静かに待つ。

その際、自分が理想とする射撃体勢となる位置に獲物が来るまでしっかりと待ち続けることがポイントである。獲物がいるからといってすぐに銃を構えたり引き金を引いたりすることはよくないことで、たいてい相手に気づかれて逃げられてしまうことが多いものだ。

「撃ちたい」「獲りたい」という気持ちや気の逸《はや》りは、いわゆる殺気などの気配となってしまい、野生動物は敏感にそのような気配を察知してしまうものだ。

好条件の撃ち場所は山のなかにはめったにないが、丹念に地形と獲物の行動パターンを把握して準備することで、成功率はぐっと上がるだろう。

銃猟は、自分がいるその場その場にしか獲物を獲るチャンスが訪れないものである。この点においては、仕掛けてから絶えず利き続けている罠とは少し異なる。自分自身が「罠」になった気持ちで動じず、たとえ鼻水が出ても啜らず拭かず、静かに待つような心がけが大切だろう。

山のなかでは山にあるものを利用し獲物にゆっくりと近づいていく。引き金を引くのは最後の最後

シカが休み場所としているのは、風が当たらずに快適に過ごせる場所が多い。こういった休息場所はだいたい毎回使うので、餌場から休息場所へと移動するシカを狙うか、餌場所で待ち構えるかだろう。その群れがどのような群れであるか、地形にも左右される

立射

山を歩いているときに獲物を見つけた際に、最も素早く撃つことができるオーソドックスな射撃姿勢。足元や姿勢がブレて射撃姿勢が安定しないような場合は、依託するか膝射や座射で確実に当てる方法を選択する

膝射

片膝をついた射撃姿勢。立てた膝に肘をのせることで、立射より射撃姿勢を安定させることができる。木などがあれば、銃身を木に添えるだけでも安定感がさらに高まる

座射

試しに肩幅ぐらいで立って猟銃を真正面に構えてみると骨格的に無理が生じてしまい、体勢がきつい。ところが半身に構えると楽に据銃できる。正面から約45度左方向(右利きの場合)に獲物が来る場所を撃ち場所として想定するようにする。少ない動きで構えやすい

立射

（アップレディからの据銃の場合）

私はアップレディから据銃をする。地球の重力に逆らわず、上から下に動くほうがスムーズに決まる気がするからだ。

❶銃口を上向きに持つ。

❷獲物に向けて据銃する。

❸スコープを覗いたときに視野が欠けていないか、レティクルが獲物に合っているかを確認する。グリップは親指・中指・薬指の3本でしっかりと握り、床尾板を肩にしっかりと引き付け、頬付けもしっかりと行う。この時点ではまだ引き金には指をかけない。左右の肩は水平になっていないといけない。曲がっていたり、下がっていたりするとよい据銃姿勢ではない。胸の前に抱えているときも、猟銃の重心と体の重心の間隔は空けないほうがよい

ここで頬付け、肩への床尾板の引き付け、肩の位置などがしっかりと決まっていれば、スコープを覗いたときに視野が欠けたりなどはないはずで、獲物まで一直線に射線が通っているはずだ

銃口が上向きのほうが楽に構えられる

下からの肩付け

上向きのときと比較して、銃口を下向きに構えていると肩付けから狙い込みに至る動作にやや力を入れないといけないだろう。それに、真ん中の写真のように、一度銃口が上向きになってしまいがちになる。地球に働く重力の影響で下から上へ銃を構えるよりも、上から下へ下ろして構えるほうが楽に動作ができる

狙い込み

すべての猟でいえることは、なるべく無駄のない動きを心がけること。自然の力に逆らわずに自分が楽に正確に構えられるようになるにはどうすればよいかを考えるのも大切なことだ

スリングのかけ方3態

斜めがけ

獲物を追跡している際、銃は自分の目で管理できるように体の前に保持しておく。そのためにはスリングを斜めがけにして銃を体の前へ回しておく

首からかける

比較的獲物との距離が近くなってきた場合には、いつでも射撃体勢へと入ることができるように首がけにしておく

スリングを外す

スリングを完全に外している状態。獲物が撃ち場所に入ってきたときなどはこの状態にする。ここからすぐに射撃体勢へと入ることができる

銃を依託して安定させる

正確に急所をとらえる

正しく構えて引き金を引けば弾は当たるように猟銃はできている。立射、膝射、座射、依託はケースバイケースだが、射撃場で砂袋の上に銃を置くような安定した依託射撃は山中ではまずできないと思ってよい。射撃場では、姿勢の安定とスコープが合っているかの確認を行う場所とする。射撃場と猟場では撃つ姿勢が変わってしまうのが普通だが、できるだけ変わらないように練習しよう。木の幹に当てるだけでも安定するようになるし、膝射でも近くに木があれば銃身を木に添えるだけでさらに安定できる。依託はしないよりはしたほうがよいが、射撃姿勢が崩れるような依託ならしないほうがよい。

私の場合、依託は銃身を軽く木の幹などに添える程度である。添えるだけでもかなり安定した射撃体勢になる

依託ありの場合と比べてみても、構えに大きな違いはない。日頃から基本の射撃姿勢ができていることが最も大切で、それができていれば少しの依託で十分に安定した姿勢で獲物を狙えるはずである。移動する際は木を遮蔽物にして移動するため、撃つときもなるべく木のそばから狙うことで獲物にも気づかれにくいという利点もある

冬の装備

汗をかかないように歩くのが基本であるため、あまり厚着をしない。ザックのなかに、もう一枚セーターなどを入れておき、休憩時に着ることで温度を調節する。

❶毛糸の帽子

❷ 手袋／
行動中はしない

❸赤いヤッケ／
中綿入りだが、
ダウンではない

銃は常に体の前に持つ！

❹重ね着したセーターと下着（2枚ぐらい）

❺薄手のレインパンツと下はズボン、アンダーウエアをはく

❻普通の長靴と長靴カバー
防寒長靴は蒸れて歩きにくい

オールシーズン大活躍！ 簡易胴長

長靴を履いたあと、長靴カバーをしっかりとはいて筒を固定する。ガムテープで筒の口を巻いたらできあがり！　細かい雪が入らずに快適に過ごせる。レインパンツを少したるませて膝を折りやすくするのがコツ

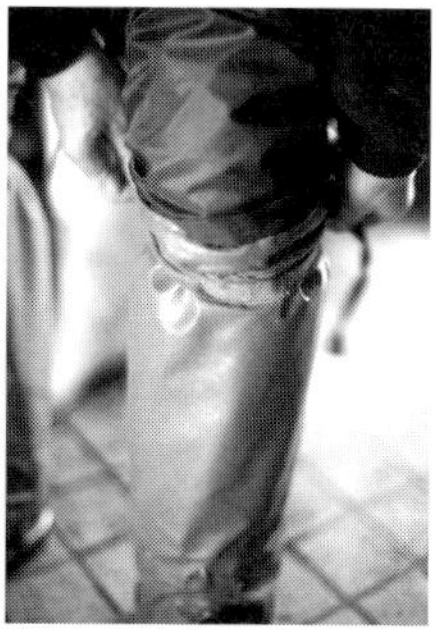

機関部を常に確認しながら歩く

山を歩く際に重要なのは、いつでも銃の機関部を確認できる状態で歩くこと。数少ないチャンスに銃が正しく作動しないという状況だけは避けないといけない。

私の場合、銃は必ず自分の目がいき届く範囲で管理する。銃は肩や背中に担ぐのでなく、スリングを首にかけて銃身が常に前にくるように持つようにする。

常に銃の状態を確認する。雪がついたらこまめに吹き払うようにしたい。いざというときに撃てないことが最も困るのだ

銃口にテープを貼る。雪や木の葉などの異物が銃口から入ることを防ぐ。水分は銃腔内で凍結する恐れがあるので、入らないようにする

歩いている最中にテープが取れてしまう場合もあるが、常に体の前側に保持することですぐに気づくことができ、安全に障害物を越えることもできる。自分の目がいき届く管理下に常に銃を置かなければいけない

遮蔽物を利用して歩く

移動するときは木を遮蔽物とするように動く

木を遮蔽物として利用しながら、藪のなかを進む。歩くときは、なるべくシカの歩くスピード感覚を保ちながら歩くことだ。木から木へうまく移動していけば、獲物がいた際に木で銃を依託でき、より正確な射撃ができる

木の右側をまわるか、左側をまわるかはケースバイケースだ。そのときに追っている獲物の状況に左右される。ほんのわずかな差でも、撃ちやすさが変わる

撃ち場所を決めておく

どの場所に獲物が来たら撃つか、自分の撃ち場所を決めておくことが大切だ。理想的な射撃状況をつくりだすため、周辺の状況も十分に考慮しなければならない。

山に入り、実際に木々が密集する場所に立つとわかるが、そのような場所で獲物を撃つのはやはり難しいことだ。撃ち場所はちょっと開けていて見通しが利き、なおかつ自分も隠れて獲物を待ちやすい場所を撃ち場所として選ぶのがよいだろう。

撃ち場所を決めたら、獲物が撃ち場所に自ら入ってくるまで、ただじっと目を閉じ、耳と神経を研ぎ澄まして待っているのが理想的だ。人間は目で見て判断する生きものだが、白目がほかの動物と比べて大きいので気配や動作を悟られやすい。動物はちょっとした動きや気配を敏感に察知して危険を判断する生きものだ。待っている間、撃ち場所ではない所や、遠くの尾根にちらりと獲物の姿が見えることが多々ある。

そうしたときに、獲物が来た喜びで、ソワソワと動いてしまったり、確認しようと必死に目をきょろきょろと動かしたりすると、簡単にこちらの気配を悟られてしまい獲物は撃ち場所を迂回するだろう。相手は野生動物なので、静かに待っているこちら側のちょっとした気配を察知して「あれ、いつもと違う、おかしいぞ」と思うわけだ。そこで、確認したいのをぐっとこらえて、目を閉じて静かにただひたすら待つ。相手が、「なんだ、気のせいか」と納

撃ち場所を決める際には、まず足跡と地形そして直近の天気を考える。朝晩の動物の動きやどのあたりで雪風をしのいでいるのか。また、どこで餌を食べているのかなどを考えながら選定する

得し再び動きだすまで、じっと我慢して動かないことが大切なのだ。野生動物はちょっとした気配の変化や何か動くものが視界の隅に見えたとき、それが何なのかがわかるまで警戒し、じっと待つ。その習性をよく理解し、獲物に「いつもと違うけれど、大丈夫だ」と納得させる時間を、こちらも辛抱強く待つことで相手に与えてやることだ。

獲物が撃ち場に入ってきたときに、自分の存在をどのタイミングで相手に知らせるか、または、全く相手に知らせないかもある。

私の場合は、シカの足を止めさせるために口笛を吹くことがあるが、いいタイミングで「ヒュッ」と吹けるかどうかも大切である。口笛は人間の存在とはまた違った音であるので、シカたちの鳴きかわす音と多少違っていたとしても、彼らは似ている音に反応して、確認しようと足を止めるのだろう。理想的な射撃状況をつくりだすため、獲物との間の取り方も大切である。

撃てない場所、撃っても当たらない場所で見つけた獲物が、自分の決めた撃ち場所に来るまでが、本当の待ちに入らなければならない時間であるということを心がけなければならない。もちろん、待ち場に入り始めからの鎮（ちん）とする心構えのあってのことである。

獲物が休み場所から餌場へと向かうために通った足跡。雪が降っているときはじっと林のなかの風が当たらない場所で耐え忍び、雪や風がやむと餌を食べに動きだす。撃ち場所の選定には、このような動物の習性をうまく利用するのも大切だ

ササの葉に積もった雪が、動物が通った所だけ雪が落ちて道となっている。雪が降った時間と足跡などの情報を照らし合わせ、獲物がどの時間帯にここを通ったのかを予測し、撃ち場所の選定のための情報とするのだ

木が密集していない林のなかのほうが、待つのも撃つのも比較的楽だろう。しかし、獲物がここを通るかどうかは事前にしっかりと下見をする必要がある

撃ち場所を決めておく

シカの場合は、単独または2〜3頭の少数の群れがよいだろう。頭数が多いほうが撃てるチャンスも多いようにも感じるかもしれないが、実際はそうではない。群れが多いと必ず見張り役がいるので案外気づかれやすい。また、メスが一緒にいる場合も、メスのほうが危険を察知しやすいので気づかれやすいといえる

奥の林よりもう少し開けた場所にシカが出てくるのを予測して撃ち場所を決める。時間帯にもよるが、開けた場所を通りがかるシカを狙うチャンスはあるはずだ

シカがよく使っている通り道である藪から開けている場所に切り替わる所も、待つ場所として有望

～待ち撃ちの場合～

獲物が来る方向をあらかじめ想定したうえで座って待つ。私の場合はキスリングの上に座って待つ。写真内で示した矢印の方向が「獲物が来る予測方向」で、撃ち場所となる。銃をゆったりと構えられ、最もよい撃ち場所を保てるのは獲物の来る方向からおよそ15度までのわずかな範囲内だ

獲物が入ってきたら、理想的な射撃体勢になるまで待つ。獲物の位置が悪かったり、足を止めるタイミングがなかったりする場合は、自分の理想的な撃ち場所でこちらからなんらかの合図を出すとよい。私の場合は口笛を「ヒュッ」と一度短く吹く。そうすると相手は「なんだろう!?」と確認するために、一度その場で立ち止まる。そこを狙って撃つ

木が密集して生えている場所は撃つのに不向きなので、待ち場所や撃ち場所には選定しない。多少の木や葉であればスコープの射線が通っていれば当たるが、密集している場所では確認ができないため、引き金を引かないのが賢明だろう。バックストップの有無も必ず確認する

引き金を引くのは最後の最後

撃つべきではないとき

常に初弾で斃すことを心がけていると、撃つ部位は自然と限られるだろう。獲物を初弾で斃せる姿勢になるまで辛抱強く待ち、撃てるチャンスを逃さないことが大切である。

私は木の陰で静かに獲物を待ち構えていることが多いので、獲物の首を真正面から狙い込む。獲物が自分に対して横向きの場合は、胸、いわゆる「あばら3枚目」を狙う。獲物を尻側から撃つと、まず初弾では致命傷を与えることはできない。

獲物を追跡するときは、常に自分の位置から見て獲物がどの方向に動くのか、いろいろな場面を想定しておきたい。そこにいる獲物が向こう側に走っていけば少し遠くても撃てるかな、などと考えて歩くことだ。

自分の想像力をあらゆる可能性から膨らませることが何よりも大切だ。例えば、木がある場合は、左からいくのか、右からいくのかで状況が変わる。その選択によって、獲物が撃てなかったとしたら、それは自分の負け。考え方、想像の仕方が甘かったということだ。

いざ銃を構えると、枝や葉などが邪魔をする場面が山のなかではほとんどであるが、そのためのスコープだと考えている。多少の枝があっても射線が通っていれば、だいたい大丈夫。まずは、自分で理想的な射撃状況をつくること、一瞬のチャンスを逃さないために焦らずに待つということを心がけることだ。

後ろ姿の獲物に発砲しても、バイタルには当たらないし、致命傷を与えられないので撃たない

狙い込みから発射まで

瞬時に射線が合うように

　スコープなら、銃を構えて狙い込んだときに同心円になっていてレティクルに獲物を合わせているか、を見る。それを2〜3回瞬時に確認してから引き金を引く。スコープを覗いたときにしっかり合っていないと半月形のように黒く欠ける部分（「ケラレ」という）が出てくるため、同心円になるように練習する。そして銃を構えて肩付けをした瞬間には、すでに射線が通っていないといけない。それがしっかりとできていれば、迷うことなく撃てるのだ。ただ、そのときの精神状態によって同じようにできないこともあるだろう。

　オープンサイトも同様だ。照門ー照星ー獲物、獲物ー照星ー照門、という順番で確認していくのだ。狙い込みのときに照門・照星がぼやけて獲物だけがはっきり見えたままで撃つと、案外外れてしまうことが多いので注意が必要だろう。1〜2回、ササッと全部通っているかを確認し、合っていれば引き金を引くということだ。

　肩付けをした際に銃床に対する頬付けの位置は常に銃床の一定の位置になるようにしなければならない。肩付けとしっかりした定位置の頬付けは、切り離してはならない動作である。肩付けをしてからスコープのケラレをなくす（または、オープンサイトの照星・照門を通す）ために、頭を動かしただけで頬付けの位置を変えても正確な射撃は望めない。

ゆっくりと呼吸は浅く吸って吐き、自分の脈が最もブレない所で狙いを静かに定める。引き金を引くときもゆっくりと引き金を絞る感覚だ

射撃時の呼吸

狙い込みの呼吸は、息を吸い込んで4〜6分目で吐いて止めている状態だ。自分の呼吸のなかで、一番脈拍が弱くなるところがわかればよい。吐きすぎてもダメだし、吸いすぎてもダメだろう。深呼吸はしていない。

獲物がいたときに焦らないで据銃できるようになるには、ひたすら練習をするだけだ。急がなくても、スリングを外して、肩付けから狙い込み、発射までの時間は十分にあることが多いものだ。一連の動作が自然にスムーズにできるかどうかが大切で、急な動作をしてしまうと獲物は瞬時に逃げていってしまうだろう。逆にゆっくりでも、ぎこちない銃の操作ではよくない。その不自然な挙動を動物に読まれて逃げられてしまう。

撃ったあとの所作

獲物が倒れてもすぐに近づくことなく、まずは静かに様子を観察することだ。二の矢が必要かどうかは、しっかりと観察したあとで判断すればよい。不要な二の矢をすぐに放ってしまうと、獲物は昂奮した状態で最後の力を振り絞り、できる限り遠くへ逃げようとしてしまうものだ。それが思いのほか遠くまで逃げてしまうこともあるので、撃ったあとは確実に当たっているかどうかまずは静かに獲物の様子を見守ることが大切だ。

半矢を追う

（血痕や足跡の追い方の注意点）

例えば、獲物が再び起き上がり、逃げてしまった場合は、単なる昂奮による最後の

当たっているという確信があるならば、慌てずに周囲の血痕や足跡を確認してから追跡を開始する

あがきであるのか、当たり方が浅く本格的に逃げてしまっている状態なのかを判断しなければならないだろう。その判断方法は、地面にある毛や血の状態、逃げるときの一歩の踏み出しからどのあたりに弾が当たったかを予測する。

そして追跡が必要となった場合にも、慌ててすぐに追い始めないことだ。相手はとにかく嫌なこと・怖いことがあった現場からは逃げ去りたい一心で、しかも傷を負った痛みで昂奮している状態だ。

そこで慌てて追ってしまうと、思った以上に遠くまで一気に逃げてしまう。積雪している山であれば、人間の足では追跡しきれない雪深い場所にまで到達してしまう可能性もある。

この場合も、大切なのは半矢（当たっているが致命傷を与えていない状態のこと）にしてしまった獲物との間合いだ。

血の痕、足跡などから致命傷は外していても、しっかりと傷を負わせたと判断できるときはすぐに追跡を開始せずに、行方の観察に時間を使うなどして、ひと呼吸おいてから追跡を開始するとよい。時間にして10分ほどであろうか。そうすれば獲物はその傷の昂奮からさめ、傷やその痛みを癒やすために近くの風の当たらないような木の根元やササ藪など意外に近い場所で休んでいることが多いものだ。

手負いにしてしまった獲物には、どんなに時間がかかったとしても、見つけ出さなければならない責任がある。必ず追いきるということが大切である。

血の量、粘り気、ササなどに付く血の跡の高さを見る

葉の上のほうに血痕がある。出血量も増えている

毛の束が落ち、血で雪が溶けている

狙いを定める基本はあばら3枚！

横向きの場合／前脚の付け根付近を狙う。ここが心臓や肺などいわゆるバイタルエリアと呼ばれる範囲になる。バイタルを狙ってもその場で倒れずに50〜100mも、時にはそれ以上も昂奮状態で走る。獲物に着弾したときに反射音が出るので、当たったかどうかを判断することができる

正面から狙う場合／鼻を見つけて、アゴの少し下を狙う。首を正確に撃ち抜くことができれば、その場で斃れることが多い。逃げている獲物は正確に当てられないと致命傷にならないことが多いので、狙わないことを厳守したい

距離50mスコープ4倍の世界

初弾で斃すために知っておきたいこと

ヒグマは藪のなかから上体を起こしたり、立ったり、木に登ったり、シカよりも狙う際の体勢のバリエーションが多いのが特徴だ。私の場合は、スコープが必要ないほどの至近距離まで近づいてから引き金を引く。そのため急所を外したことはない。

ここでは、私がこれまで仕留めてきたヒグマの体勢について、できる限り詳しく述べておく。

横向きの場合／藪の下に隠れていることが多いが、スコープでよく狙いを定めて、あばら3枚を狙うのがセオリーである

距離50mスコープ4倍の世界

正面から狙う場合／ほとんどヒグマの鼻から下は藪のなかに隠れてしまっていることが多い。そのような場合には、鼻を見つけ、アゴの下を撃つ。そうすると藪に隠れて見えなくてもバイタルに命中させられる。ここまで近づいていると、ヒグマは「なんだろう？」と、こちらを確認しようと耳や鼻をヒクヒクと動かしているのがスコープ越しによく確認できるものだ

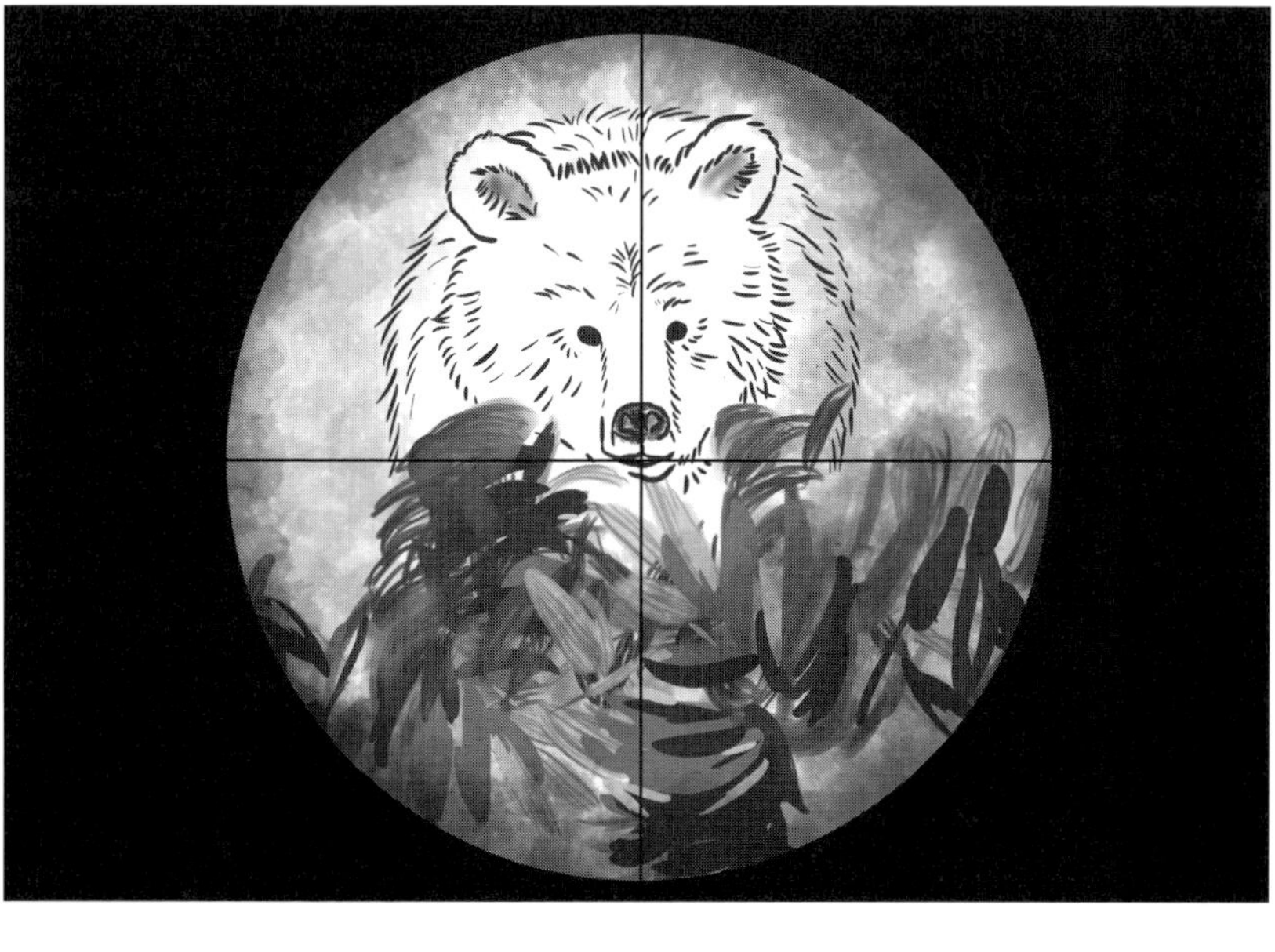

状況によっては木に登ってコクワやヤマブドウをゆったりと食べているヒグマを狙う場合もあるだろう（木によじ登って難を逃れようとするヒグマもいる）。ヒグマが木に登っている場合、垂直に立つ木に対して水平の体勢でいることはめったになく、木にしがみついている体勢の場合が多い。木に登っているヒグマを撃つ場合も、基本は横向きや正面から狙う場合と同じくバイタルを狙う。ただし、木に登っているからといって、できる限り近づくために木の真下から撃つのはよくない。弾がバイタルに命中したにもかかわらず、当たった直後は昂奮状態で木からズルズルと下りて反撃する気力が残っているヒグマもいる。一瞬で絶命した場合は、自分にヒグマが落ちてくる恐れがあるだろう。いずれにせよ、木から少し離れた位置で初弾を撃って、ヒグマが木から落ちてくるまでに次弾が必要かを瞬時に判断しなければならない

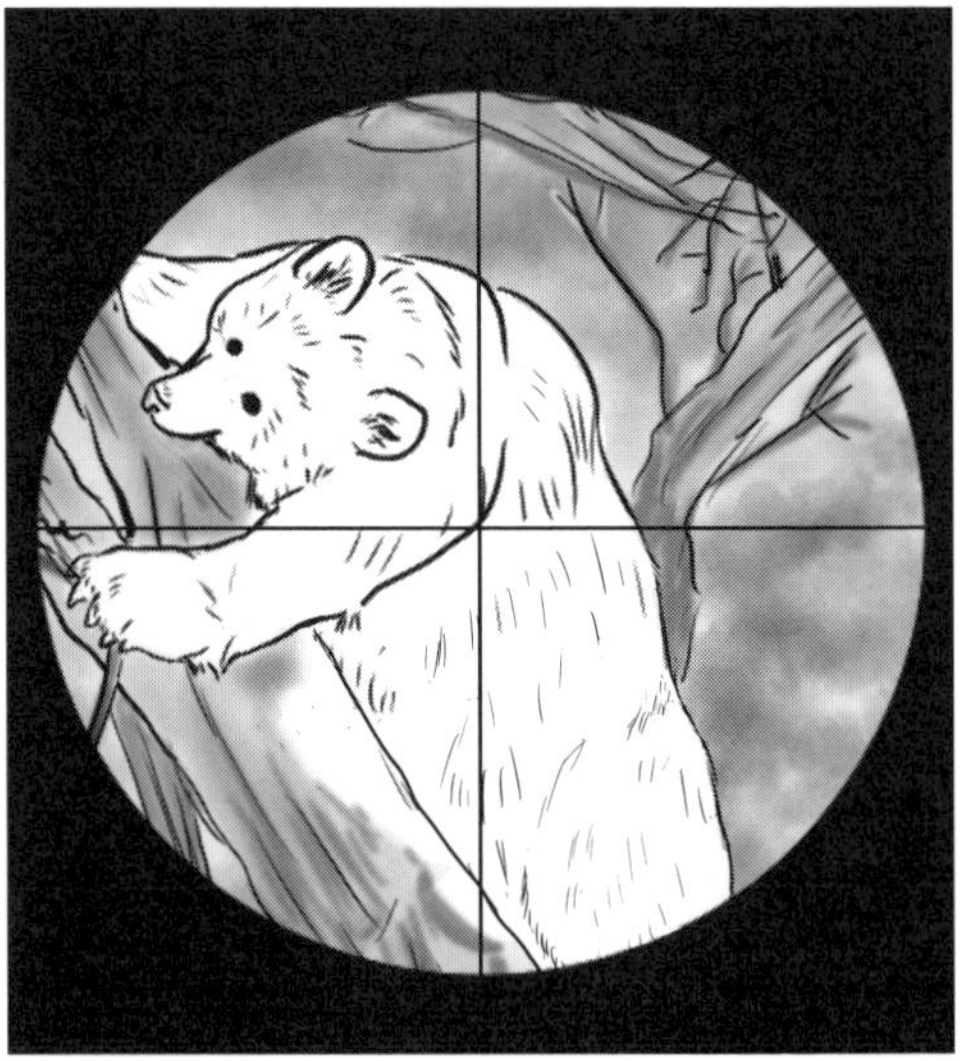

距離15m以内スコープ4倍の世界

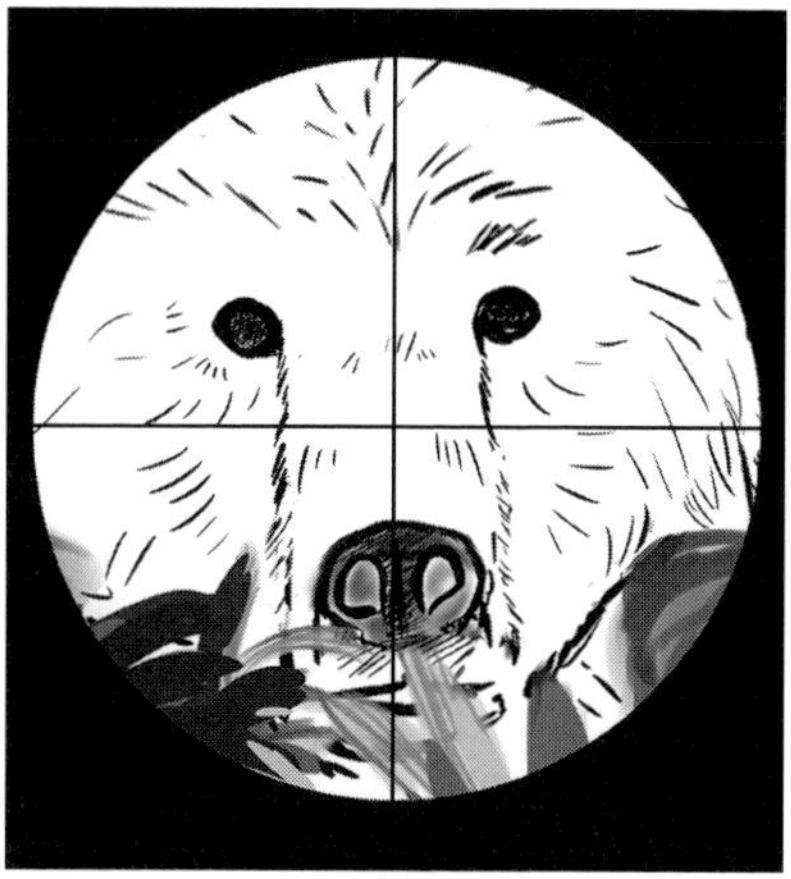

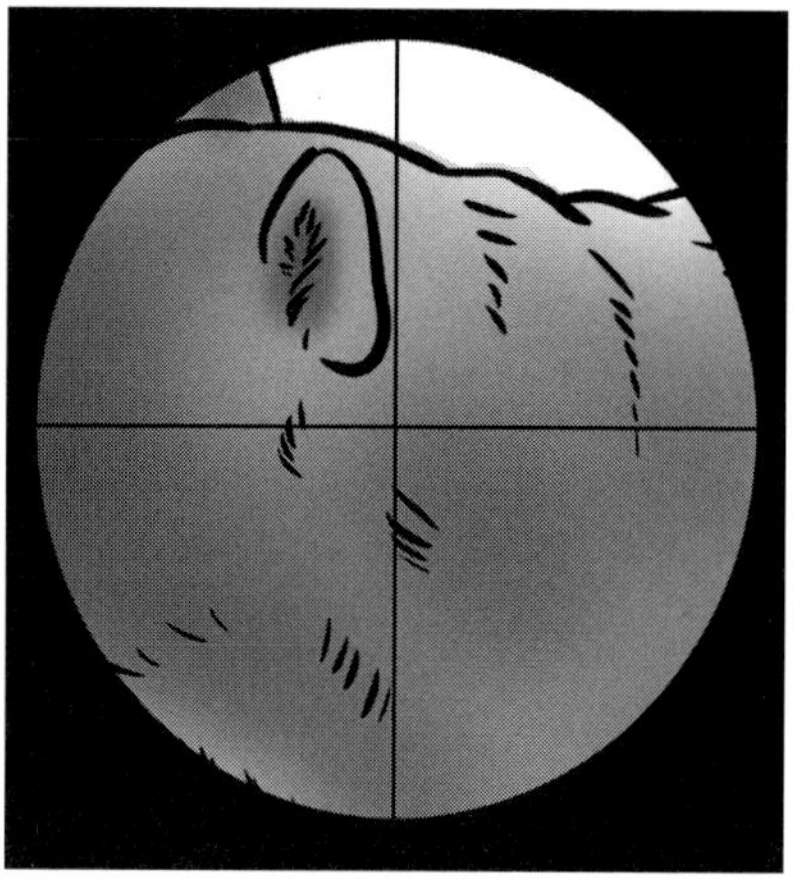

横向きの場合は、耳を見つけ首を狙う！

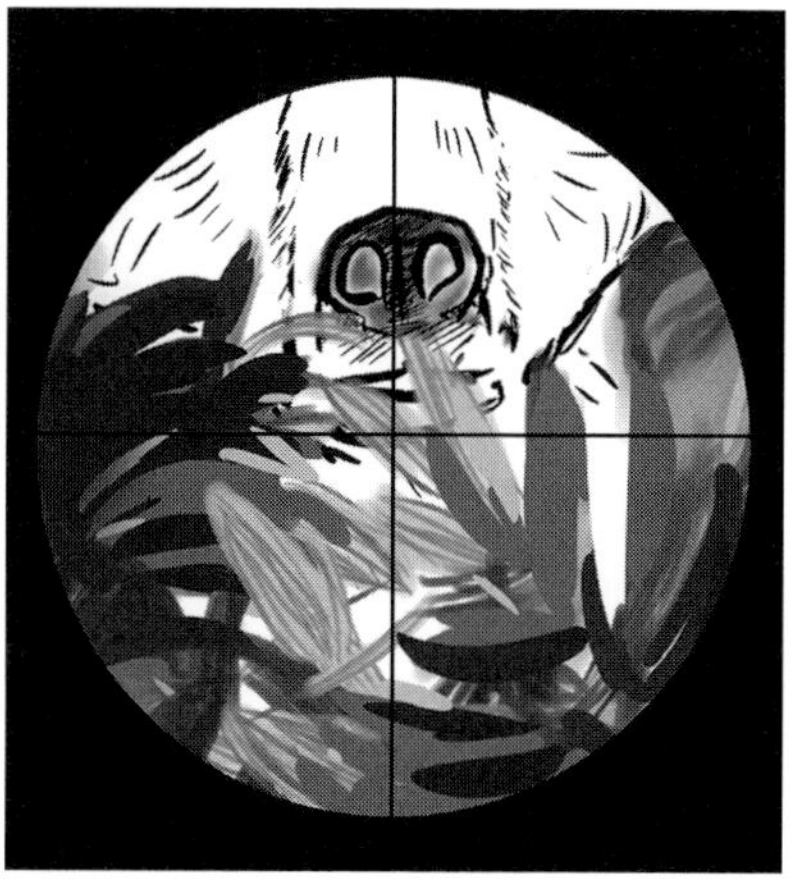

正面の場合、鼻を見つけてアゴの下を撃つ！

久保俊治が見ている景色

ヒグマの全身を見ているのではなく、撃つ場所だけがスコープから見えている状態が15m以内から覗いたスコープ4倍の世界だ。正面から撃つときは、藪に体の下側が隠れている場合が多いが、鼻を見つけ、アゴの下を狙って撃つ

自然な動作で据銃することが大事だ。速すぎても、遅すぎてもダメ……それがとても難しい

ひとりで獲物を運ぶ技術

山で獲物を仕留めた場合、すべて自分で運ばなければならない。

獲物の大きさや車を止めた場所、家までの距離により、運び方にも多少の差が出てくるが、私の場合は基本的には、山のなかで解体し、解体した肉を自分で背負って山から運び下ろす。

ヒグマの場合は、特に獲物としては大きいので、まず腹を割いてクマの胆《い》や内臓を取り出す。そのあとで皮を丁寧に剝いで、肉を解体するという手順になる。

皮を剝製などにすることも考えて、山のなかの作業であっても湯を沸かしこまめにナイフを洗いながら丁寧に剝いでいく。

解体の優先順位としては内臓と胆のう、皮となり、これらはすぐに持ち帰るので初めに処理することになる。

その次が前脚・後ろ脚で、ひと組として1往復かけて運搬する。これだけで2往復する必要があるのだ。

続いて頭と腰板を運ぶ。最後に背骨についている肉と胴体が残されているので、これらを適宜の大きさにして運ぶ。

このような大まかな手順は、シカの場合であっても往復する回数が少なくなるくらいでほとんど変わりはない。

クマの胆は、胆のうの入り口をタコ糸で縛ってから持ち帰る。中身の胆汁がこぼれないようにするためだ。これをつぶれないよう飯盒に入れて運ぶ。昔は漢方などとして服用する人が多かったため、金と同じとされるほどの高額で取引された。

腸などもひっくり返して中身をきれいに取り出して持ち帰る。山で得た獲物は、どんなに日数がかかってもすべて余すところなく持ち帰っている。一度に40kgほど背負って、一日1~2往復し、場所によっては急峻な崖にへばりつくようにして山のなかを歩くのだ。

ヒグマの場合は近くても6~7kmの距離となるので、肉を背負って歩いているとキスリングをゆすり上げることもできずショルダーベルトが肩に食い込んでくる。最後には手がしびれ、感覚が失われてくるほどだ。

いったん荷を下ろすともう二度と起き上がれないと感じるくらいに重たいので、あまり休憩もとらずにいく。それを何往復も何日もかけて運びきる。

もっと楽に運び下ろす方法もあると思うが、仕留めたそのヒグマが生きていた命の重さを背負いながらその追跡を思い出し、反芻する刻(とき)でもあった。

その一歩一歩が自分の経験の積み重ねとなっていると感じるのだ。

必修ロープワーク

山でロープや紐を使うときに戸惑うことのないように、常日頃から練習しておくことが必要であろう。ロープワークのコツは、「ミミと端」「組み合わせと応用」「摩擦と力の方向」である。ここでは、基本の5つの結び方を紹介していこう。

ヒグマを2頭仕留めた。山中で解体を行い、現場で適当なサイズの木を切って背負子をつくることもあるが、そのときに確実に締まってほどけないロープワークが必要だ

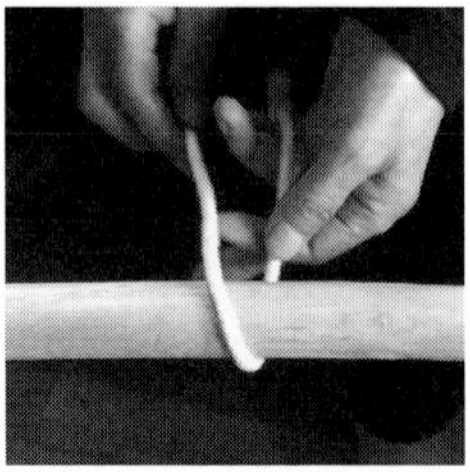

1 紐をかける

2 紐をクロスして輪に通す

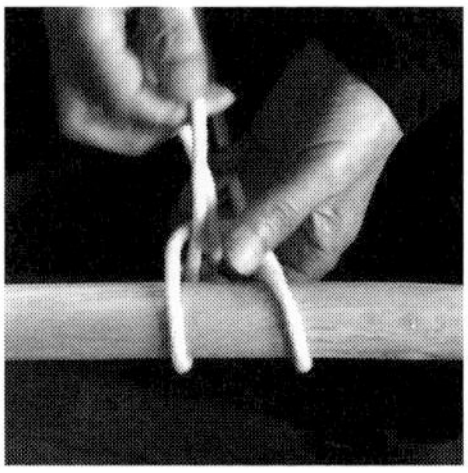

3 輪から紐を完全に通す

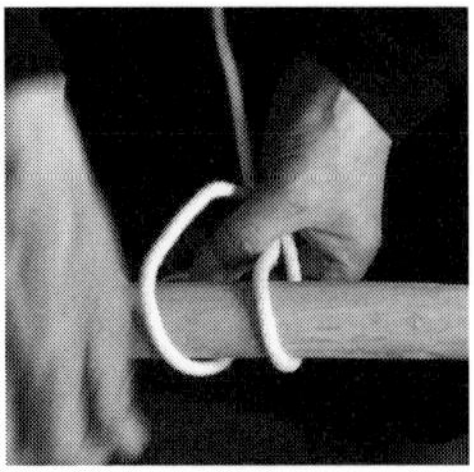

4 通した紐を再び木にくくり、前後に引き絞る

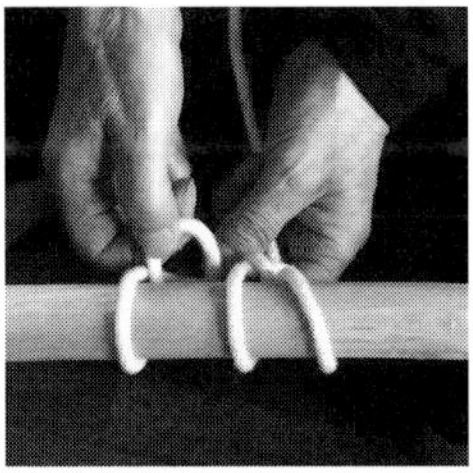

5 できた輪に通す

6 紐を輪から完全に通す

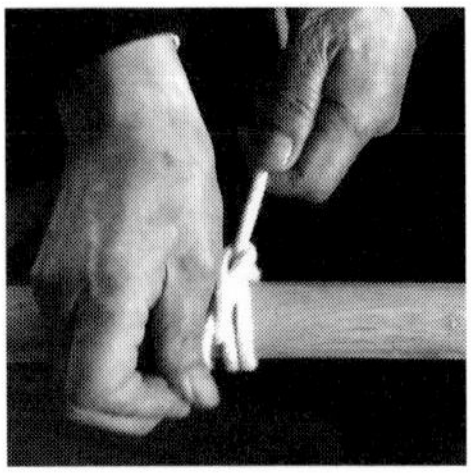

7 通した紐を引き絞る

8 短い紐が下になるように、長いほうの紐にクロスする

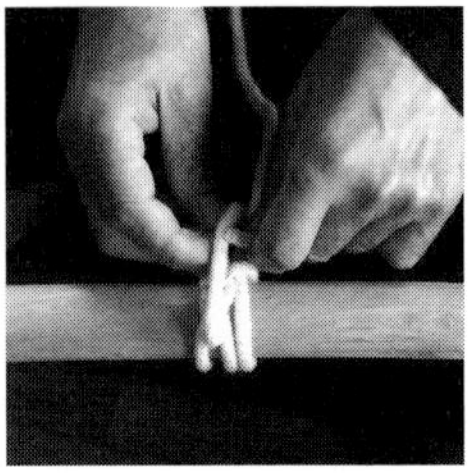

9 短い紐の端を輪に通す

10 ロープの端や木や支柱などに結びたいときに使う。輪をふたつつくって棒状のものに通しても巻き結びとなる。応用力が広い！　6番までの縛り方でもテンションだけでしっかり保持できる

物をしっかりとまとめるときに使う　男結び

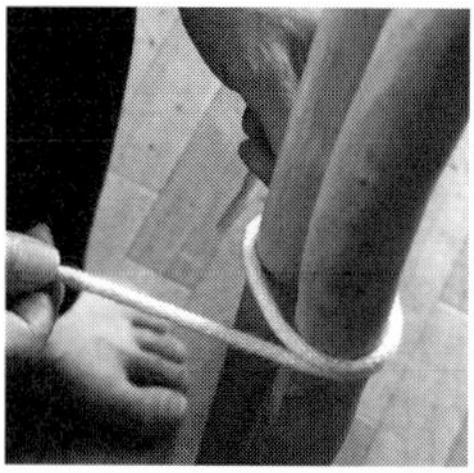

1　紐を2回巻く

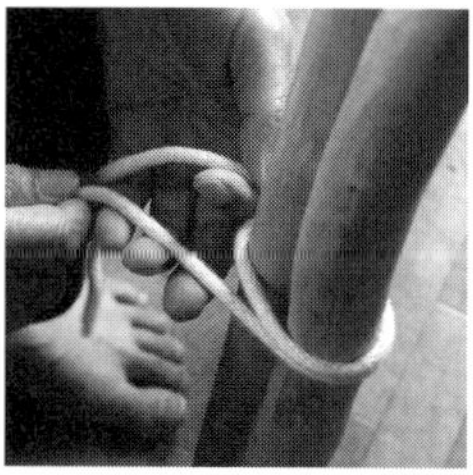

2　片方の紐は短くしておく

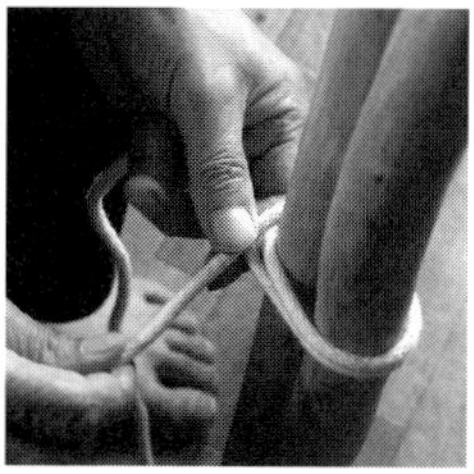

3　短い紐がもう片方の紐の下になるようにクロスする

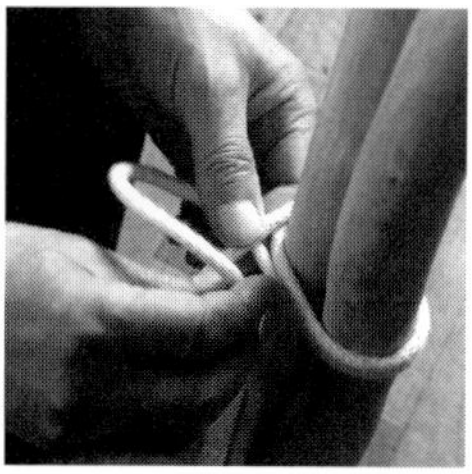

4　長い紐で短い紐が輪の中心に入るようにループをつくる

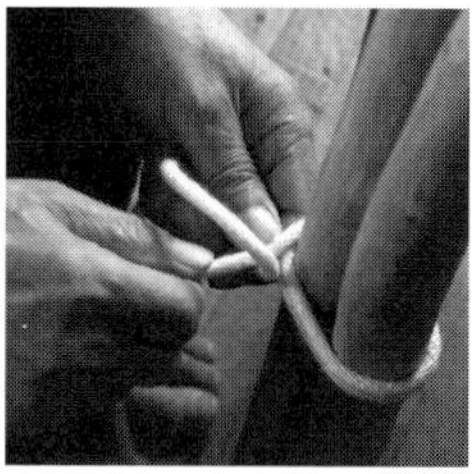

5　ループと長い紐をまとめて持ち、一本の輪のようにする

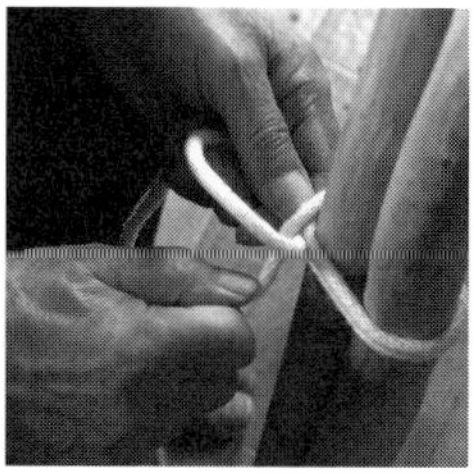

6　いったんしっかりと紐が緩まないように締める

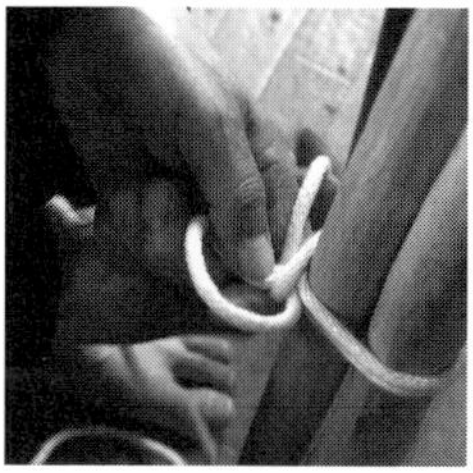

7　短い紐を束ねているループに巻き付けるようにまわす

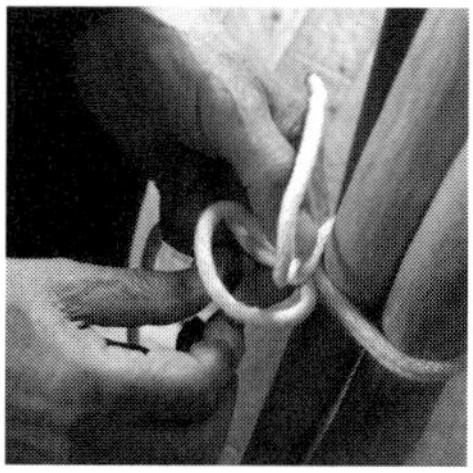

8　そのまま輪にくぐらす

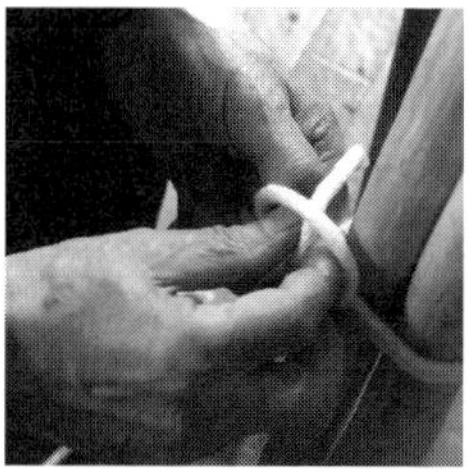

9　輪にくぐらすときには、蝶々結びの輪のようにして通す

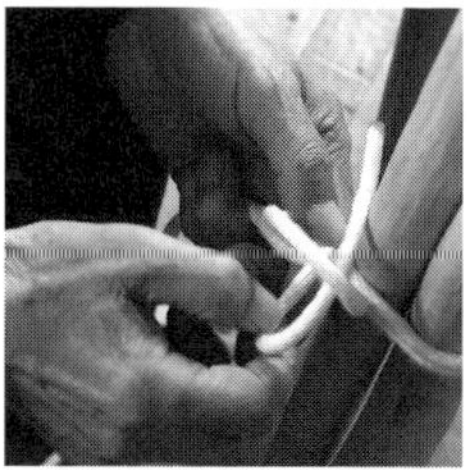

10　通したら崩れないように押さえながら

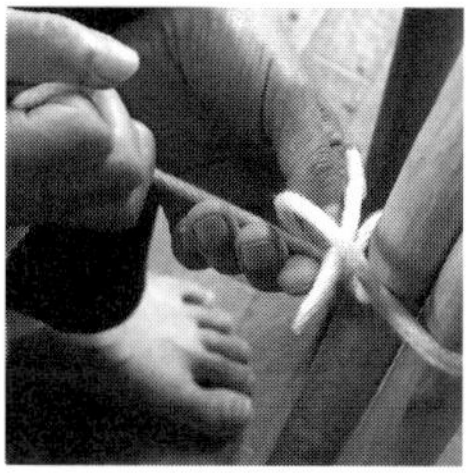

11　結び目を棒の方向に押し付けるようにしながら

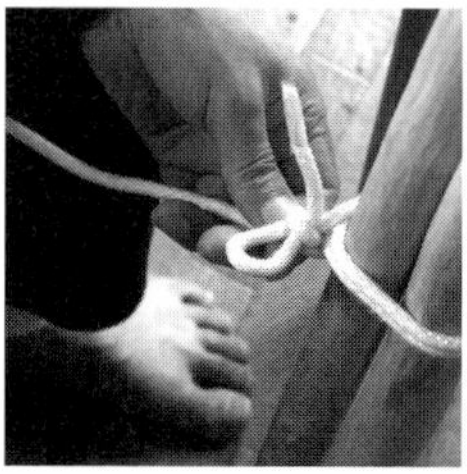

12　長い紐を引いて、完成

1 紐をクロスする(長いほうが上)

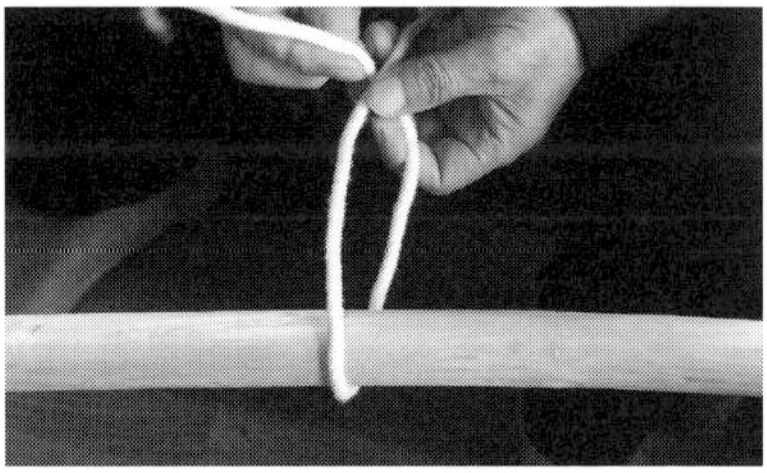

2 下になっている紐を上側へもってくる

3 上になっている紐を輪のなかに通す

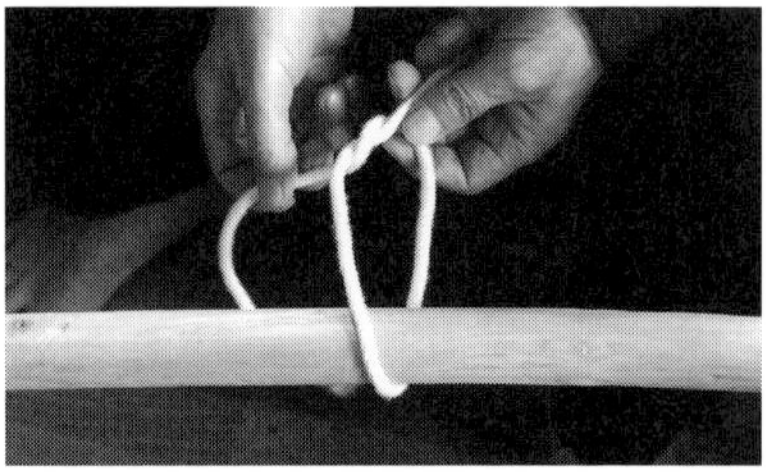

4 この形になっていればよい

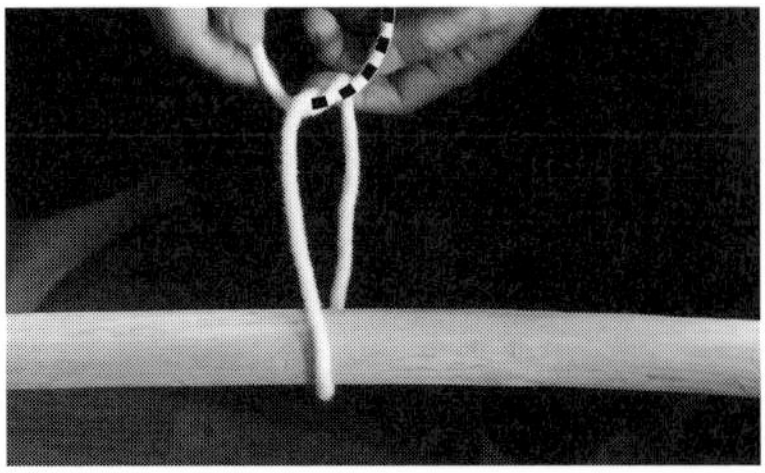

5 破線の上にきている紐を手前にもってくる

6 ロープに逆らわないように、さらに引くとループが裏返ったようになる

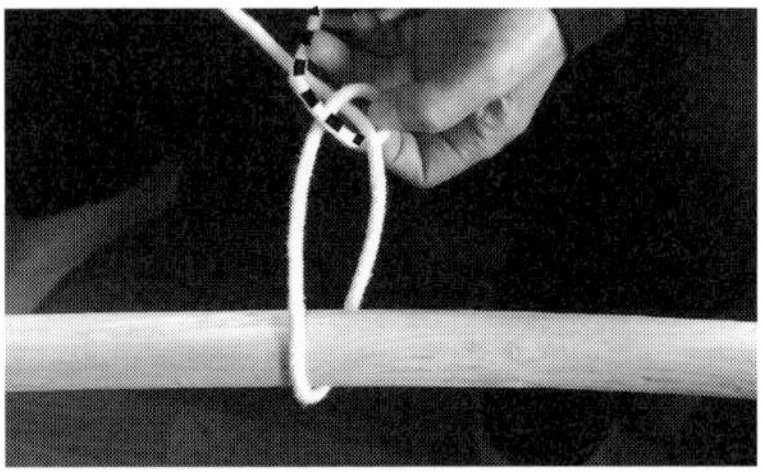

7 破線の下にきている紐を

8 もう一方のロープに巻き付けるようにしながら

9 ループに通す

10 しっかりと引っ張る

完成

もやい結びは船の係留ほか、身体確保にも使われる。ここでは両手を使った結び方を解説しているが、原理を知れば片手でも結ぶことができる

テント設営時などのメインロープの固定に使う

ひと重結び

1 紐を木にかける

2 片方にループをつくる

3 ループ側の紐はもう一方の紐の下側を通し、上からループの穴に通す

4 輪をつくり、穴に通して耳をつくる

5 結び目を木のほうへスライドさせる

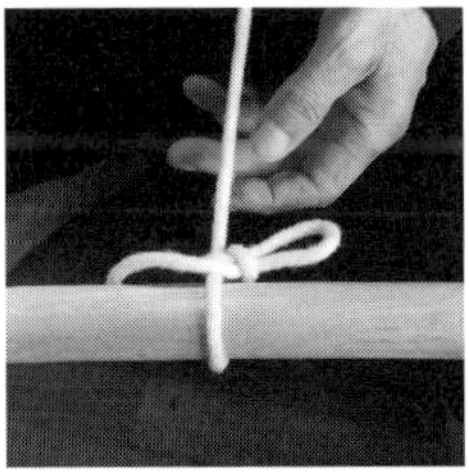

6 引っ張ると輪が締まる
もう片方を引くと簡単にほどける

テントを張るときなど、片方をひと重(え)結びにしておくとロープが緩みにくくなり、作業が楽になる

木と木を組むときに使える結び方　十字縛り

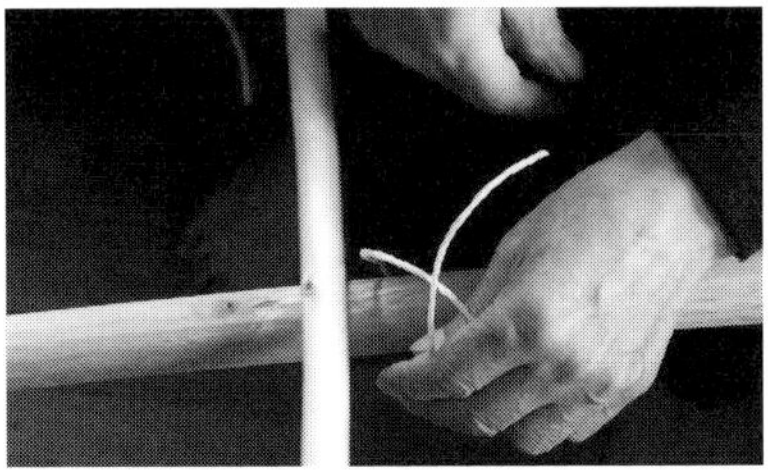

1　紐をクロスにして、短いほうの紐が上となるようにする

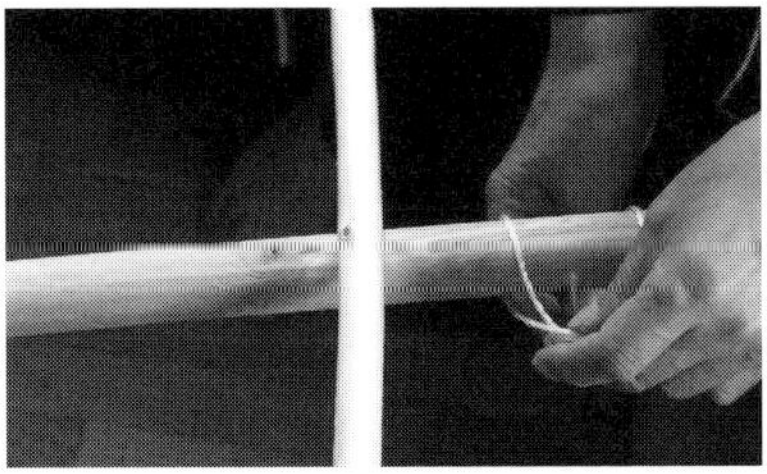

2　短いほうの紐を巻き付け真ん中から下をくぐらせるように紐を引き抜く

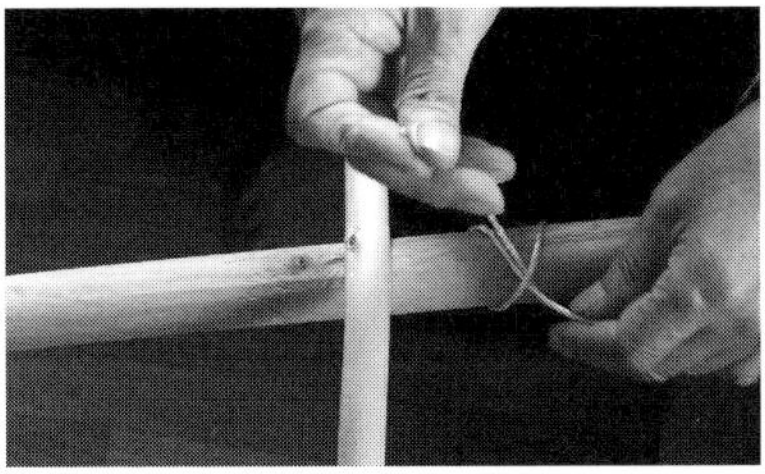

3　紐を引き絞り、結び目を整える

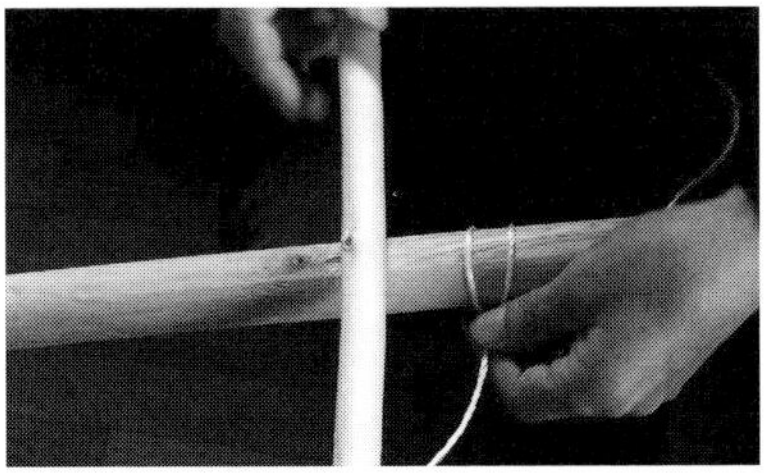

4　結び目を少しつまんでまとめる

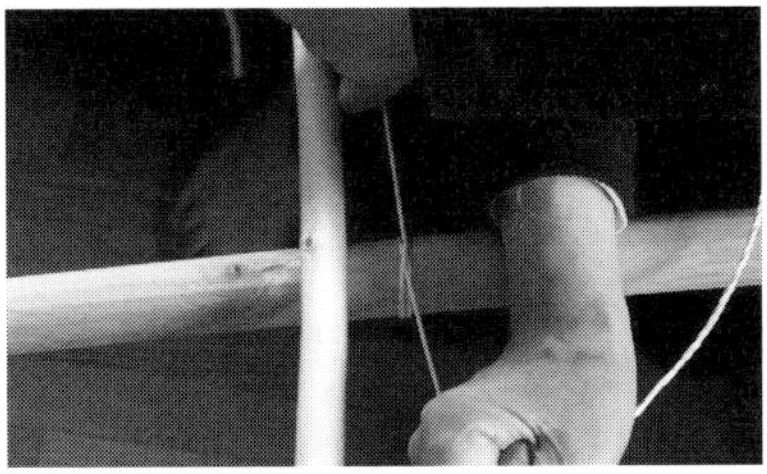

5　結び目を引き絞りながら上向きにする
長いほうの紐を細い木の上に通す

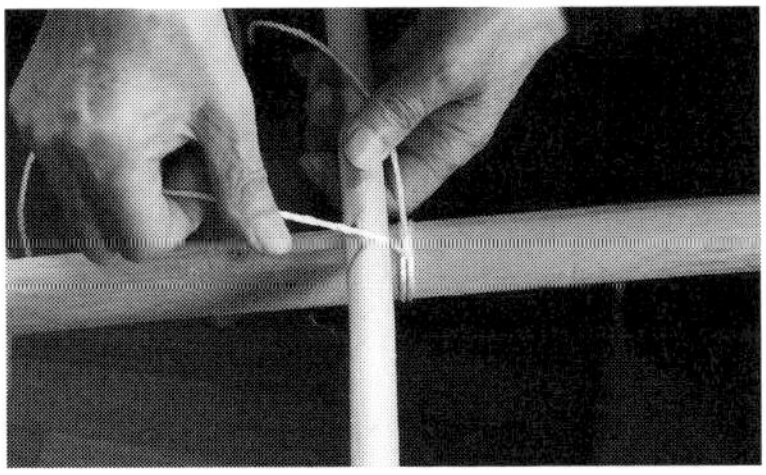

6　緩まないように気をつけながら作業する

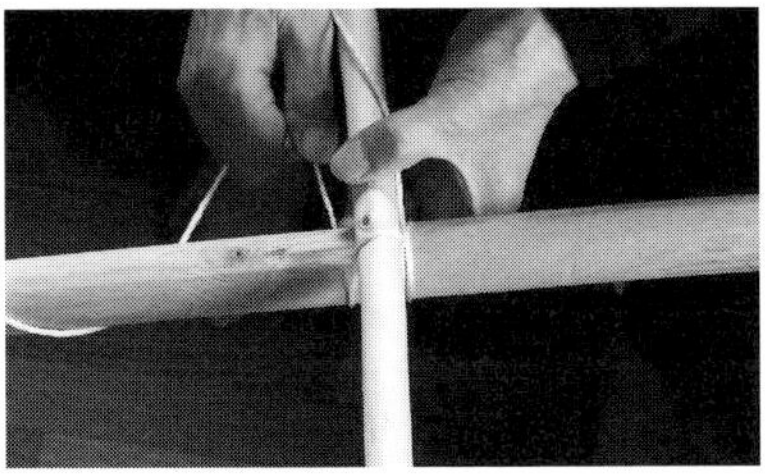

7　太い木の下を通す

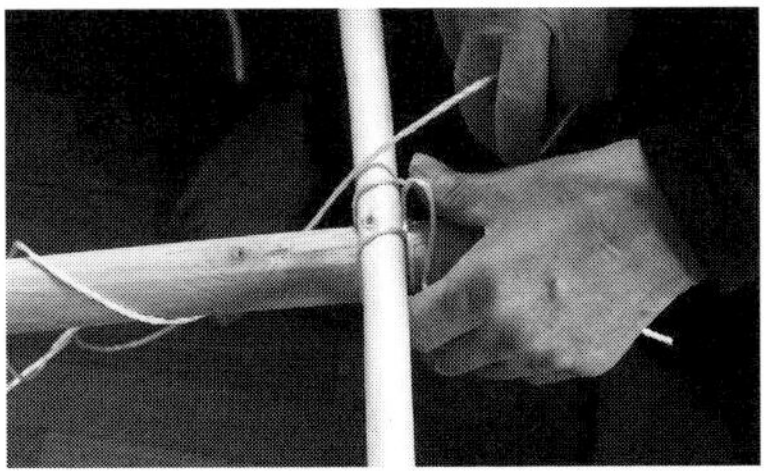

8　緩まないように気をつけながら、細い木の上を通す

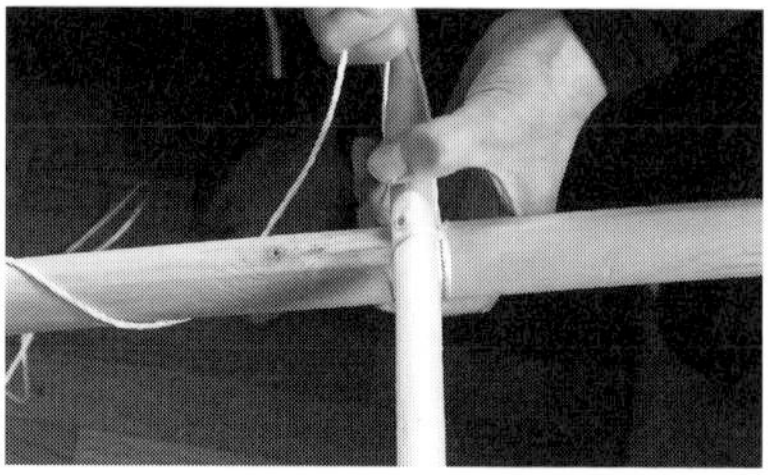

9 紐が緩まないように気をつける

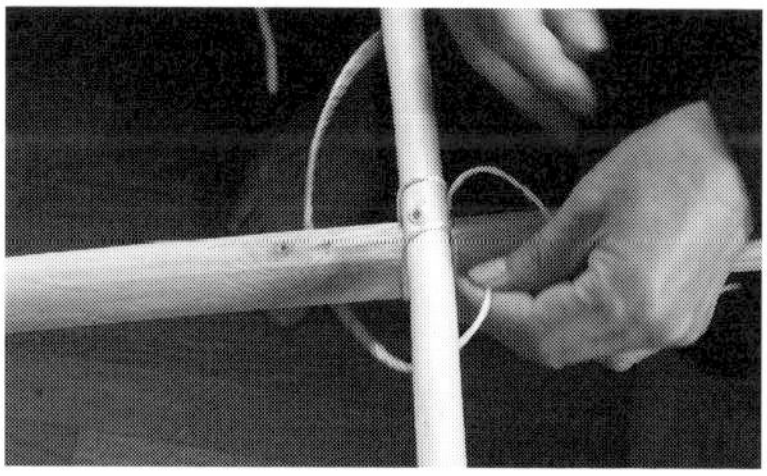

10 太い木の下を通す

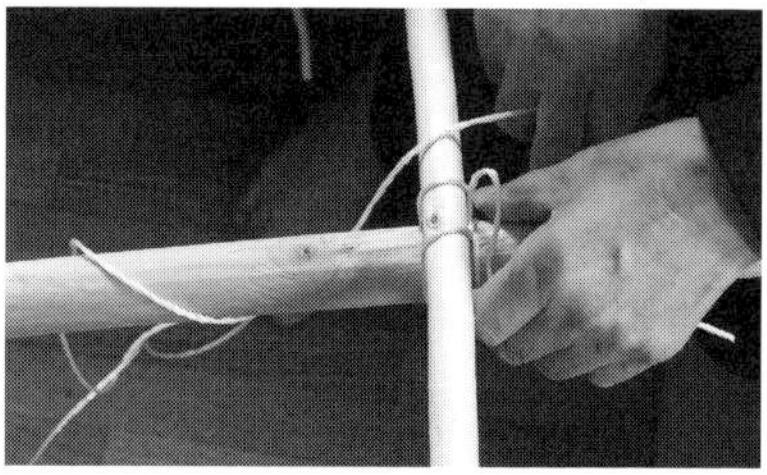

11 これで一周目が完了

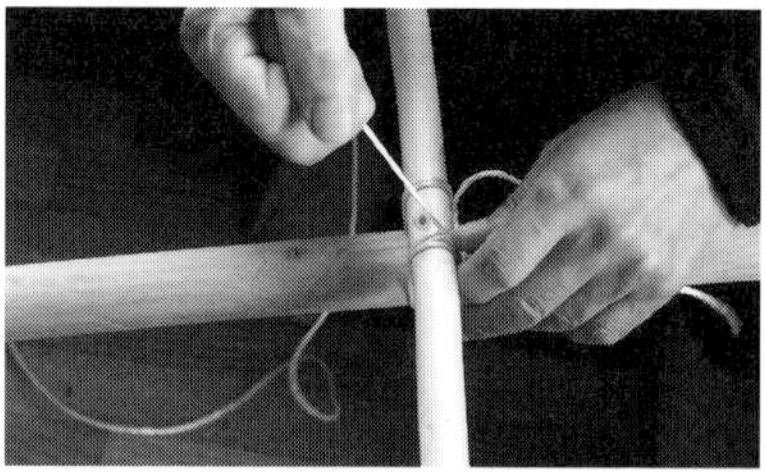

12 5〜11をもう一周繰り返す

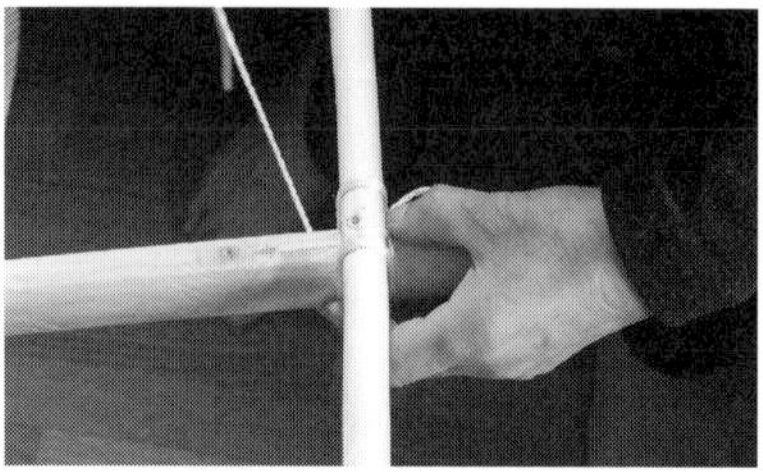

13 太い木の下にもう一度紐をくぐらせる。裏から見ると、一カ所だけ対角線に紐が結ばれている

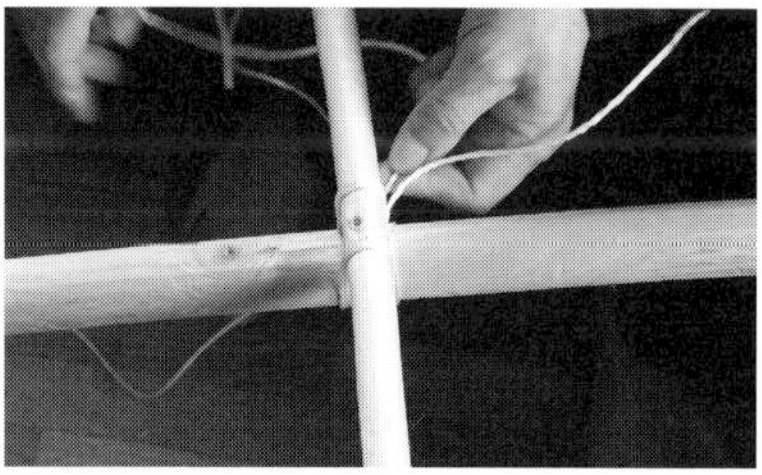

14 対角線に紐を結ぶ

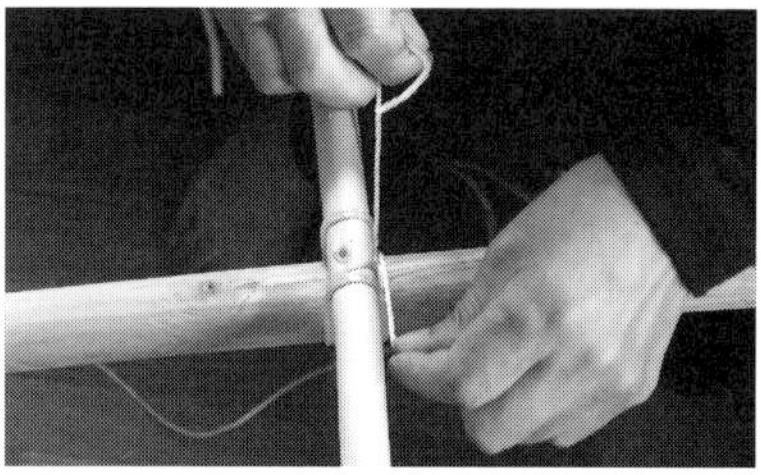

15 短い紐は長い紐の下敷きにならないように注意する

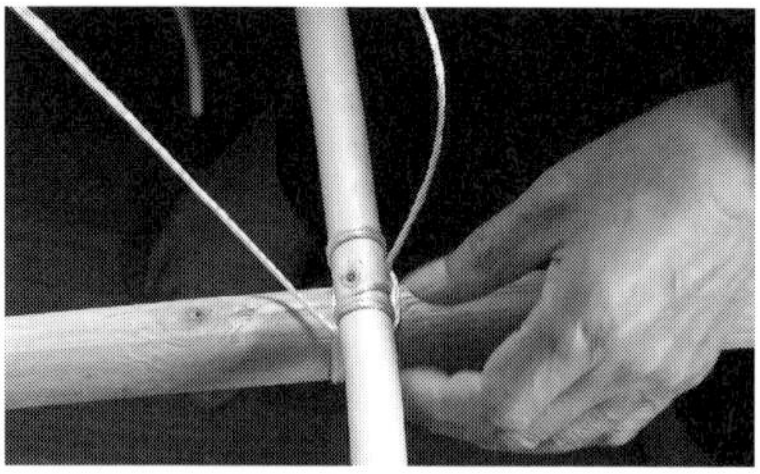

16 長い紐を縦紐の周囲をぐるりと一周するように結ぶ

簡易背負子をつくる

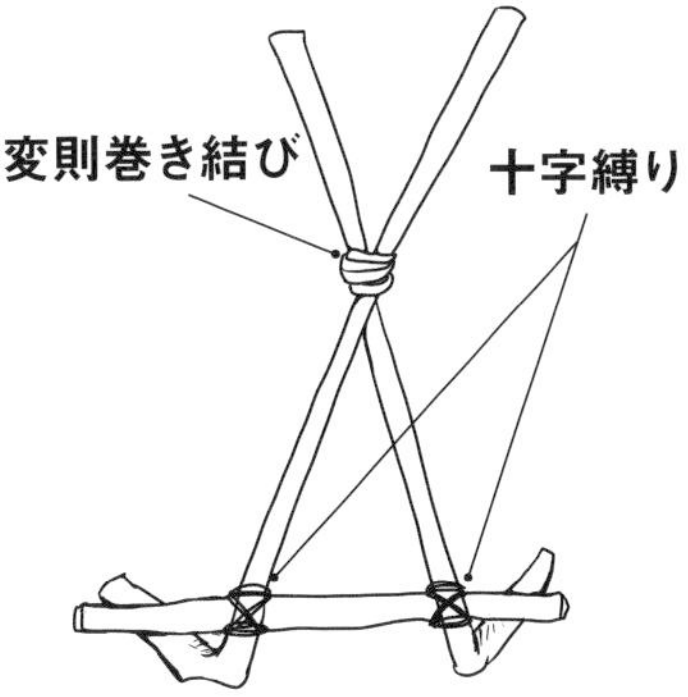
変則巻き結び
十字縛り

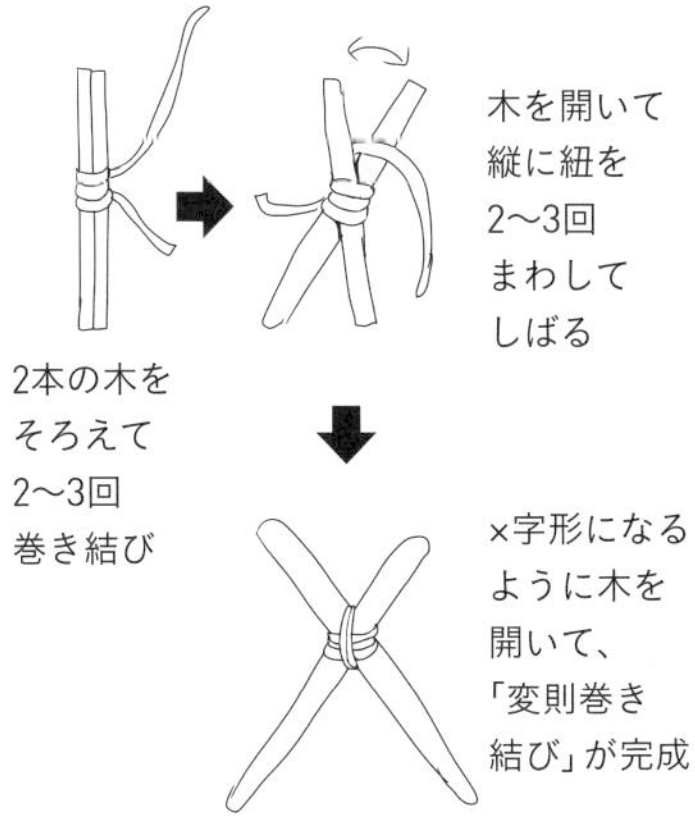
木を開いて
縦に紐を
2〜3回
まわして
しばる
2本の木を
そろえて
2〜3回
巻き結び
×字形になる
ように木を
開いて、
「変則巻き
結び」が完成

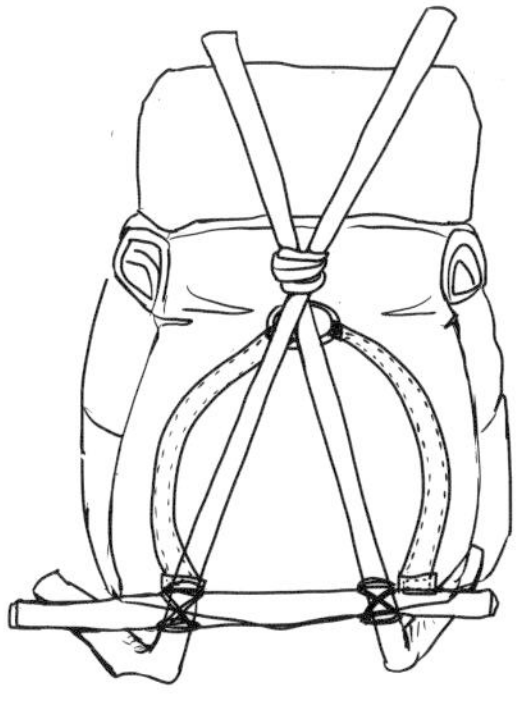

L字形の丈夫な生木とロープで簡易な背負子をつくることができる。背負うほうの木は、キスリングの背負い皮の輪っかの少し上で交差して、縛っておく。重い獲物を山から下ろすときに、背負子が重宝する

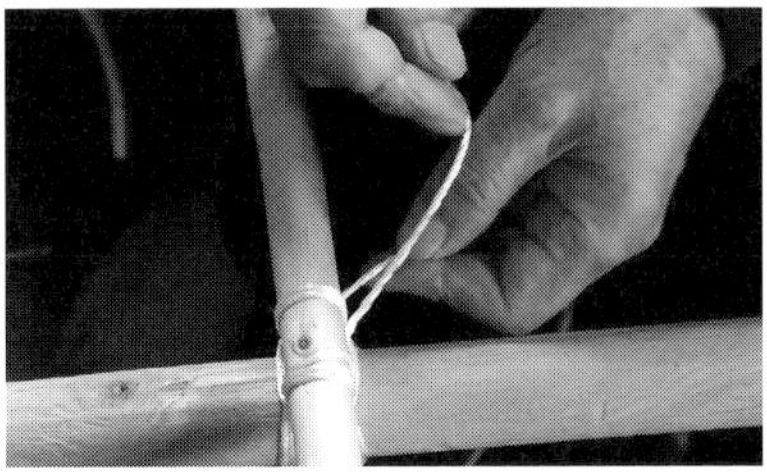

17 短い紐まで長い紐をまわす

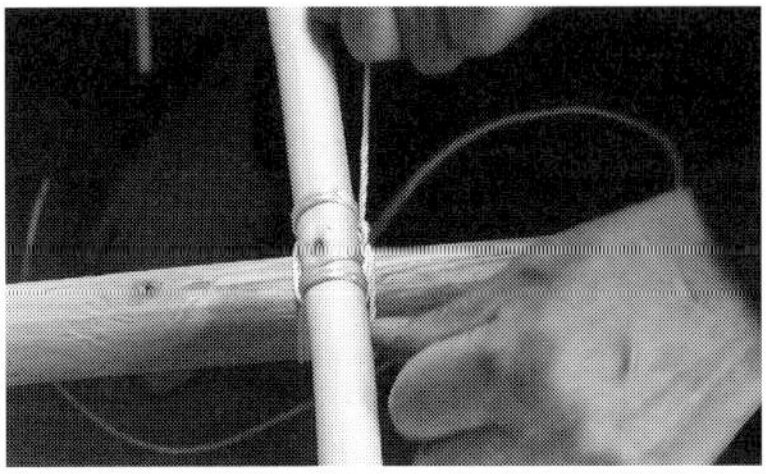

18 2回片結びする

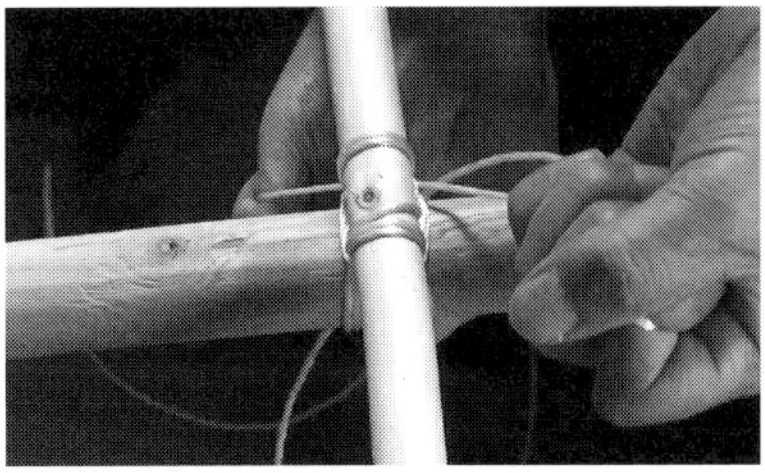

19 幕営の際のテントの支柱や簡易背負子などで十字縛りを使う

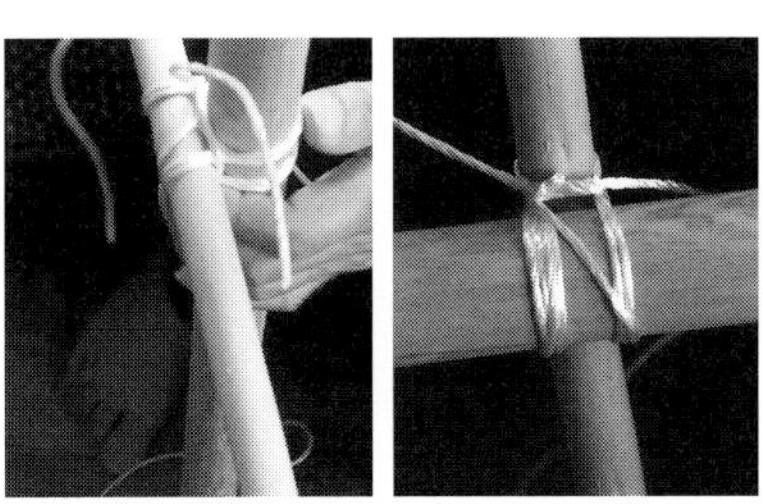

20 完成！　左）立てたところ。右）裏側から見たところ

滑車の使い方

現場で獲物を吊り上げるときに重宝する

その日にすべて獲物を運びきれず、ひと晩山のなかに獲物を置いていかねばならない場合、獲物を吊るしておくのに滑車を利用する。

ヒグマの場合は、ひとりではどうやっても持ち上がらない重さなので滑車を利用せず、主にシカ猟の際に滑車を利用する。山奥までいくヒグマ猟では、滑車分の重量を減らし、獲物を背負って帰る際に少しでも多く運搬することを考える。もちろん解体は地面での作業となるので、ゴミがつかないように細心の注意をしながら慎重に行う。

解体の方法は人それぞれなので、場所に余裕がある場合は滑車を利用すると楽である。

滑車は固定滑車、動滑車のふたつでひと組として持っていく。固定滑車は力の方向を定めるものであり、ひとりでも作業が楽にできるためには、動滑車が重要になる。

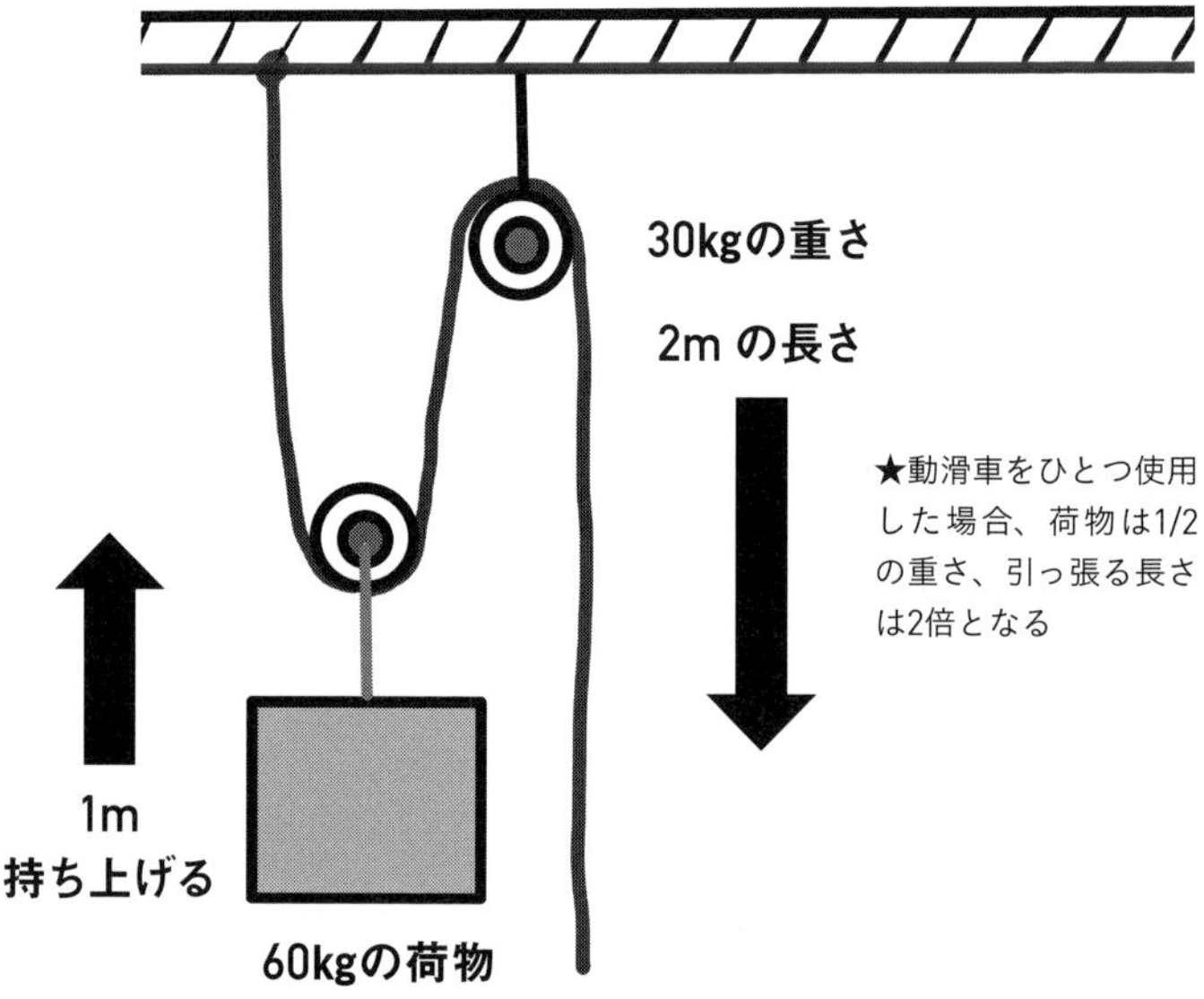

動滑車をひとつ使うと獲物の重さは2分の1に、ふたつ使うと4分の1となる。その分、ロープの長さは2倍、4倍と必要になる。キスリングで持っていける荷物の量には限りがあるので、なるべく小さな滑車をひと組で収めたいところである。

獲物を運搬するのに滑車を使うやり方もあるが、私の場合は、獲物を運搬する際には滑車を利用しない。私は獲物を獲るとすぐに腹を割き、内臓を取り出して胸骨を切らずに横隔膜を切り、手を入れて心臓の上を切る血出しの作業をする。胸骨を切り開く方法をとると、滑車で獲物を地面の上をひきずるように運んでしまうと腹腔に泥やゴミが入ってたまってしまう。あとの作業が大変になることや、

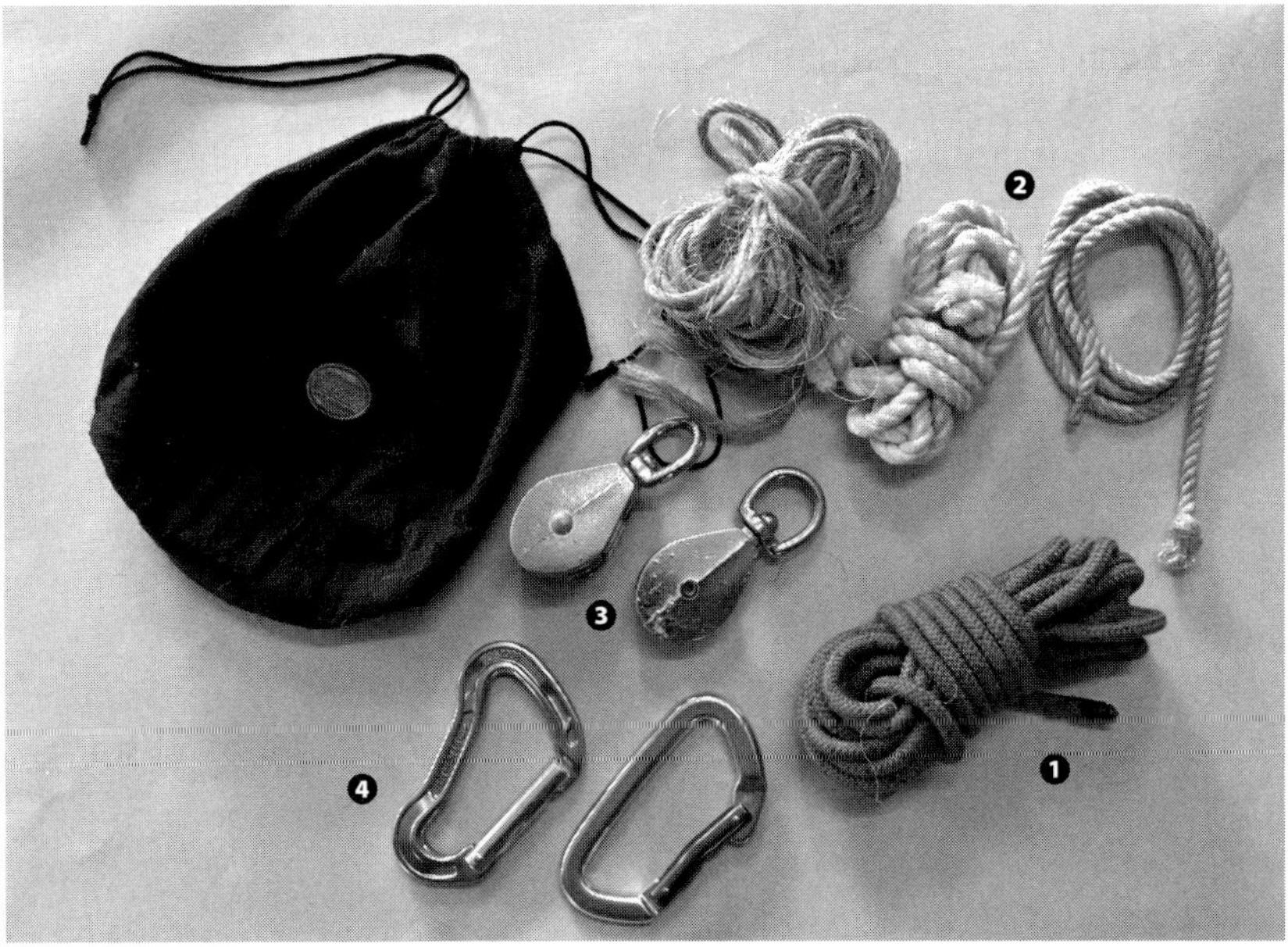

滑車に必要な道具（これらをひとつの袋に入れて携行する）

❶ メインロープ

メインロープは20mほどのロープがあれば安心だろう。片方を木に縛り、滑車に通して利用するため、長めのものを選ぼう

❷ サブロープ

メインロープのほかに、サブロープも準備し携行する。脚を棒に縛る（２本）、滑車に通して保持するのに使う（２本）の合計４本は最低準備しておかねばならない

❸ 滑車

動滑車（シングル）と固定滑車（ダブル）のふたつをひと組として携行する

❹ その他（カラビナ）

ロープを引っ張る際の持ち手として利用する。また、滑車がない場合は、滑車の代用としても使用できる

何より肉が汚れてしまうので運搬には使わない。

皮を剝ぐ際は、獲物を吊り上げたほうがゴミもつかずにきれいに作業できるため、滑車で吊り上げて作業する。

吊り上げて皮を剝ぐ作業を行ったあとは、シーツなどできれいに本体を包んでひと晩ほど吊るしておく。そうすると無駄な乾燥を防ぐことができるし、山のなかでは小動物などに肉をいたずらされる心配がなくなる。

この方法は、自宅前で作業する場合も山で作業する場合も変わらない。内臓出しと皮剝ぎはその日に終わらせてしまい、あとの作業はひと晩肉を吊るしておき、翌日行う。そうすることで肉にしたとき、ドリップも少なくうまい肉となる。

吊るして解体するための滑車の使い方

❶獲物の脚を膝部分で切り離し、少し皮を剥いておく

❷脚は棒などに縛り、少し離しておくと作業がしやすい

❸棒にシングルの滑車をつける（動滑車）

❹支柱となる木の枝などにダブルの滑車を付ける（固定滑車）

❺片方のロープの端を木の幹などに固定する

❻ロープを固定滑車と動滑車に通す

❼ロープを引っ張り、高さを調整してほかの木に固定する

滑車とサブロープのつなぎ方

滑車の輪の部分にロープを通しておく。木に結ぶことを考え、多少余裕のある長さのロープを選ぶ

ヒグマは重すぎるので、滑車で吊るすことができない。トラクターなどの重機なら吊るすことができるが、ヒグマの解体は寝かして行うことがほとんどだ

山にあるものを活用する

特に夏季であればシートなども必要でなく、山のなかに豊富にあるフキの葉やシダ類を使って、壁や屋根を葺くことが容易である。また、草の生えていない時期には、エゾマツ、トドマツなどの青葉のついている下枝を使って、風を避ける小さな仮小屋をつくることもできる。

ロープとシートを使って、大きめのものをつくる場合も、先ほど解説したロープワークの技術がとても重要になるのである。それらの技術を生かし応用しながら設置する。縛り方ひとつでそのできあがったものの強度にも影響する。少ない紐で最大の効果を発揮できる縛り方をマスターすることが大切である。

幕営をする際には、テントを張る前に焚き火の位置も確認をしておく。テントの入り口に近すぎると煙がすべてテント内に流れ込んでしまう。少し離した位置であれば、煙がかえって虫よけになることもある。焚き火の周りには、腰をかけたり料理したりする際にちょうどよい台となる木や石を集めておく。夜に向けて、薪も多めに集めておく

ツェルトを活用する

山中でビバークする際には、ツェルト（簡易テントなど）を活用するほうが便利である。ツェルトを張る際には周囲にある木を利用してまずはメインロープを張ることを考える。

しかし、場合によっては、このようにツェルトをテントを張るように使うことは、その使用する面積が大きくなり、山のなかの限られた立地条件選定などでは、煩わしいことも増すことが多くなってくる。

そのようなことから、ツェルトを使用するということは、体に巻き付けるようにしてほんの狭い場所に寝転がるのが本来であろう。そのほうが、暖かいし場所により、風で吹き飛ばされる心配をする必要もないのである。

1 木と木の間にメインロープを張っていく。片側をひと重結びにしておくと、もう片方の木までロープを伸ばして引き締めた際に自然とロープが締まって、ぴんと張ることができる。ひとりの作業の場合は、ロープワークの適切な場面での応用と活用がものをいう。ロープが余ったら、メインロープに軽く落ちないように束ねてかけておく。こうすることで、足に絡まって転倒するなどの事故を防ぐことができるし、ロープを無駄に汚すようなこともなくなる。撤収の際も楽になり、キスリングのなかも汚れる心配がない。メインロープは腰の位置よりも低い位置でよい。のちほど、支柱を立てる際に上に上がることでロープにテンションがかかるようにするためだ

2 メインロープにツェルトの紐を結んでいく。この際、ツェルトの張りを自在に調節できるように巻き結びを何回か行った結び方にしておく

3 メインロープに支柱を二脚立てていく。メインロープにテンションがかかるようにする。Y字になった木の股を使うとさらに立てやすくなるだろう。必要な際は、ツェルトの余っている紐でメインロープと結んで固定しておく

木のペグを固定する際も、巻き結びが便利だ

四隅の紐を地面に固定して、あとは適宜必要な箇所を留めていく。ペグがなくても、木の枝などを使って地面に固定する。また、周囲に生えているササやフキ、シダなどの植物にうまく固定するのも手である。植物に固定する場合は何本か束にした状態で結んだほうがしっかりと固定できる

サンズナワのこと

獲物を追って山中を歩いていると、ここでビバークをしたくはないが、せざるをえない、という状況が出てくる。そのようなビバークをするのに気が進まないような場所は、一見すると風も当たらず、水を確保しやすい小沢もあるなど、ひと晩のビバークには好適地のようにみえる。しかし、なんとなく「ここは嫌だな」との感覚がぬぐいされないのだ。

そういった場所は、例えばヒグマの通り道であったり、ヒグマにとっても休息のためひと晩を過ごすのに最適な場所であったりすることがほとんどである。また、磁場のようのものがあって、自分の感覚を狂わせてしまうような、なんとなく気持ちがよくない場所なのだ。そのため、自分の第六感のようなものが、自然とこのような場所を避けるべく、「ここは気分がよくない」との警鐘を鳴らすのかもしれない。

そのような場所でビバークする際に、やっておきたいのが「サンズナワ」である。

自分の両手を広げた長さを「ひと尋（ヒロ）」として、ロープを「ヒトヒロ、フタヒロ、ミヒロ、ハン」と口に出して唱えながら、ロープ長を3尋半とる。そして、自分がビバークしようとする場所の周りの木に、ロープを張り巡らせ、いわゆる「結界」をつくるのだ。ロープの高さは膝の高さほどで十分である。そうすることで、不思議なことにヒグマをはじめ動物がそのロープよりも内側に入ってこなくなるのだ。

山には様々な伝承があるものだが、それらには古来山と自然とともに生きた先人たちの知恵が詰まっている。

人間のにおいがついたロープを嗅覚が鋭い動物たちがかぎ取ることで、結界内に入ってこなくなるのだと思われる

どこでも焚き火ができる技術を身につけよう

どのような天候であっても火を熾すためにはある程度の練習が必要である。ここで紹介する火熾しは基本であるので、ぜひ習得したい。

火熾しに必要な道具として、ライターと新聞紙は必ず山に携帯する。しかも、いざというときに濡れて使いものにならないと困るので、ザックのなかに濡れないようにしっかりとパッキングして持っておく。それでは、火熾しの手順を解説していこう。

❶ 焚き付けを集める

薪を集める際に、まずは小さな火（火口という）をつける乾いた枝だけを丹念に集める。集める量はひと握りほど。雨などで濡れている場合は、なるべく濡れていないものだけを集め、濡らさないように上着下の胸元にしまう。そうすると多少の水分は乾いてくるので、火をつけやすくなる。

❷ 薪を集める

薪を集める際に、乾いた薪ばかりを集めないこともポイントである。なぜかというと、❺で解説しているように、長く火をもたせるため。

❸ 火をつける

新聞紙を丁寧に丸めて火をつける。新聞紙に直接火をつけて地面に置くときは、火をつけた部分が上になるようにしておく。

焚き付けになるのは小枝だけではない。燃えやすいものは山や沢の付近にいろいろとあるので、注意して周りをよく観察することだ

❹ 焚き火を大きくする

焚き付けの木を火の上に丁寧に置いていく。ばらばらに置くことなく、一本一本置く。徐々に火が大きくなってきたら、大きめの木を入れていく。

❺ 焚き火の面倒を見る

火が大きいうちは煮炊きには向かないので、落ち着くまで少し待つ。また、火が小さくなってきたと感じたら、適宜木をくべていく。乾ききった木は燃えやすいが、あっという間に燃え尽きてしまう。火が大きいときは生木を入れても燃えるので、長くもたせる場合は、乾いた木だけではなく湿った木や生木をくべていこう。

1 焚き付けに使う枝はなるべく長さをそろえて枝の先の細い部分を集めておく。ポキポキ折れる立ち枯れの枝などから集めよう

2 新聞紙に火をつけて、火を上にして置く。小さな焚き付けを静かにおいて火を熾していく

天候や季節によって木が湿っていて火がつきにくいときは、立ち枯れたヨモギなど、その場で調達できる火のつきやすいものを使うことも考える。よく燃えやすいものはすぐになくなってしまうので、焚き火を始める前にあらかじめ多めに集めておくようにしたい

木の枝ばかりではなく、立ち枯れしているヨブスマ、イタドリなどの植物の茎も火がつきやすく、焚き付けの枝の代わりとなるので覚えておく。常に、同じような焚き付けが現場で手に入るわけではないのだ

3 火の上に燃えやすい少し大きめの焚き付けを一本一本置いていく。まずは細い枝に火がつくことを考える

4 焚き付けに火がついたら、さらに少し大きめの木の枝を火の上に置いて火を安定させる。焚き付けが湿っていると時間がかかる

5 だんだん周りに置いた木に燃え移る。水分が多いので煙が出やすい。ここで火が消えてしまわないように慎重に木を置いていく

6 ここまでくると火はめったに消えないので、生木をくべても問題ない。どのような状況でも火を熾せるように練習をしておきたい

キャンプなどで焚き火の規模を大きくしたいときは、薪の長さを長くする。薪の組み方は火力の調整がしやすく持続性が高い平行式がよい。キャンプファイヤーで見られる井桁式は、山中泊の焚き火には向かない。山で1泊するときは、燃え尽きない大きな木もそろえておくとひと晩暖かく過ごせる

煙が上がっている間は温度が低いので燻製には向くが、料理に向かない。炎の燃え上りがおさまった状態(熾き火)が煮炊きに程よい火となる。熱が安定しており、飯は焦げずに炊けるし、お湯もすぐに沸く

焚き火を終えたら、必ず火の始末を行う。沢でくんできた水などをかけて炭の温度を下げる。大きな炭同士を離して、再び火がつかないようにする。さらに、土をかぶせておくことで酸素が遮断され、再着火しにくくなる。枯れ葉は再着火の原因になるので、炭に付かないように必ずよけておくこと

猟期以外の時期をどのように過ごせばよいのか？

実際は猟期中よりも、猟期以外で準備をしておくことが猟の出来を左右する要素であることは間違いない。何気なく山を歩いているときに、いったいどのようなことに注意を向けているのか。実際に春夏秋冬のフィールドを追いながら見てみたい。

猟期以外の下見の重要性

毎年、エゾノリュウキンカ(ヤチブキ)がたくさん生える水辺がある。山菜として花と葉の部分をさっと湯がいておひたしなどにして食べるのだが、いつもと少し様子が違うことに気がついた

春は山菜採りをかねて、ヒグマやシカの痕跡を見る

自分の猟場にどのような獲物がいて、その個体はどのようなものを好んで食べているのかを痕跡から知ること。そして、動物たちが食べているものと同じものを山菜として食べることができるチャンスでもあるのだ。

この時期、私の家の近くに出没するヒグマは1~2頭おり、半径2㎞ほどの範囲のなかにいくつかの餌場をもっているようだ。

1頭は、エゾノリュウキンカがいち早く開花する、私自身も非常に気に入っている風の当たらない谷がある。ここは代々入れ替わりながらヒグマが餌場とする場所だ。もう1頭は、別のヒグマか、家の目の前のフキを気に入っていて、ここ数年夏になると毎年食べに来ている。

ヒグマを獲る猟期以外は、ヒグマがいても決して深追いはせず、私とヒグマはお互いの生活圏を一部共有しながら生活している状態だ。お互いに、お互いがいないことを確かめながら、山菜を採り山歩きをしている。ある意味、うまく共存しているのだ。

ヒグマの若いオスは冒険心が強く、好奇心も強い。まるで幼稚園児のお使いの往復のように、私たちには思いもつかないような遊び方や寄り道をする。何かに夢中になりすぎたり、執拗に興味を示したりもする。

春は穴から出てきたばかりのクマと不用意に出くわさないように注意が必要だ。

ヤチブキが生えている根元の部分が、何カ所か土がえぐられたように濡れた部分が見えている。クマがヤチブキの根を掘って食べているのだ

歩き進み、ヤチブキが一番きれいに咲いて生育がよい箇所の土が明らかに何者かに掘られている。しかも、掘られたのはつい先ほどのようだ

肉球のようなもので押されたかのような跡がついている。周囲をよく見てみると、はっきりとした足跡も残されていた。ヒグマの足跡である。春に心地よい場所を求めてやってきたようだ。この場所は周辺が小高い丘となっており、風が当たらない谷のような地形になっている。そのため、ヤチブキもほかの場所よりも早く咲き始めるのだ

左後ろ足の足跡。比較的、若いヒグマだろうか。人が来たことで、慌てて逃げてしまったようだ。ちなみにヒグマの足跡などを計測する場合には自分の指の長さや足の大きさで比較するとよい

足跡以外の痕跡をたどる

人の気配を感じ取り、慌てて逃げたのだろうか、少し歩幅が広くなっているように見える。安全な間合いをとろうと急いで歩いたのかもしれない。ササやフキノトウなどの上に泥足を置いたようだ。泥が残っている。泥の乾き具合から、ヒグマがここを通過してから20分とたっていないだろう

食痕・爪痕を観察する

上）ヤチブキの根を掘り返して食べていたようだ。相当丹念に掘って食べていることがわかる。右）ヤチブキの水辺に残る爪痕（4月下旬）。この場所は狭いので、現在のところこの個体1頭が利用していると考えられる。このヤチブキの場所に残されていた足跡・食痕と同じ主の爪痕の可能性が高い。「ここのリュウキンカの場所は、人間だけでなく僕も使っているよ」とヒグマからのメッセージのようにも受け取れる

逃げ去った方向を確認する

ヒグマが逃げ去ったササ路。ここから上がり、別の林へ去っていったようだ。ヒグマのほうから逃げたということは、人に危害を加えるような性格のヒグマではないということだ。まだ若いクマである可能性もある。春の時期は、間合いを詰めすぎることがないように、追跡も深追いは禁物である。ヒグマが「ここは快適な場所ではない」と判断すると、餌場を変えてしまう可能性もあるのだ

このように周囲に草が生えた状態では、はっきりとした足跡はあまり目立たず、食痕がいたる所にポツポツとある程度だ。ウバユリの茎を食っている

春のエゾノリュウキンカが群生していた場所でヒグマの食痕を発見した。利用頻度は多くないが、やはりたまにやってきて、ゆっくりと過ごしているようだ。

この春と毎年の観察から、エゾノリュウキンカの場所を常時使っているヒグマは現在のところ一頭ということが濃厚になってきた。この谷のような場所は範囲が狭いので、複数のクマがいるとは考えにくく、仔グマの足跡も見つかっていないことから、成獣のクマが一頭縄張りとしているのだろう。

ヒグマの穴を確認する

過去にヒグマのメスが仔育てのために利用していた穴を知っているのならば、それは猟師にとって財産である。ヒグマが仔を連れて穴を去った時期を利用して、いまも使われているかの確認をしたいところだ。春と夏は猟場を歩き、ヒグマの生活を知るための時間とするのだ。どのあたりで、どのような範囲で行動しているかを詳細につかんでいく。相手や地形を知ることで、猟期に追跡する際にヒグマの跡にうまく乗りやすくなるのだ。

陰になり、日が当たりにくかったのだろう。一部遅霜にやられたバイケイソウ。そのまま伸びたため、遅霜に当たった部位は茶色く変色している。この場所はピンポイントでほかの場所よりも春の早い時期は山菜も育ちが悪いだろうと予測できる

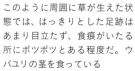

次の痕跡を探し、藪のなかに入る。何かが頻繁に通ったような道がササ藪のなかにできている。爪痕の発見場所から200mほどしか離れていない。ササの伸びたての若い芽がポツポツと食われている。周囲にはシカの痕跡がないため、爪痕の主と同じヒグマの食痕と思われる

比較的新しい爪痕を発見。毎年この木にやってきてはバリッと爪痕をつけているようだ。今年もこのあたりにいるのはだいたい同じ高さに爪痕があるので、毎年痕跡を残すのと同じ個体だろうと予測した

ヒグマの痕跡を追いつつ何度も川を渡渉しながら目的のヒグマの穴に向かう。いままで発見した痕跡は、過去に見つけた穴を利用して越冬した個体なのだろうか

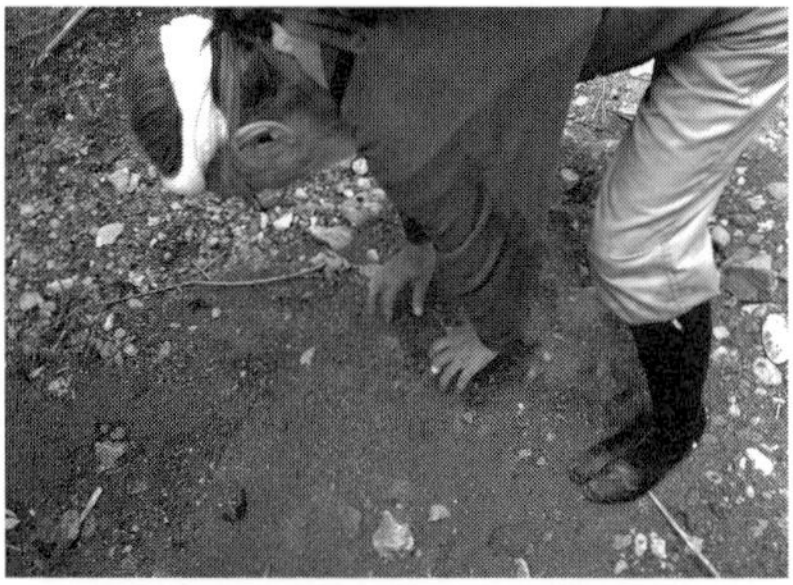

沢沿いの探索は、砂地や砂利の上に残された糞や足跡から追跡していく。周囲のフキなどに食痕がある場合も多いので、周囲の状況をよく調べながら進む

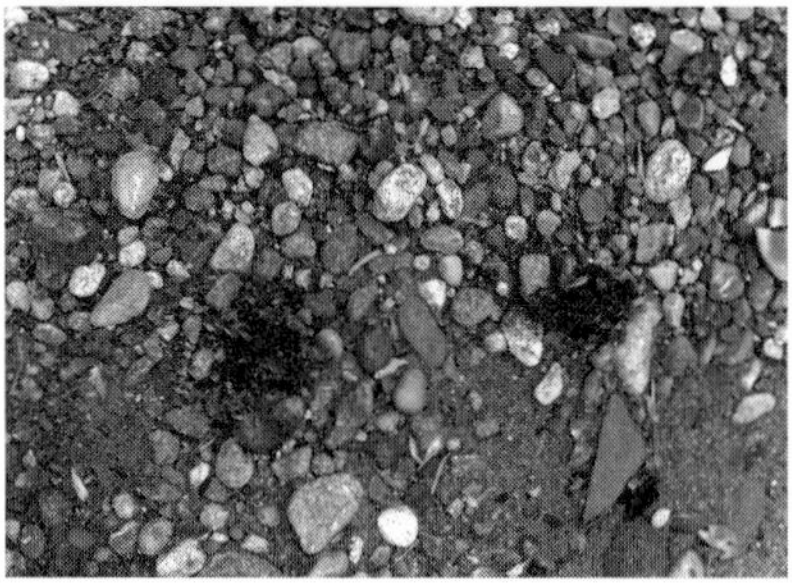

右上）さらに沢を登ると、砂地の上に古いが足跡を発見した。ちょうど右手と左手を写真のように置いたようだ。右下）さらに足跡を探しながら進むと、古いが糞が落ちていた

歩き進むと、さらにフキ、イタドリなどの食痕を発見した。頻繁に同じ場所に食べに来ているようだ。跡をたどっていくと、糞が落ちていた。糞をしたあとに、さらに沢に下りたようだ

沢に下りたあと、フキを食べたようだ。フキの上に足を置いたため、フキが根元から折れ、葉の部分に足を置いた場所に泥がついている

上部が伐採されたため、10年前と比べると沢底の砂利が流され、岩盤が出ていた。5mほどもあった滝もなくなってしまった

小さな函沢は非常に急峻だ。この先に、以前何度かヒグマを仕留めたことがある穴がある。ここ10年ほどは使われていないはずだが、もしかするとヒグマが再度使い始めたかもしれない

急峻で狭い沢を上り詰めた所にヒグマの穴がある。下のほうには、爪痕、食痕、糞などヒグマの痕跡を発見できた。昔からメスのヒグマが使っていた穴がこの先にある。訪れたのは6月であったが、これが秋の初雪が降ったときにも、ヒグマの追跡は同じ行程となる

目印となるポイントに到着。ここには昔からヒグマが爪痕をつけていく。爪痕は残っているが、古い爪痕のようだ。さらに沢を詰めて、穴のある斜面を登っていく

穴のある斜面は急峻な斜面が多く、ネマガリササがびっしりと生えていた。ササにつかまりながら斜面を登っていると、タケノコ（ササノコ）を発見することもしばしば。ついでにササノコも採取しながらひたすらに穴を目指して背丈よりも高いササ藪を登っていく

夏のフィールドの歩き方——ヒグマの穴発見！

いまは穴のなかが崩落してしまったため使われなくなったヒグマの穴（⬇で示した三角形に見えるのが穴の入り口）。メスのヒグマの穴だったので、ここで2度ほど獲物を得たことがある。ヒグマのメスはこの穴で仔を産み、春には仔を連れて出ていく

大きなヤマザクラの木の根元に、一見すると見落としてしまうような小さな穴がある。なんと、こんな小さな穴がヒグマの穴の入り口である。急斜面に生えているササ藪のなかにあるのだ

穴のなかは どうなっている？

内部は意外に広く、人間ふたりが入れる広さだ。残念ながら天井が崩落してしまったため、奥のほうは土で埋まってしまっていたので、クマが冬ごもりのために敷いたササの葉は入り口のあたりにしか残っていなかった

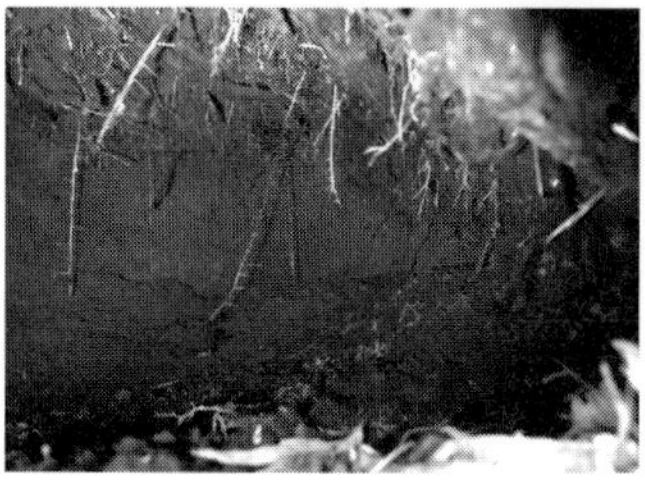

右）入り口から入ると、奥へ向かって傾斜がついている。左上）ヒグマが掘った際についた爪痕が、壁にびっしりとついていた。左下）天井の崩落がなければ、いまも母から仔へと受け継がれ仔育てに使われていただろう。代々メスが使う巣穴は、仔育てのために母から仔へと受け継がれることが多いようだ

春・夏

秋・冬（穴の奥ゆきを広げ、ササをたっぷりと敷く）

穴の奥ゆきを広げるために、冬ごもりの穴として利用する際には、再度穴の奥を少し掘りなおす

猟期前に考えること

秋のフィールドでは、猟期前ともなると毎日の観察だけでも忙しいものだ。

猟場となりそうなフィールドを自分で歩いてみて、春と夏にそこで得た多くの情報を照らし合わせ、毎日の天候、気温、動物の動き、地形による風の変化など、ふとした何気ないときでも自然を観察する目を向けるようにする。

春夏に見つけたコクワ、ヤマブドウなどの花が、この時期にちゃんと結実しているのかどうかも確かめる。結実し始めた時期は例年と比べて早いのか、遅いのか。また、結実しはじめた時期の気温や天候はどうだったか。

さらに自分の目でひとつひとつ確かめながら、どの地形が最初に食べ頃に熟れるのか、または、最後まで残っているような場所はどこになるのか、全体的な実りはよいほうなのか、リケの遡上は例年よりも早いのか、といったことを漏らすことなく判断をしていく。

自然はすべて一連の事象としてつながっているので、動物の動きを見るときにその季節だけ、例えば猟期だけを切り抜いて述べることは実際には難しいし、それは動物たちの平均的な性質となってしまうため、自分が追い始めようとする獲物を知ることとは少し離れてしまうことになる。

毎年、春夏秋冬と四季は巡り、自然のなかの大まかな流れは大きくは変わらないだろう。しかし、猟に関していえば、一見変化がないようななかでの、わずかな違いを感知できるかがとても大切だ。

シカの動きも、その年の条件によっては違いが出てくるだろう。日によっても、昨日と同じような天気であったとしても、彼らの感覚からすると少し行動を変えたくなるような何かがあるらしく、同じ個体であっても全くいつもどおりの時間に同じ場所に出てくるという保証はない。

動物たちがどのように動きだすか、主に天候が動物の動きを左右するだろうから、例年と比べて、また、ここ数日と比べてどこに違いがあるのか、自分自身が動物になった気持ちで細かく集めていく感覚が特に秋には必要だろう。

天候が違えば、餌場とする場所、寝屋とする場所も、細かくいえば地形の状態からも少しずつであるが変化するはずである。その状況の変化に対応するタイミングや判断の基準は、動物であれば種が違ったとしてもだいたい同じだろうと思う。

例えば雪と風が強い日であれば、山のなかで自分だったらどこにいたいと思うか、という動物の視点に寄り添ってうまくできればよいわけだが、動物と自分との相違点、合意点を理解することから始めなければならないため、なかなか人間にとっては難しい。

ひとつとして同じ条件がそろうことは自然のなかではない。何を手掛かりとして自然のなかに出合う日々の場面同士をうまくつなげて経験としていくかについては、ハンター自身の考え方や感性の部分が大きいだろう。

猟期前だからといって特別ではない

秋は、ヒグマ猟に関していえば、クマの心境をうまく察知しなければいけないこともあり、初雪や根雪など天候の見極めはとてもシビアなものとなってしかるべきであろう。

しかし、猟期前だからといって、特に目新しいことを行うわけではない。装備や道具の手入れは、多少は力が入るかもしれないが、最高の状態で常に使えるように、常日頃から行っているものである。動物たちの一挙手一投足に全神経を集中して観察する時期であるので、そのようなときに道具に改めて気を向けなければいけない状態では、大切な一瞬を逃してしまうかもしれないのだ。

猟とは一見単調な繰り返しの作業が多いものである。観察・追跡して獲物を仕留めて解体する。淡々としたその一連の作業の繰り返しにすぎない。しかし、その繰り返しのなかに、自分なりの発見や工夫、失敗からの経験を踏まえて次の猟に生かすことが大切である。ただ獲物が手に入ればよいという考えもひとつあるだろうが、その考えだけではやはり猟というものの本質的な楽しさ面白さはないだろう。有害駆除と猟をすることの本質的な違いがそこにはあるはずだ。

私の猟においては、9割が観察と追跡に費やされる。それだけの時間を費やしたとしてもヒグマの場合は途中でふっと心からヒグマが去ってしまい、その年の猟を終えることも多々ある。それでも、毎年秋になると、猟をするために時期を見落とさないようにと山の観察を行う。自分も動物だとして、自然のなかで違和感なく溶け込めないことには、動物に近づいて獲ることが難しいから、という理由もあるが、クマを得るという喜び以上にやはり動物の心境を、自然の動きを読むというところに一番の楽しさを感じているからだろうと思う。

猟のどのようなところが楽しいかは人によってそれぞれだろうと思う。しかし、ひとつの物事をある程度突き詰めたときに感じることができる感覚というものは、それほど種類は多くないだろうと思う。

昔の剣豪が剣を極めたときに、無駄のない動作を突き詰めた結果、相手の動きがゆっくりに見える心境と同じように思うからだ。

猟期前は、初心者であれば昂奮してしまったり、いつもよりも気合が入ってしまったりするだろう。そのような気持ちも大切にして、実際に山で感じたこと、自分の状態などを猟から帰ってきたときに客観的に振り返ってみることで、「ああなるほど」と気づけることも多い。

自分のなかで自分の猟の全体を咀嚼し、よかったところよりも、まずかったところをしっかりと考えていくことだ。自分自身の、いつもと同じところと、違うところを見極めること。そして、動物との同意点を探し出すことも、動物たちが真に輝き始める秋のフィールドではよく考えて観察したい。

秋のフィールドではこんな場所に注意して歩こう

実のなり方

地形と木の実り方に注意する。去年と同じ場所のものが、同じようになっているとは限らない。その年の、秋までの雨の量、気温、日照量などにより、必ずその年の最適な実りの場所があるはずだ。これまでのフィールドの観察の経験を生かしながら、それらを確認して歩く。

キノコが生えている場所

キノコが生えている場所は、ヒグマが出没するポイントになりうる。特にタモギタケのなかに入る虫を狙って食べに来ることも多いのだ。生えたてのキノコにはまだ虫が入っていないので、生長して虫が十分に入ったタイミングに改めて下見に来るとヒグマの痕跡を確認できる可能性が高いものだ。

キノコも生えた直後よりも、しばらく時間がたって虫が入る時期のものをクマは好む。どのくらいで虫が入り始めるのかを注意して観察しておきたい。秋は忙しい季節だ

エゾシカの動き

秋になると繁殖期に入り、オス同士の争いも活発になってくる。群れも、春や冬のような大きな群れとは異なり、数頭のメスの群れにオスがついていくような群れであるし、若いオスはトコトコと単独で歩いていることもある。

シカは餌場と休み場所を往復する生きものだから、比較的毎日の観察がしやすく、個体の識別もできるようになるだろう。時間帯とルートをおさえ、猟期の待ち場所、撃ち場所をイメージできるようにする。

鳥の動き

この時期、川岸にオジロワシやオオワシがサケやマスを狙ってやってくる。風の向きによっては、鳴きかわす声が頻繁に聞こえてくるので、川に魚がいることがわかる。

また10月ごろは、山の上から下りてきたカケスが、潜んでいるクマに興味をもつことがある。一羽ではなく数羽で、木から木へ移りながらクマの様子を熱心に観察し、ギャーギャーと鳴きながらその存在を教えてくれる。クマの食べているものや糞に興味があるのかは、わからない。

猟期後のフィールドの歩き方

雪の積もり方から、雪解けの早い場所を推測できる

雪が降るまでの雨の降り方などは、その年の雪の降り方に影響する。そのため、秋口から注意して天候を観察する必要がある。例年よりも雨が長く続いているのか、そうではないのかにより、当然クマの穴に入る時期もズレ、春先の雪解けの時期も変わることになるので、クマが穴から出てくる時期も異なる。

雪解け後の春先には、クマが藪のなかに入って、シラカバの若枝をガムのようにクチャクチャと噛んだ痕跡をよく見かける。

春に穴から出たあとに食べるのは前の年に落ちたドングリなどだ。たくさんの量は食べないようだが、いち早く雪が解け、ナラなどのドングリが落ちている木の場所にはヒグマがいる可能性が大いにある。秋口からの天候とその冬の雪の積もり方をしっかりと次の猟のために確認することが大切だ。

シカの動きに注意する

天候によるが、シカは雪が深くなる山奥ではなく、川沿いの段丘など雪が少なく歩きやすい場所でササなどを食べて冬を過ごす。2〜3月の間はシカの群れの集まり方をよく見ていると、天候の変化、特に吹雪などの予想がつく。まだ天候が荒れていない歩きやすいときに、複数の群れが大きなひとつの群れになろうとする。それが天候変化の前触れで、いったん大きな群れになるとバラけずに、雪解けまで続く。多いときは百頭以上の大きな群れとなることも。それが2〜3群れあるのが私の家の周りでは珍しくない。

猟の振り返りをする

その年に行った猟を振り返ってみる。自分にとって猟はうまくいっただろうか？

うまくいかなかった場合、うまくいかなかった理由を突き詰めて考える。獲物を追い詰めるのに、一歩、いや半歩の差で相手に気がつかれてしまったのだろうか？

ひとつひとつの猟を振り返り、気づきとして咀嚼することが大切だ。また、獲物を得ているのであれば、獲物を獲ったときの心境も振り返ってみる。猟は、淡々とした繰り返しの積み重ねだ。それが楽しいと気がつけるか。

うまくいった猟というのは、案外自分の経験としては身にならないものだ。むしろ、失敗してしまった苦い経験こそが大切であり、そこにいままで見落としてきた自分の克服しなければならない短所がある。それはひとつひとつ人にいわれるのではなく、自分で気がつき改善していかねばならないものだ。私が単独猟を好むのは、失敗も含めてすべて自分の責任であるからだ。猟に対する取り組み方は当然同じであるべきだが、仲間との猟では自分だけの責任ではない部分も多分に出てきてしまう。

獲物の命は自分に何を教えてくれるのだろうか。その猟で自分は何に気がついたのか。その感性を大切にしたい。

禁猟に入ったあとも、猟場となるフィールドを常に観察しておくことで、次の猟期に役立つ情報を得ることができる。猟期以外にいかに情報を集められるかが大事だ

変わる動物の性格

この地域（道東）は1974（昭和49）年までは全くシカのいない地域であった。もっとも、戦後入植し牧場の開拓にたずさわった人の話では、特に太いニレの木をノコで伐り倒すとき、木に巻き付かれて生長とともに木に埋没してしまったシカの角に当たってノコの刃が欠けてしまい苦労したという話がある。そのことから、北海道でシカが絶滅寸前だった以前には、このあたりにも棲息していたことははっきりとしている。

たしか1974年の春であったと思うが、摩周湖寄りの山のなかで2〜3頭の足跡を見た。8年間山で暮らし、ヒグマを求めて歩きまわっていた私が初めてシカの気配を感じたときであった。そして、雪が深くなる季節になると、河原の雪のなかに回廊のように雪を分け弟子屈方面に向かっている跡が残されていた。そんな状態から2年ほどが過ぎると、草地のなかに角突きをするシカの姿を見られるようになった。それからのシカの増え方には、驚くべきものがあった。

昭和62〜63（'77〜'78）年ごろは、アキアジの回遊がすごかった。トドも多く漁業被害も多かったが、それと同じようにシカの数も増え続けた。3月末になると、雪と地面がまばらに見え始めた草地の上には、地面が動いているかと思えるほどの数のシカの群れが普通に見られるようになった。

そのような状態になってから、この地域もやっとシカが解禁となったが、猟期である11月15日から1月31日まで、一日オス一頭までという上限であった（この地域のシカの解禁が当時いつからだったか、定かに覚えていない）。

牛に草をやろうと、トラクターのエンジンをかけると、その音を聞きつけどこからともなくシカが集まってきて、牛を押しのけて乾草を食うのが日常となった。

最も困ったことはラップフィルムをかけてつくった牧草ロールにもシカが集まり、フィルムを破って草を食うことであった。一個ずつきれいに食うのならまだしも、手あたりしだい破ってしまう。春、6月分までの乾草ロールの半分ほどもダメにしてしまうことが続いた。

右肩上がりだった個体数増加のピークが過ぎ、面積に見合う頭数になるまで20年近く増加が続いた。現在（2020年）は、当時に比べると、春に牧草地に集まる数もピークのときの10分の1ぐらいになった。そのシカの数が安定しだしたときにやっと駆除の奨励金が出るようになったことから考えても、私の家の周りだけのことかもしれないが、数の安定は狩猟圧または駆除成果というより、自然淘汰されて単位面積に棲める数を悟ったと思われる。

絶滅寸前といわれてから、おそらく、ごく狭い範囲に少数で何年も過ごし重ねてきた我慢がはじけて増え続ける不思議さ。棲む場所を広げるために、歩み出す探求心や冒険心。

遠い昔、人間にもあった、ベーリング海峡を渡ったり、小舟で島影も見えない大海原にこぎ出したり、それらより距離や費やした時間もはるかに短いだろうが、その心と行動力を思うと何かしら勇気が湧いてくる。自分の短い一生のなかで、一種だけの動物のドラスティックな変化ではあるが、その場面に遭遇できたことは幸運であった。

シカが増えたことにより、ヒグマの行動も少しずつ変わっていった。シカがいなかったときは、草や藪を分けて歩く跡はすべてクマであったが、シカが増えると、その跡の見分けに時間をとられるようにもなった。しかし、藪のなかで立てるほかの音に対するヒグマの注意力が散漫になりだし、接近することが以前よりも容易になる面が出てきた。

そして、まれにではあるが、シカを獲るクマも出てきた。それは他の地方でたまに発生する牛や馬を襲う頻度よりも少ないものであったし、食い残しを草や土で隠していた。

そのシカを食うことがクマの普通のこととなったのは、環境省が許可した知床半島の先端でのシカ駆除であったように思う。場所柄ゆえに、駆除したものの回収ができず、そのまま放置した経緯がある。それを食うことが常態化したのだろう。その後、半島全体にシカを食うということがヒグマの間で瞬く間に伝播した。

直接的な接触はなくとも、ヒグマ同士でそのようなことは確実に伝わっていく。クマはそのような感覚の鋭い動物になったのだ。牛舎にいる牛を襲ったクマを駆除して、その10日後ほどに、ほかのクマが全く同じ進入路、同じ方法と退路で牛を襲ったという経験からもよくわかる。

シカを襲うことが普通のことのようになると、以前のように、食い残しを埋めることもしなくなってきた。クマが自分のものだとの主張をしなくなり、それにこだわることがなくなり、ただ食い散らかすだけになった。

そしてそれに伴い、シカの棲みやすい草地の周り、人間の生活域に近い所へと、クマの棲息域にも変化が現れだした。シカがいなかったときに行動していた山から離れることにより、山のなかに全くクマの跡がない面積が広くなった。そのような状態のなかでクマが増えたという研究者もいるが、前述の状態をよく見ていない発言のように思える。

ヒグマの変化は、川に遡上してくるサケ・マスとのこともある。

確かに、サケ・マスを食うクマは昔からいた。しかし、いまほど大っぴらに昼間からほかのクマがいても仔を連れて川に現れるようなことはほとんどなく、夜の闇を利用してひそかに行うことがほとんどであった。

遡上する魚が多い年が長く続いたことにより、遡上時期になると川で魚を獲ることがクマの行動のなかでひとつのレジャーと化しているようなところがある。なぜなら、クマが一度に大量に魚を獲り、多量に食べているとは思えないからだ。

その淵の浅瀬にはまだまだたくさんの魚がいても数匹のサケの、しかも、頭だけとか腹だけとかしか食べない痕がほとんどである。川のなかを走りまわり、捕まえては、少し齧る。その行動が面白くてしようがないのではないかと思えるのである。

冬ごもりのための食べ物の量としては、糞の観察からも、獲りにくる回数、食べる量、それに獲りにくる時間の短さからしても魚を食べている量が少ない気がするのだ。

レジャー・レクリエーション的な行動の面が強いため、昼間の明るい所で行うほうが楽しいかもしれないし、ほかのクマもそのような気分であるなら、魚も多いことではあるし、仔連れでも仔には危険は及ばない、と高を括っているようなところがあるのかもしれない。

それは、食おうと思えばいつでも食える動物質のものが多くなったことによるのかもしれない。知床半島が世界遺産になっている境目近くは、目につかないかたちで森林がかなりの面積で切られている所が多く、それも相まって動物質のものを食う傾向があるといえるかもしれない。

植物の実、果、根菜類であれば、それぞれによって食える時期は、一年に一回であろうし、それも天候による豊作不作がある。

縄張りをつくって餌場を守る必要もあるだろうが、いまのところシカや魚など動物質の餌が十分に獲れるので、縄張り的なものが希薄になっている。昔からクマの天敵はクマであるが、自分の餌場を守り抜こうという緊張感も迫力もいまは必要なくなり、クマ牧場のクマのようにほかとはある程度の距離さえとっておけば争いもなく餌にありつける。そんな傾向のクマが野生でも多くなってきているのではないかと思われる。だから、人目も気にせず動きまわるし、人家の近くも平気なのだ。それは、糞のたれ方でもわかる。

最近のクマは、人家の近くでも一カ所に大量の糞をたれる。緊張のため、歩きながらボトボトと垂れ流すようなことが少なくなっている。人の持つ銃は天敵になりえても、人はクマの天敵にはなりえないのだ。

だから、クマ同士なら起こらない不用意な距離に人が近づきすぎると、邪魔なものとして襲われてしまうのだ。母グマが仔を守るために人間を攻撃することがあるが、そのような行動を起こした母グマはすぐに省かれるのだ。親を失った仔グマは何を学べばよいのだろうか。何も学べないまま大きくなって、その時その時で好き勝手するクマしか残らないのではないかと思う。

＊

さて、サケやシカなどと、クマの食べるものにもある偏りが出てきている。時期にもよるのだが、生きがよいものだけを食べるとは限らないようである。

春、穴から出てきた時期には、若い草の芽や根などを食うが、一度にそれほど多量を食べてはいないようだ。ただしこの時期、シカは青草のような生きのよいものを好むことが多いが、ヒグマの場合は冬を越せずに斃れたシカなどの屍も食べている。もう少し季節が進むと、植物類のはかに、肉にたかっているハエなどのウジを好む。

以前はそれほどでもなかったが、近頃はタモギタケというキノコを食べることがよく見られるようになった。タモギタケは虫がわきやすいキノコでもあるので、キノコのなかにいる小さな虫を狙って食うのだ。

春早く、クマがシカやその屍を食べていることを、ほとんどシカの毛だけの糞から食べている量なども推察することができる。しかし、秋のサケを食べる量は、食い残しの量などからしか推し量れない。サケの遡上期の糞の量は少なく、糞から魚の残り物を見つけるのが難しい。サケは消化がよすぎるのか、食べる量が少ないのか見分けづらい。

シカが全くいないころに比べて、クマが変わったことといえば、冬ごもりの時期が短くなったことである。秋にコクワやドングリをたらふく食べて山のような糞をたれていたころは、11月中ごろになると積雪の状態によらず、ほとんど穴に入るべく行動を始めたものであるが、その行動の開始が遅くなったのだ。特にオスグマは、年が明けても行動していることが多くなった。そしてまた、そのようなオスは、春に穴から出る時期も3月の初めと早くなっている。

オスであればまだしも、穴で仔を産んだメスは、仔が親と行動を一緒にしなければならないのでそれほど早く穴から出ないのではないかと思っている。また、当歳仔を連れたクマの動きは、シカの全くいなかった時代、4月遅くに穴から出たクマでも行動が非常に鈍かったことから考えれば、1カ月ほど早く穴から出たとしても、穴にいたときのような状態で、雪・雨をしのいで、ほんの少しの食べ物（昨年、一昨年に落ちたドングリなど）でしのぐのではないかと思っている。なぜなら、春の仔連れのクマが、雪の少ないナラの大木の下で見かけることが多かった経験からも、そのように思うのだ。

このように動物性の食べ物が多くなった最近のクマは、特にオスの場合、シカが全くいなかった時代に比べ、頭骨と足の大きさの発達が早くなった。足跡の大きさで、かなりの大物と思っていても、実際に獲ってみると、体は思いのほか小さかったりするのだ。そしてその獲物が秋遅くであっても、以前に比べると意外に脂ののりが悪く、肉そのものも臭味が強くうまくないことが多くなった。それに昔のように、皮下脂肪が5㎝を超えるほどに厚く蓄えることがなくなったのである。ヒグマの肉を食べることまでを猟と考えている者にとっては、残念なことではある。

＊

少し話は変わるが、春早く、3月中ごろであったが、クマがシカを襲う場面を見たことがある。立ち上がってシカの群れを物色していたクマが5〜6頭のシカの群れに目星をつけたと思うと、猛然とダッシュを始めた。そのシカの群れも走りだし、林を目指した。この時期のシカは、冬をやっと乗り越えたばかりで、非常にやせていて体力がなく、走るのも長続きしない。それに比べてクマの走る速度は、普通目にするピョコンピョコンと駆ける動きとは異なり、全身をバネのように伸ばして疾走すれば時速60㎞は出るだろう。200〜300ｍ追跡し、へばってしまったシカを簡単に捕えてしまう。アメリカのハンティングスクールで教えてもらった、「グリズリーに追われたら、馬で始めの100ヤードは全速で逃げるべし」とのことも、うなずけるのである。

主に食べるものによって行動の仕方が変わること、主にクマとシカの関係について思いつくまま書いてみた。

クマについては、シカが全くいなかった時代と周りにシカがいるようになってからの行動、性格の変わりようはとても面白く興味の尽きないものである。そのほかの獣（キツネ、タヌキ、ウサギ、エゾクロテン、エゾリスなど）、鳥ではエゾライチョウ、オオジシギ、マガモなども変わってきている。ある種は少なくなり、ある種は少しずつ増え始めているが、ほとんどの鳥獣は少なくなっている傾向である。

それは、気候の変化などによるのもあるだろうが、それぞれの鳥獣の餌となるものの変化を思ってみると、やはり人間による便利さ、経済効率しか考えない開発による自然破壊によって、野生の動物は変わらざるをえないのである。急激に変えられていく環境のなかで、なんとか生きるすべを見つけながら、必死に生きているのだ。

はたしてヒグマもほかの鳥獣にも、明治の時代に北海道では絶滅寸前だったシカが80年ほどもかかっていまのようになる余地が残されるのだろうか。老い先短い者がいうのもおこがましいが、便利さだけが残り、人間だけしかいない山をベッドの上から見ながら生きなくてもよいことは、山の動物たちからいろいろと学びながら生きてきた者にとっては幸せなのかもしれない。

第4章

獲物活用法

斃した直後にすること

「久保俊治の射撃の考え」（P.172）の項で解説したように、獲物を撃ち斃したら様子を静かに観察してから次の行動に移る。完全に事切れていたら、すぐに腹を割いて内臓を取り出していく。私はまず刃物の切っ先の峰で腹を割く箇所に線（皮目）を入れてから、腹を開き始める。腹を開いたときに、内臓に明らかに病変と思《おぼ》しき症状が見られた場合は、迷わずその部位のすべてを廃棄することが賢明である。

腹を割いたらまずは、横隔膜を少し切り胸腔に手を入れて心臓を取り出し、次に肝臓、胃、腸を取り出す。

バイタルを撃ち抜いた直後から大量出血が始まり、胸腔部に血がたまる。腹をすぐに割くことで血を体外に出すとともに、上がった体温を下げることができる。頭部や頸部を撃ち抜いたときは、腹腔部に血が流れ出ることはほぼないが、腹出しから心臓を取り出す作業の過程で放血も同時に行うことができると考えている。

解体の流れ

❶ 捕獲

⬇

❷ すぐに腹出しと同時に放血を行う

（バイタルを撃ち抜いた場合、腹腔内で大量に出血している。そのため、罠猟での止め刺しのように心臓から脳に血液を送る動脈〈腕頭動脈〉を切断する止め刺しを行わなくてもよいと考えている）

⬇

❸ 剝皮

（ここまでは、どんなに遅くなっても当日中に行う）

シーツにくるんで、ひと晩吊るしておく

（ハエがいないなど低温時に限る）

⬇

❹ 大バラシ

（部位ごとに分け、骨が付いたまま冷凍保存する）

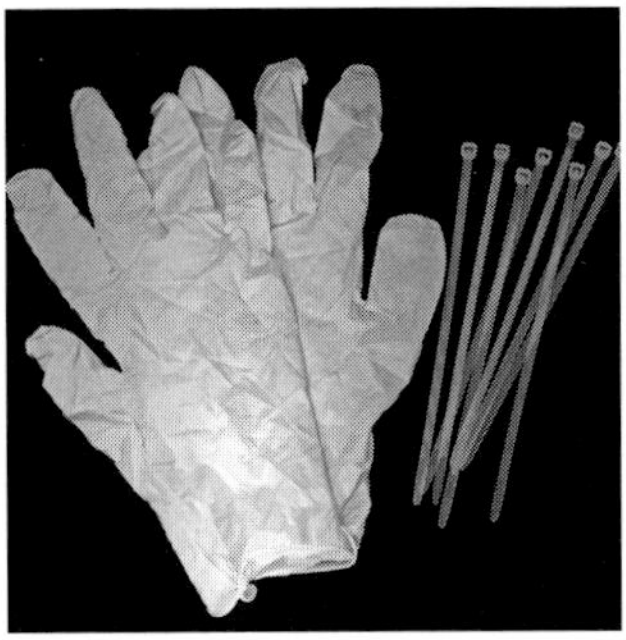

ゴム手袋と結束バンド

野生鳥獣の血液から人間へウイルスなどが感染するおそれもあるので、使い捨てのゴム手袋の使用が推奨されている。内臓を出したときに使った手袋と剝皮で使う手袋など工程ごとに交換することが望ましい。結束バンドは、食道や直腸などに装着して、内容物の臓器外への逆流を防ぐために使う

胸骨は、私の場合はこの段階では開かない。理由は、ゴミが入ることを避けるということが大きいが、なるべく傷口を最小になるように作業をしたいからである。

内臓出しを終えたら剥皮に取り掛かり、大バラシへと作業を進めていくのが、私が行っているエゾシカ解体の大よその手順である。

衛生管理について

獲物を解体する際に注意しなければいけないのは、ウイルスや細菌や寄生虫の存在であろう。ウイルスや細菌は肉眼では見えないので、感染予防のために使い捨てのゴム手袋を着用することが推奨されている。手などに傷があると、そこから感染しかねない。

また、慣れてくれば必要のない場合が多いが、解体の初心者は食道や直腸や尿道の結《けつ》紮《さつ》も行いたい。胃の内容物や糞などを流出させて肉を汚染しないためである。結紮には使い捨ての結束バンドが使いやすいだろう。

寄生虫は目で見える場合が多いが、小さい場合は見逃してしまうこともあるので注意が必要だ。寄生部位を取り除いて加熱調理すれば問題なく食べられるが、技術や知識に自信がないなら思い切って当該部分を廃棄してしまってもよいだろう。

さらに、以下についても実践していきたい。

❶刃をこまめに拭く
❷山でも解体時は湯を沸かし、刃をこまめに洗い、湯もこまめに交換する
❸内臓処理に使う刃物と肉を解体する刃物を分ける（分けられない場合は、❶❷をしっかりと行う）
❹こまめに手を洗い、血を落とす

お湯があれば、刃物を容易に煮沸消毒できる。また、エゾシカの脂は低温で固まりやすく、刃に付着すると切れ味を悪くしてしまう。煮沸すれば刃物を消毒するとともに付着した脂を簡単に落とすことができ、切れ味も保つことができる。

斃したあとは、おいしい肉にするために、腹出しから剥皮までは迅速に行いたい

全体を把握する

シカは牛と同じく反芻動物であるので、胃袋は4つある。腹を割いたときに肝臓の近くに見えるとても大きい1胃（ルーメン、またはコブ胃。ミノ）が特徴的である。その隣に隠れるように、2胃（ハチノス）と3胃（葉胃。センマイ）があり、背中側にある4胃（しわ胃。ギアラ）は、割いた腹側からはちょうど1胃に隠されて見えない。

ルーメンは発酵タンクのようなものなので、傷をつけてしまうと独特のにおいが肉についてしまう。射撃から腹を割くときまで常に注意し、斃してから時間をおかずに、なるべく早く腹を割くことが大切である。

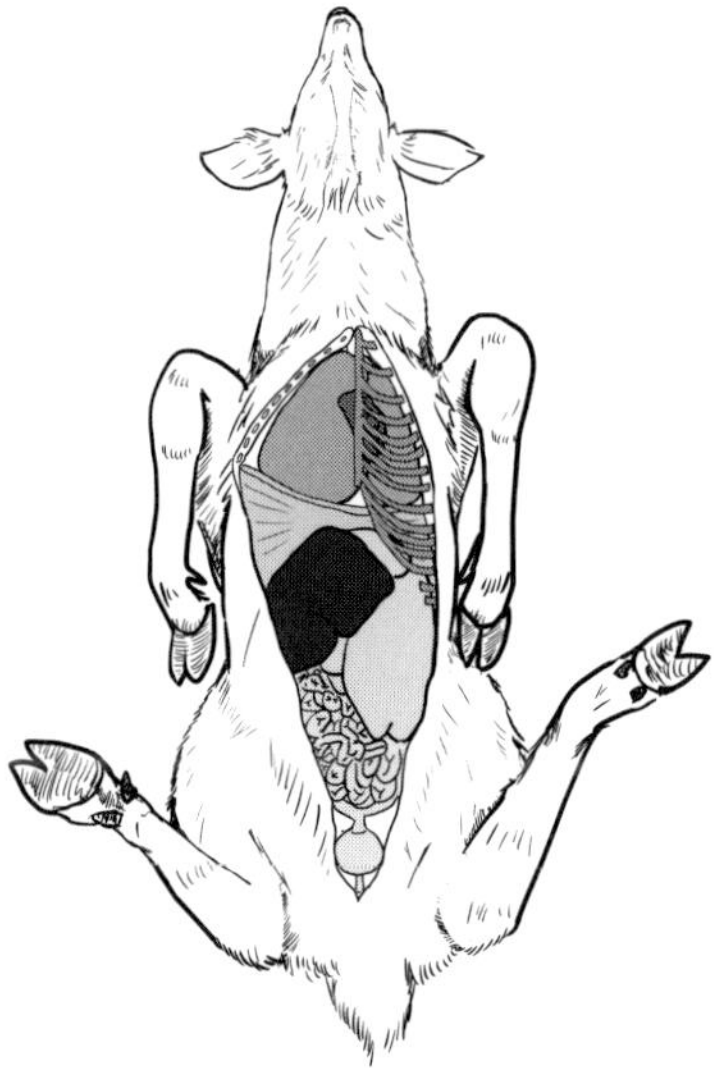

腹を割くと大きな胃（ルーメン）がまず見えてくる

内臓の位置と名称

❶ **心臓**

❷ **肺**

❸ **横隔膜**

（心臓・肺と消化器官〈胃・腸など〉を隔てる膜）

❹ **胃**

（シカは反芻動物なので、4つの胃に分かれる）

❺ **肝臓**

❻ **小腸**

❼ **膀胱**

（このイラストでは見えないが、これら以外に脾臓、腎臓、直腸などもある）

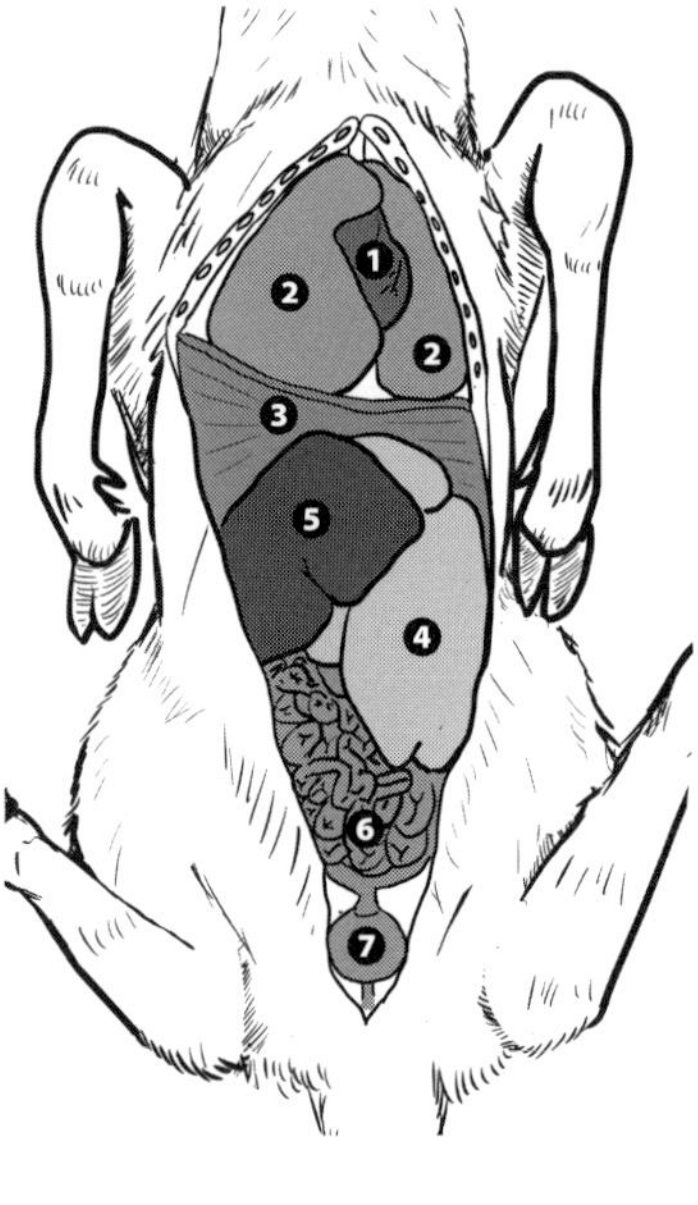

内臓をよく観察して、病変がないかをチェックしておきたい。ここで何か異変を感じたら、その部位すべて廃棄の決断をする

内臓処理 その❷

内臓を取り出す

毛を分けるようにしながら中心に皮目をつけて、シカのへそのあたりから刃先を入れて胸まで切り上げる。横隔膜を少しだけ切り、手を差し入れて心臓を取り出す。そのあと、今度は大きく横隔膜を切り、肝臓・胃・腸など出す。このとき肝臓は胃の上になるように引き出すとよいだろう。

直腸を取り出すときは、膀胱を傷つけないように注意する。左右の恥骨をノコギリで切ると作業が楽になる。使うノコギリは小さな刃のノコギリのほうが、周囲を傷つけないのでよいだろう。

作業の際は、お湯を沸かしておき、こまめに手とナイフを洗いながら行うようにする。

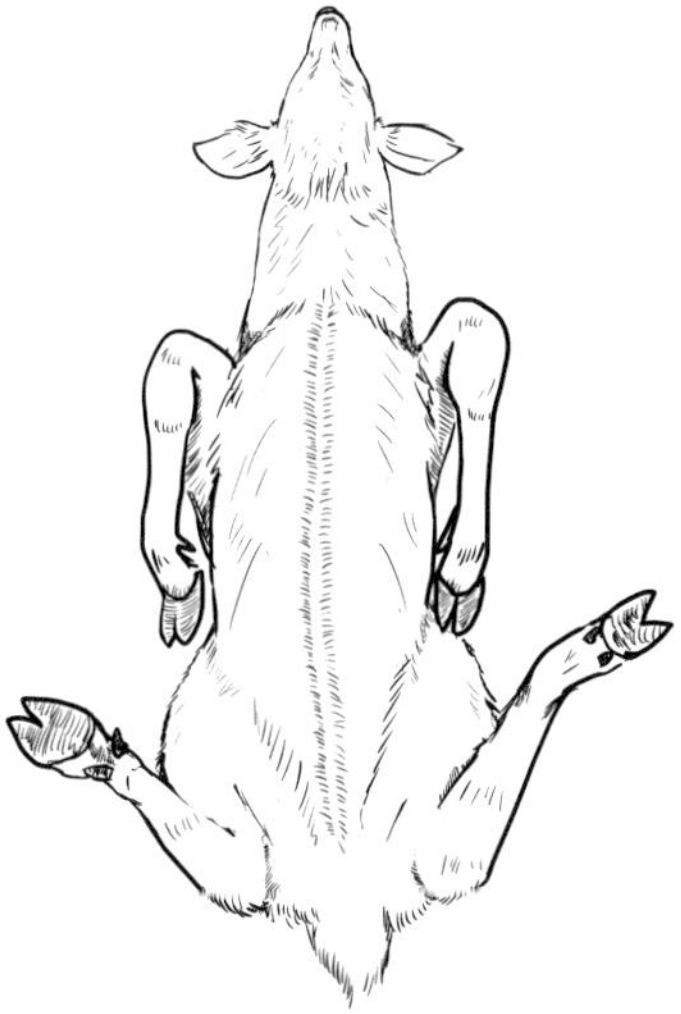

毛を分けるように中心に皮目をつけ、腹を割く

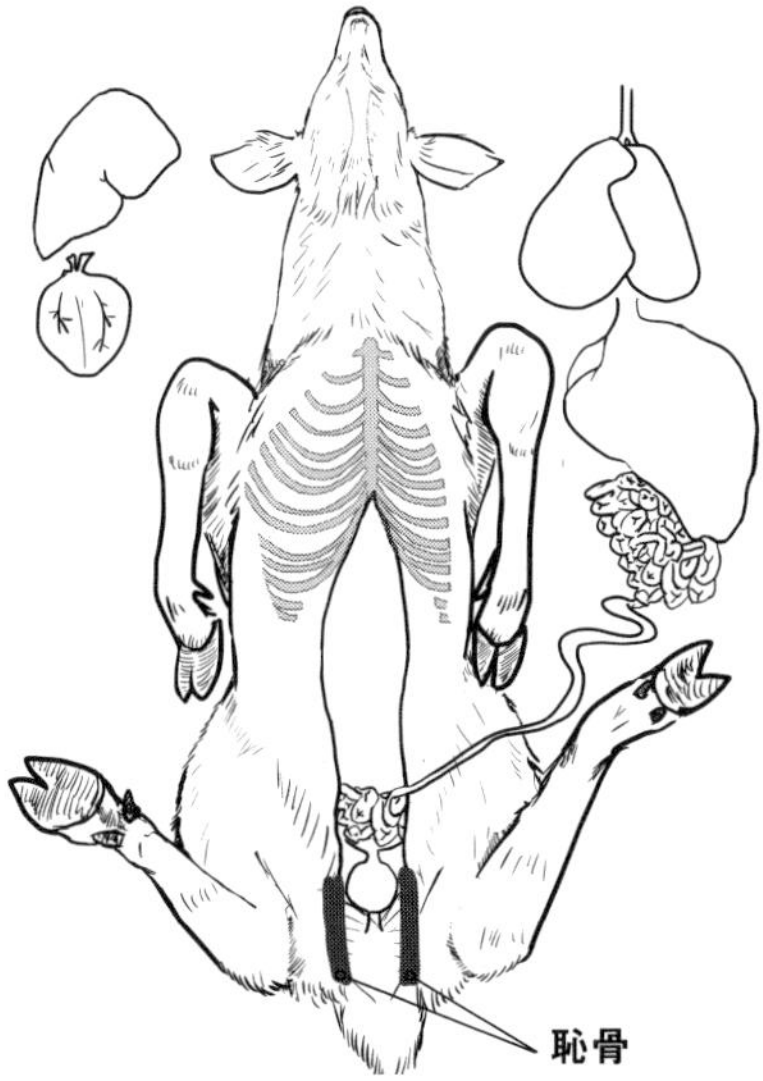

恥骨の部分をノコギリで切ると、直腸や膀胱を取り出す作業がしやすくなる

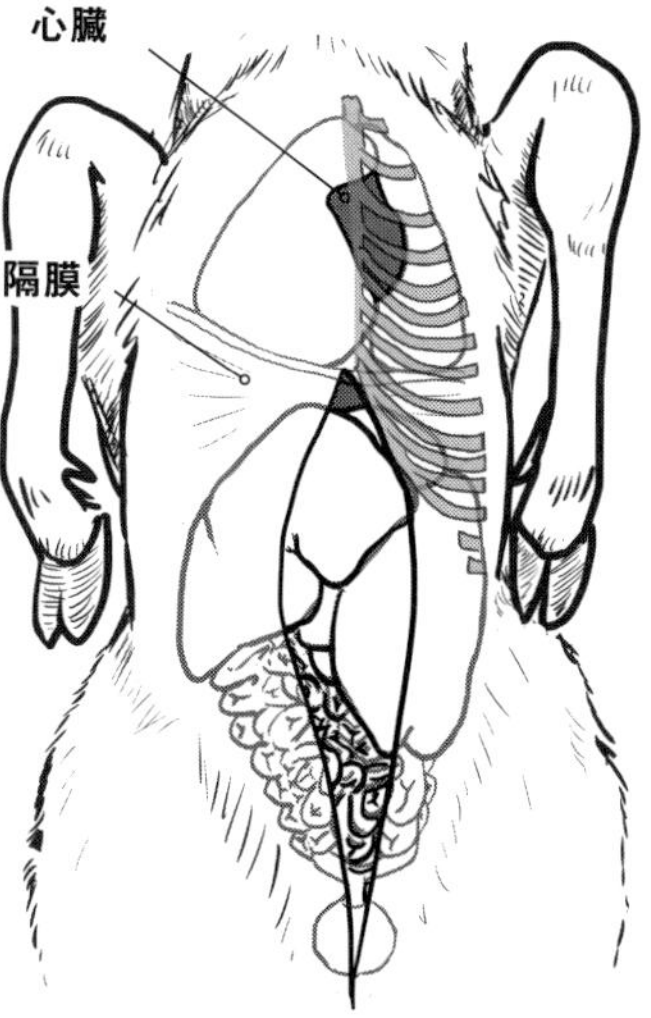

横隔膜を少し切り心臓を取り出したあと、肝臓、胃、腸を取り出す

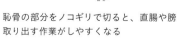

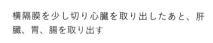

7つに割る

肝臓は表面をよく観察し、肝蛭が入っている証拠となる表面に白いプツプツとした斑点がないかをチェックする。肝臓の内部をしっかりと確認できるように、右葉・左葉を合わせて7つの部位に割る。

肝蛭の寄生やE型肝炎ウイルスを考え、肝臓の中心部まで加熱するのが原則だ。

肝臓の表面に見える白いプツプツした斑点をチェックする

切ることで中に入っている肝蛭を確認できる。食べるときは、さらに薄く切って焼く

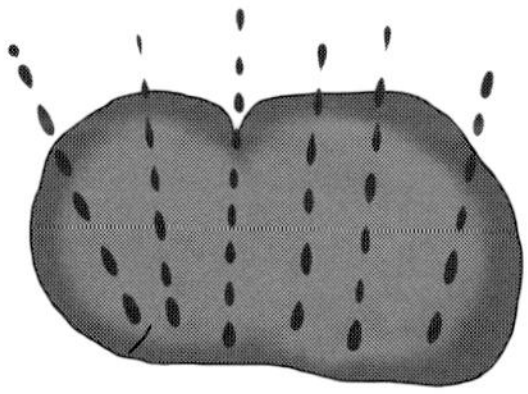

肝臓は、右葉を3つ、左葉を４つに分けるように切る

肝蛭にも注意！

エゾシカの肝臓（胆管）に肝蛭（かんてつ）という寄生虫がついていないかをチェックする必要がある。肝蛭は扁平な形をしていて、肝臓の色になじんでいるが、明らかに異質なものなので見つけられるはずだ。近年、肝蛭持ちのシカが増えているように思えるが、どんなに新鮮であっても生の肝臓を口にしてはいけないし、肝臓には肝蛭がいるおそれがあるのでほかの部位を汚染しないように刃物をこまめにお湯で洗うか別の刃物を使うなど注意する。肝蛭が哺乳類に侵入する経路は次のとおり。まず牛などの家畜の排泄物に混入していた肝蛭の虫卵が川などに入り、卵を食べた淡水産巻貝（中間宿主）に入る。成長すると巻貝から外に出て水辺の植物につき、その植物を食べたシカなどの哺乳類（終宿主）の体に取り込まれ寄生する。

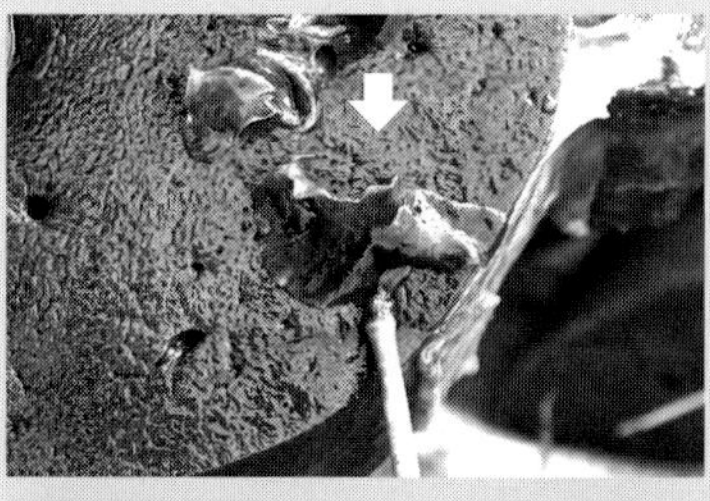

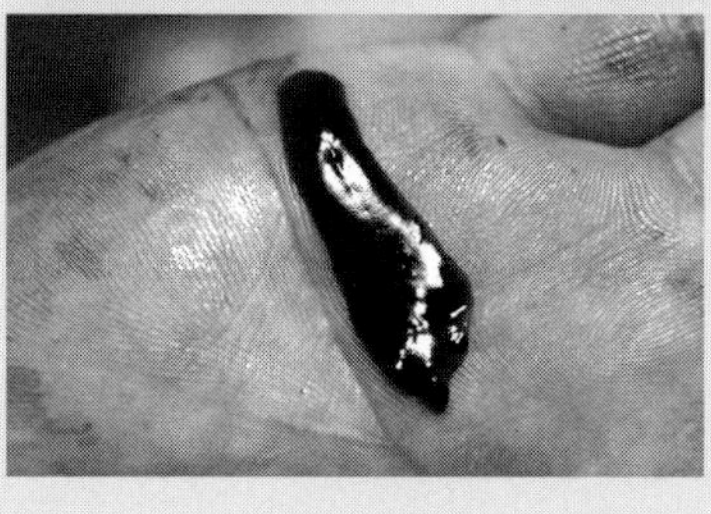

4つに割る

少し切った横隔膜から胸腔に手を差し入れ、動脈、静脈を刃物で切断し放血する。私の猟では、止め刺しなどを行わないので、この作業がいわゆる「血抜き」となる。

心臓を取り出したら、左心房、左心室、右心房、右心室を通るようにふたつに割り、強く振って血をしっかりきる。

心臓を刃物で4つに分ける。食べる際に血が臭みの原因となるので、しっかりきる

心臓には脂分がないので、フライパンにシカの脂を溶かしてから焼くとおいしい

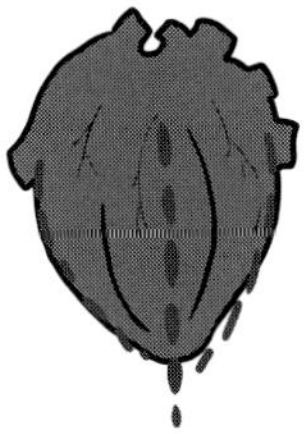

縦にふたつに割り、振ってよく血をきる。90度方向を変えて縦に割り、4つとする

消化器官も食べられるの⁉

シカの内臓（モツ）も、牛や豚と同じように食べることができる。心停止直後から体の腐敗が始まるので、肉の解体よりも先に内臓処理をするほど手早く作業をしなければならない。作業が遅れるほど、胃や腸などの内容物の腐敗が進み、ガスが発生する。心臓や肝臓は、いくつかに分割して内部の余分な血をきってから調理する。腎臓も食べられる。

胃や腸などの管状の消化器官は臓器を裏返して内容物をだいたい取り出してから、流水で洗い流す。さらに細かな汚れを取るには、小麦粉を全体にまぶしてもみ込み、再度流水で洗い流す方法もある。食べるには手間がかかるが、その苦労に見合うほどおいしく、部位ごとにいろいろな食感や味を楽しめる。いうまでもないが、肉も内臓も食べるときは中心部まで確実な加熱が必要である。

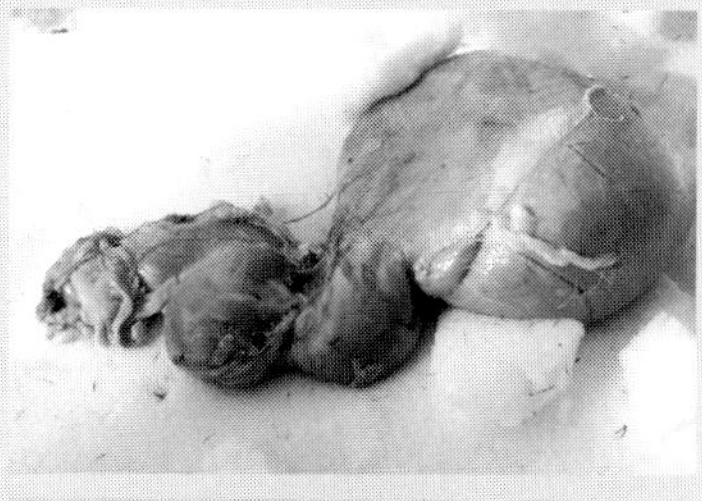

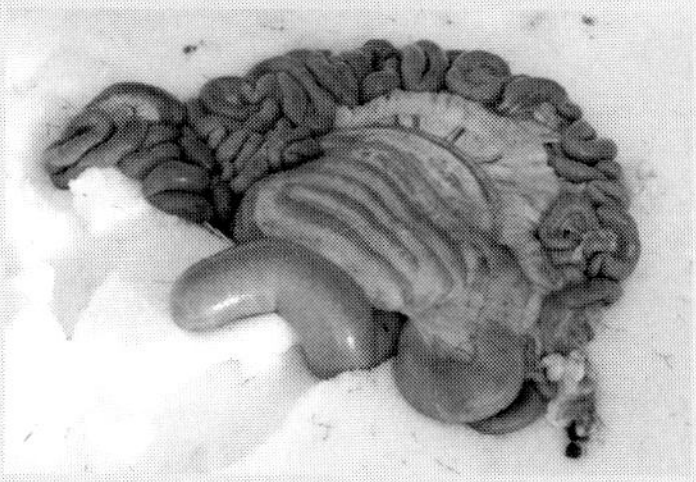

刃を入れる箇所を知る

洋服を脱がすように全身の皮を剥いでいく。トロフィーをつくる場合は、耳は軟骨を多く残すように、口元は歯茎のギリギリの所に刃を入れる。また、角の付け根の部分も一周ぐるりと刃を入れるようにしてきれいに剥ぐ。

山中で皮を剥ぐ作業を行う場合、ひとりでもシカの重さであれば滑車を使い、吊るした状態で作業をすることができれば、地面に横たえたままで皮を剥ぐよりも作業がしやすくなるだろう。

山のなかでも、獲物を獲ったらすぐに火を熾し、飯盒などに湯を沸かしてから作業をする。手や刃物は常に清潔を保ち、毛やゴミが肉につかないように作業を行っていく。

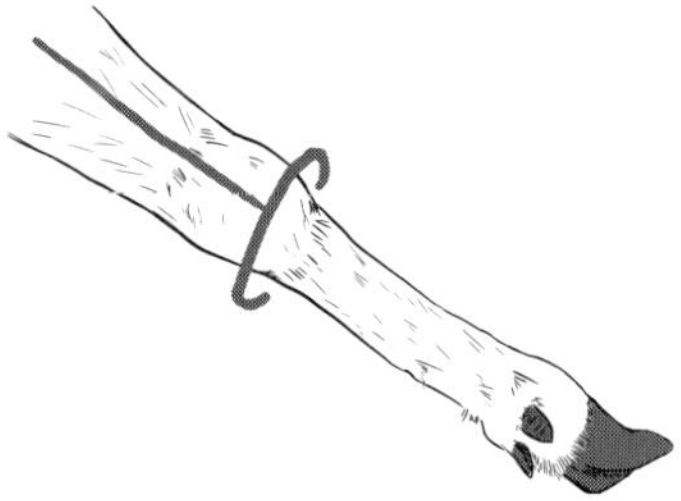

骨ではなく、関節の少し上くらいに刃物を入れる

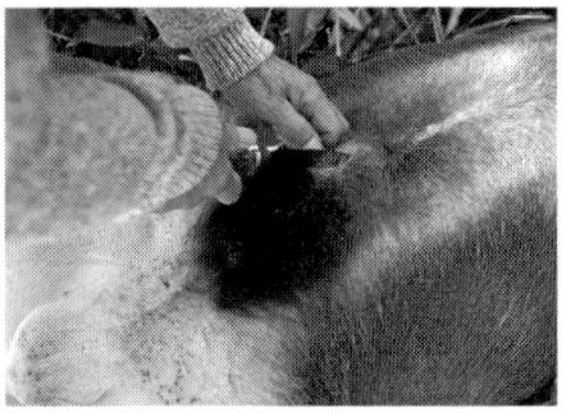

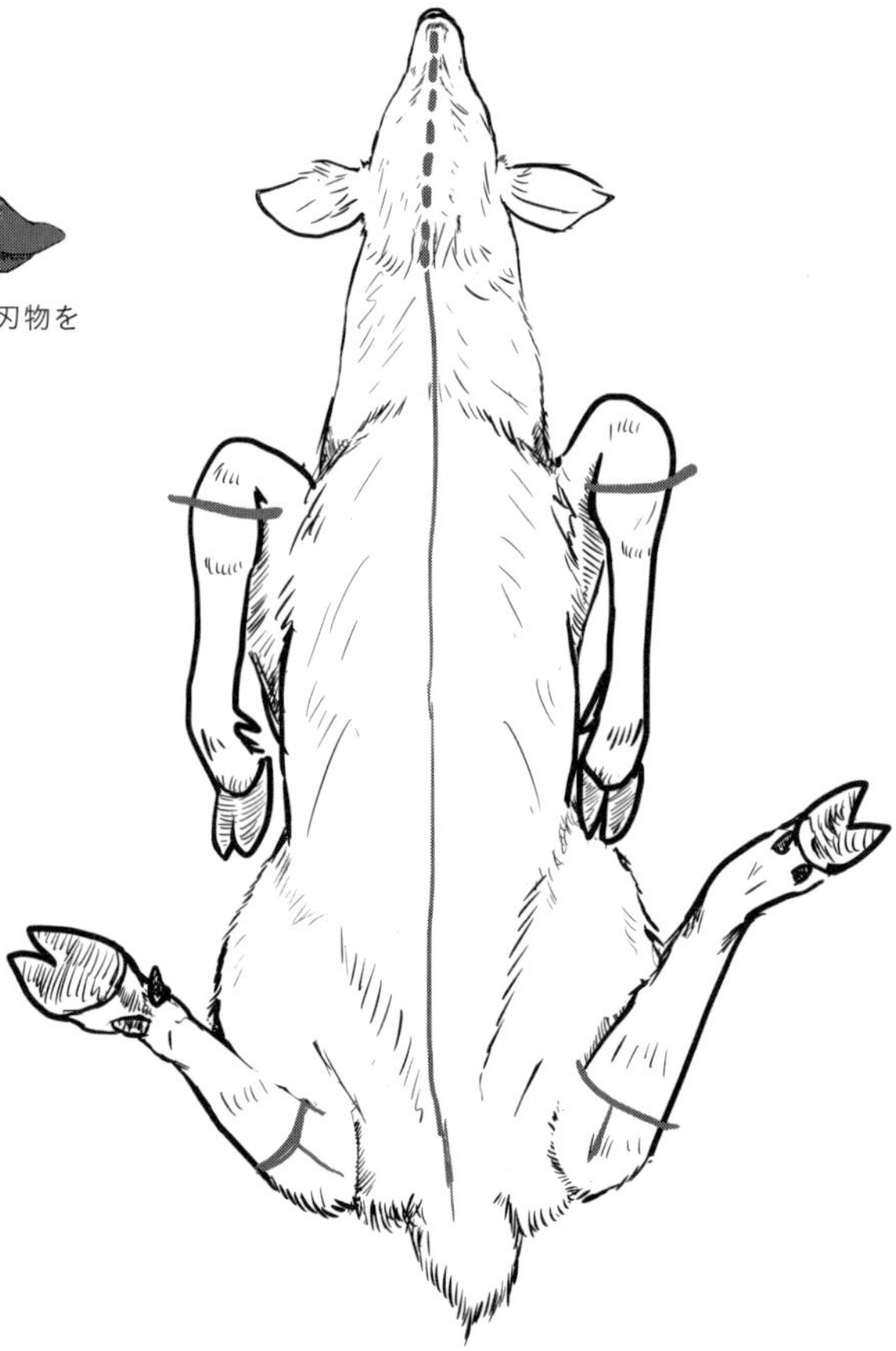

皮を切る位置について

皮を切る位置については、シカの腹側の中心に皮目を通して切っていく。シカの場合は、前脚と後脚の途中から骨ごと取ってしまう。このとき、少しでも場所がずれてしまうとアキレス腱が伸びてしまい滑車などで吊り下げての作業が難しくなってしまうので注意する

吊るす方法

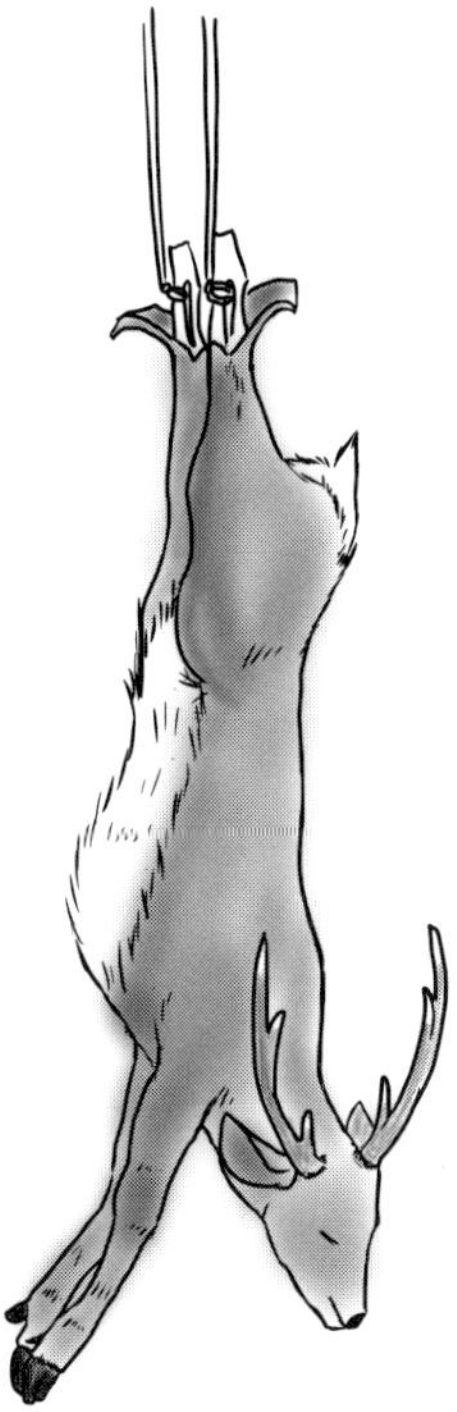

ロープを通して後ろ脚を吊り下げる際に、腱のほうにシカの体重がかかるようにロープを通してしまうと作業の途中で腱が切れてしまい、シカの体が落下してしまう場合があるので特に注意する。必ず、骨側にロープを通して吊り下げる

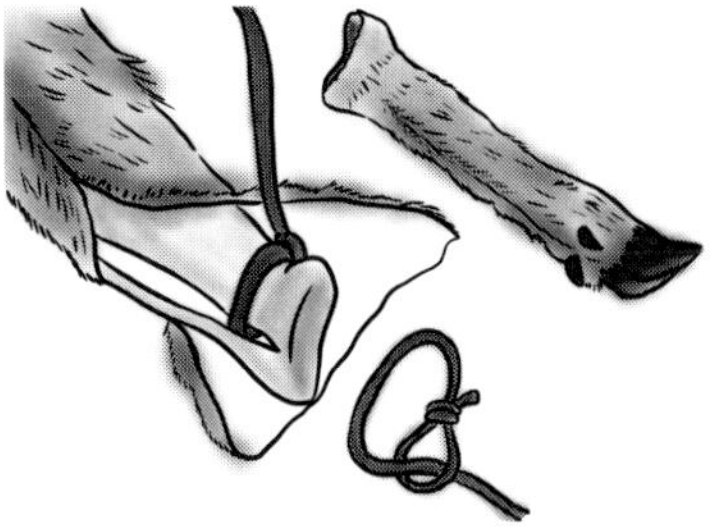

関節で足先を外して、腓骨（ひこつ）と脛骨（けいこつ）の間にロープをかける

解体時の刃物の持ち方

上）通常は、刃物の峰に人さし指を添えて使うことが多い。下）腹を割くときは、左手で皮を引っ張りながら、内臓を傷つけないために逆手で持って刃を進めることが多い

剥皮後の皮は胴体が四角くなるようなイメージ

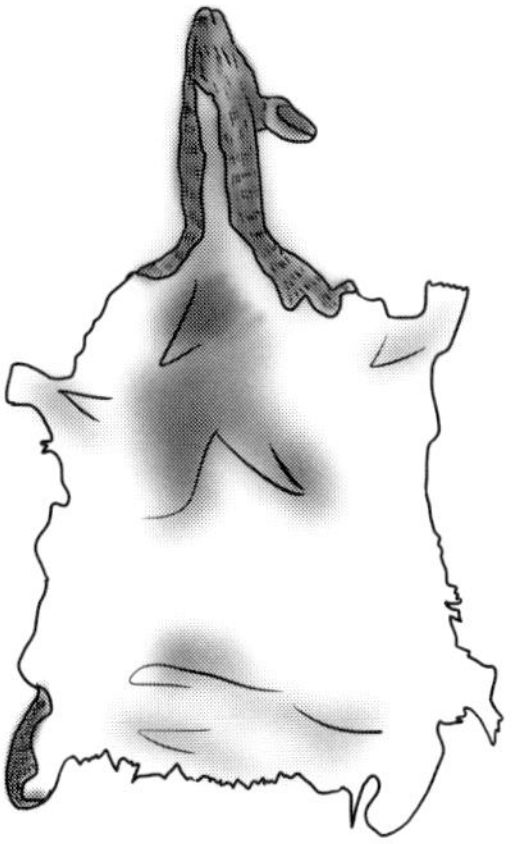

皮を剥ぎ終えたら広げて形を見てみよう

解体のポイント

剥皮を終えたら、大バラしに入っていく（分ける部位については、P.253参照）。

1 前脚を外す

後ろ脚を吊り下げた状態にして皮を剥いでいくので、後ろ脚は最後に外すことになる。

　剥皮を終えたら、まずは前脚2本を外していく。前脚は、肩甲骨に沿って刃を入れることで外すことができる。骨の入り方がやや複雑だが、何度か解体を行っていくうちに、構造がわかるようになる。

2 胸骨を切る

私の場合は、胸骨は内臓を出す際には切らずに作業をする。そのため、解体時に胸骨を割る作業が入る。作業のタイミングとしては、前脚を外したあとに、胸骨をノコギリで切断する。

3 あばらと腹肉を外す

　あばらを外す場合は、肋骨の湾曲が始まる部分に刃が入るようにノコギリなどで切断していく。

　切り下げていくと、首へ向かうにつれてあばらが短くなっていくので、なるべく本体へ残る骨の長さが短くなるように切り進めていく。

　背ロースのよい肉が取れるように、あばらを背骨に残すようにして切るなど、腹肉・背ロース側の肉の残し方を考えながら解体作業をしていくことが大切だ。

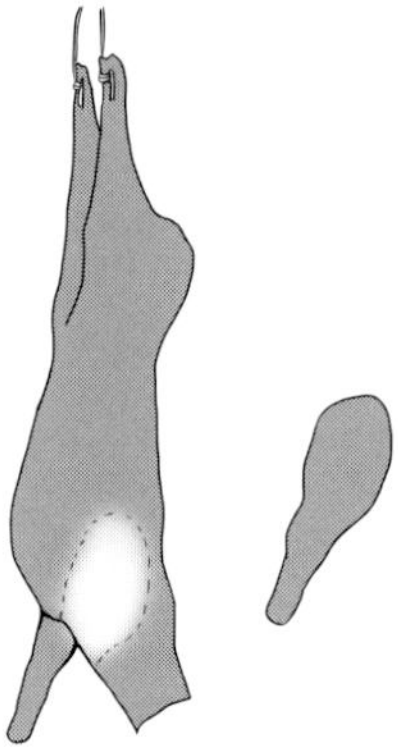

1 両前脚を外す。少し外側に引っ張るようにしながらナイフを入れると外しやすい

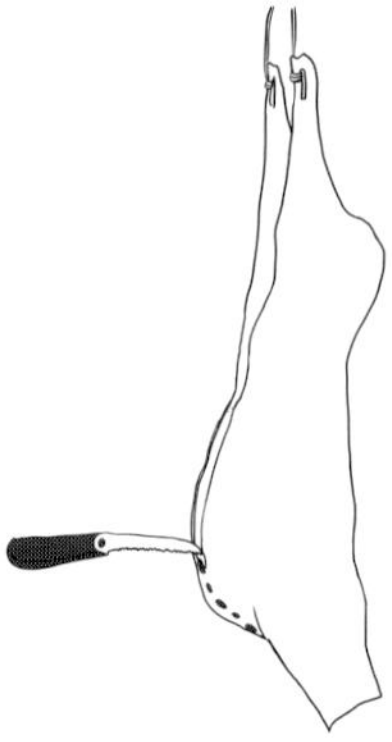

2 胸骨はノコギリで切り下げていく。大きめのノコギリを使ったほうが楽だろう

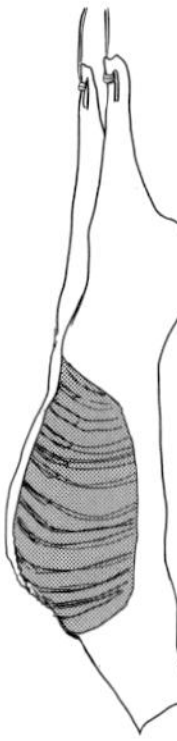

3 あばらはロース肉が取れるように、背骨側にある程度あばらが残るように切る

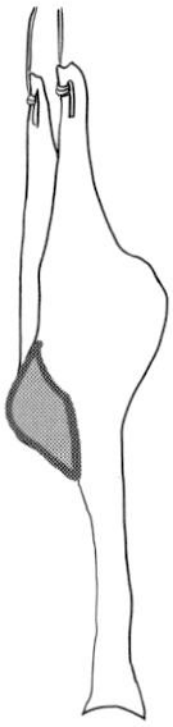

3 腹肉を取る。あばらと一緒につけておいてもよい

4 首肉を取る

2カ所の喉肉を取ってから、気管・食道を取るようにするときれいに作業ができる。それから、首肉を左右ふたつに分けて取る。そのあと、首の骨を外す。首（頭）の外し方は、自分の首でいうと下側の出っ張っている所の少し上から刃を一周ぐるっと入れると簡単に取れる。

5 肩・背・腰ロースを取る

背骨についている一本の大きい塊を3つに分ける感覚で、肩ロース・背ロース・腰ロースと肉をブロックで取り分けるようにする。

背骨に沿わせながら脇に真っすぐ刃を入れ、首へと切り下げる。あとは大きく3つぐらいに等分にして横に切っていき、ブロックをつくるようにすればよいだろう。

6 背骨をあおる

外す際はあばらの最後が背骨についている箇所のひとつ下、背骨の引っ込んだ所と出っ張った所の関節を、刃物を一周まわし切り目を入れてからあおるようにすると簡単に外れる。そのあと、腰椎を外し、背骨の処理は終了。

7 モモ肉を外す

最後にぶら下がっている後ろ脚のモモを外す。股関節の部分に直接刃が当たってしまわないように注意をする。骨を直接切ろうとせずに、刃は股関節の接続部分に一周入れるときれいに外れる。

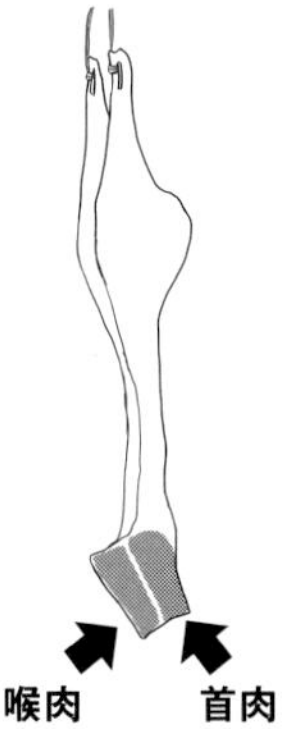

4 喉肉と首肉を首の両サイドから外す

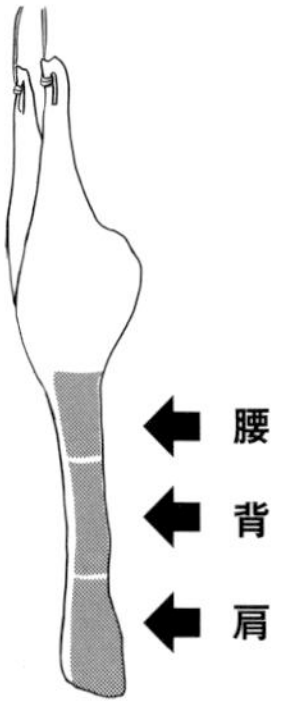

ロースの位置

5 背骨の中心に刃を真っすぐに肩の上あたりまで入れ、3等分になるようにする

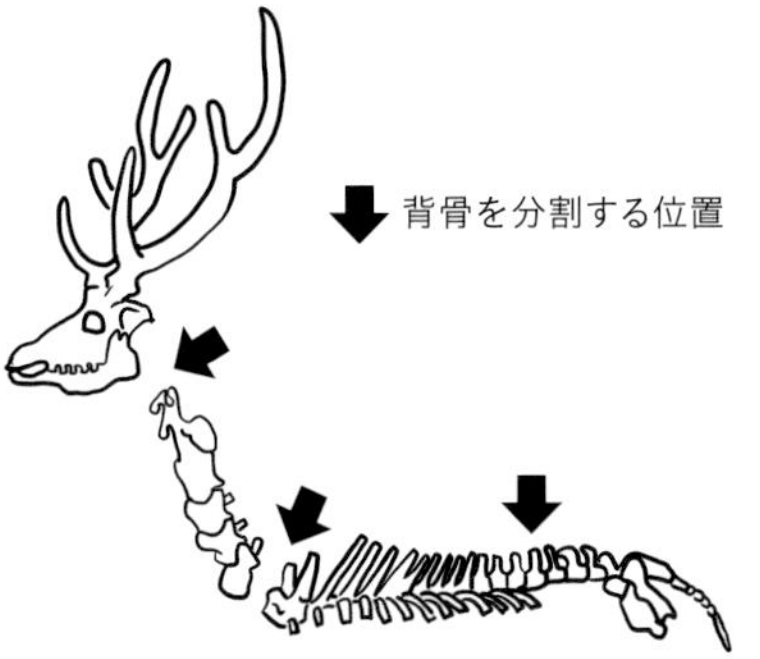

6 背骨をあおるときは、最後のあばらがついている背骨の位置を探す

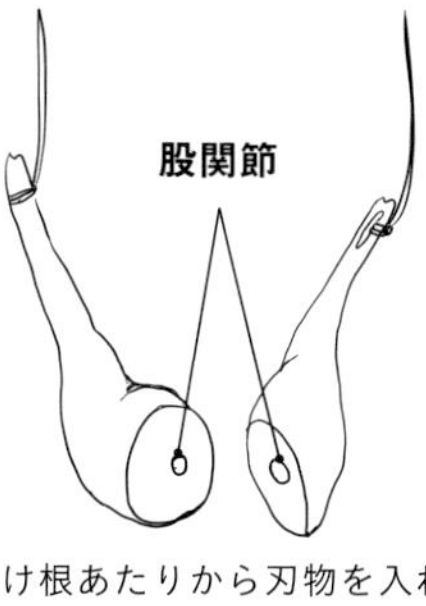

7 足の付け根あたりから刃物を入れて、関節と関節の間に刃を一周入れる

タンを取る

舌の構造がわかれば簡単

アゴの裏側に刃物を入れると舌（タン）が見えてくる。切った隙間から舌を引っ張り出しながら、その根元へ刃を入れる。このとき、舌骨を切ろうとするとなかなか切ることができないので、舌骨の少し上側を切るようにすると簡単だ。タンを取り出したら、きれいに水洗いをする。

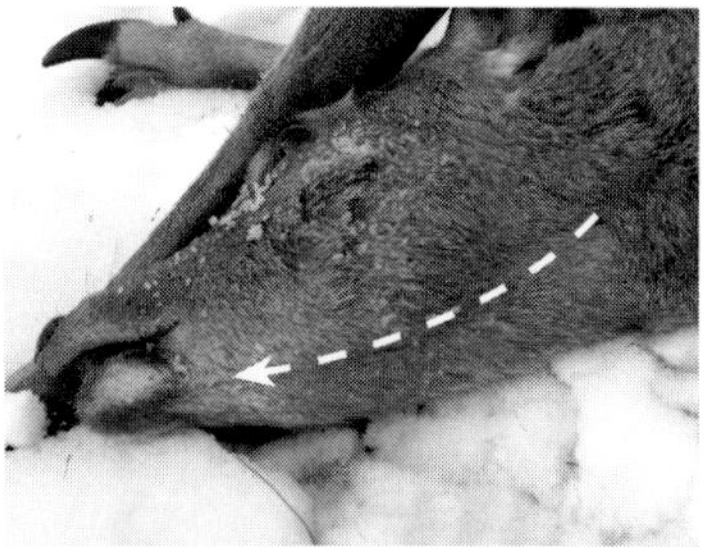

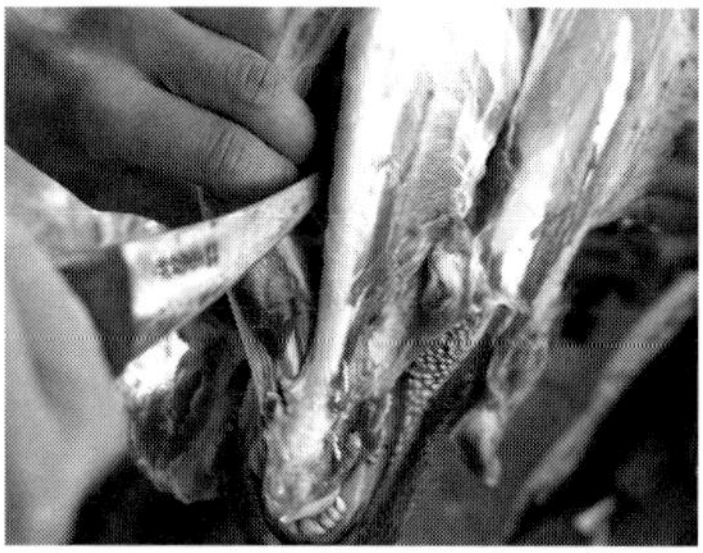

喉のあたりから下顎の先端のほうへ切り込みを入れて、開いた所からタンを取り出す

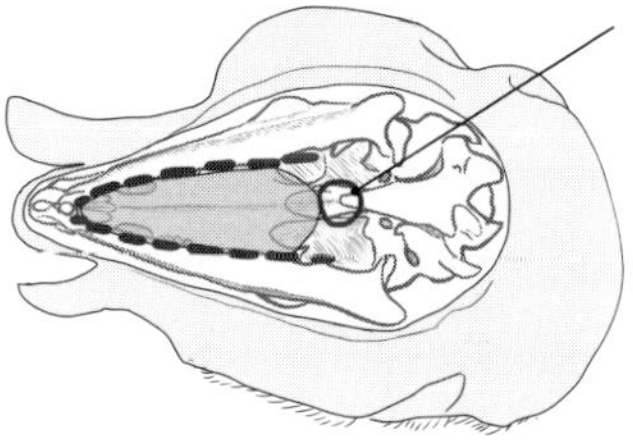

下顎骨と舌の構造。舌ではなく、奥の舌骨の少し上を切る

その日にできないときは

その日のうちに解体できない場合もあるだろう。そのときは内臓をすべて処理したうえでシーツにくるみ、ひと晩吊るして置いておくとよい。

シーツをかけておくことで、肉に虫やゴミがつくことを防ぎ、きれいに保った状態で翌日の剥皮・解体の作業ができる。

内臓を処理したあとは、腹を冷やすため、すぐに腹のなかを水洗いする。水がない場合は、雪などでしっかりと体内の血を吸わせるようにして、なかをきれいにしていく。それから剥皮を行い、ロープとシーツを使って全体を覆うようにくるんでいく。

これで肉の乾燥も防ぐことができるし、ひと晩、吊るしておいたあとに解体したほうが、冷凍して肉を保存した際にもドリップが出にくく、味のよい肉となる。

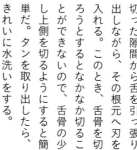

図解 シカ肉の部位

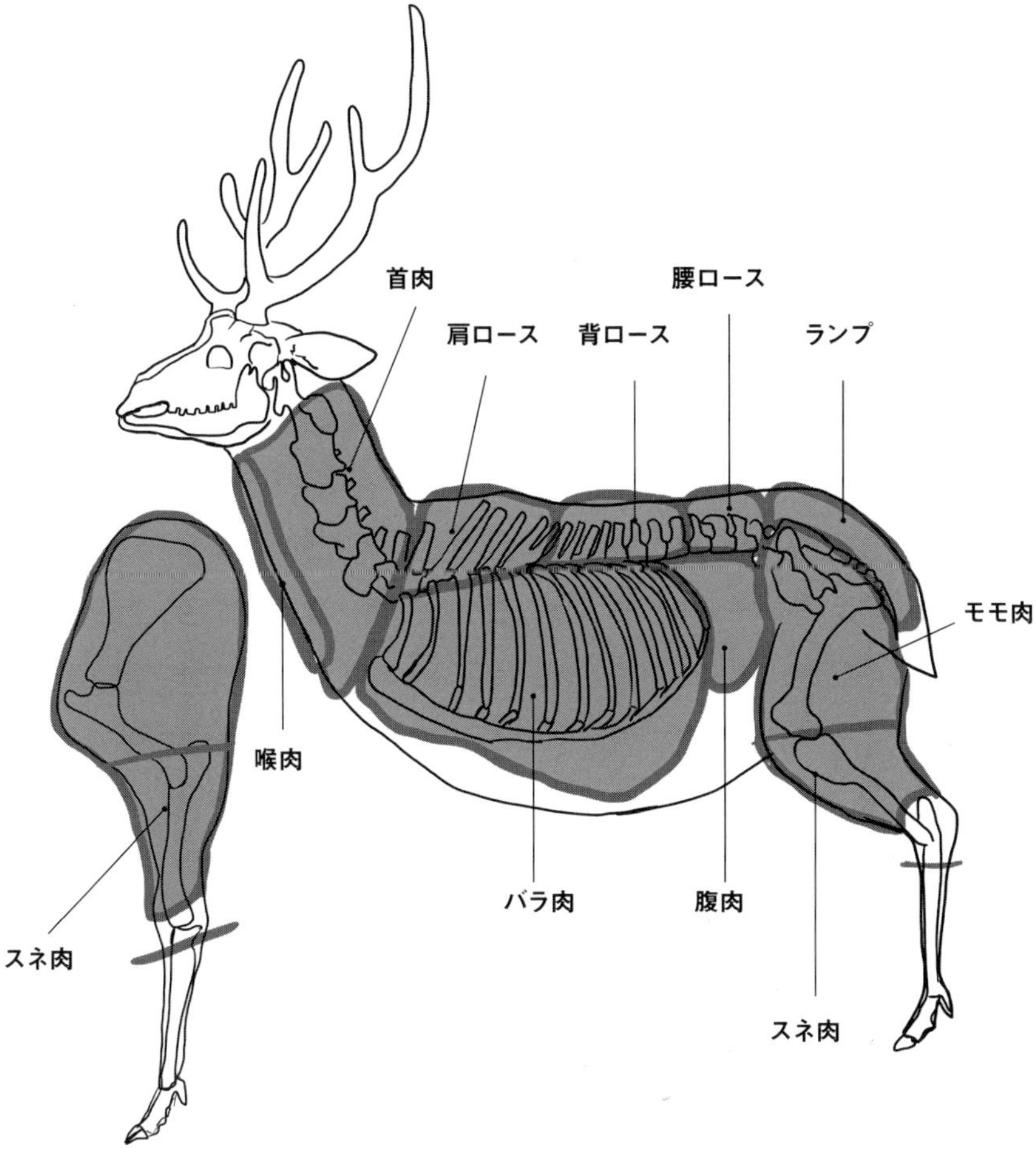

大バラシはこれらの部位に分ける。山中で解体したときは、運べる分だけ背負って山を下り、背負いきれなかった部位はシーツなどをかけて吊るしておくことで、動物に荒らされずにすむ。大バラシした肉は骨付きのまま冷凍保存する。死後硬直が解ける前に脱骨すると、肉が収縮しすぎて硬い肉になるといわれている。血をしっかり抜くことができていれば、解凍時にドリップはほとんど出ない

解体中は清潔な大きなシートを用意しておき、部位ごとに分けて置いておく

解体時の要点

ヒグマはとにかくそのほかの獲物と比べて大きく重い。山中で解体してから運ぶにしても、重機で吊るして家の前で解体するにしても、大仕事となる。基本的な部分はシカの解体とそう変わらない。解体の際に注意したいのは、解体に使用している刃物をこまめにお湯などで洗いながら行うこと。刃物をきれいにして、皮・肉・内臓に使う刃物を分ける。あとは、洋服を脱がせるように皮を剥いでいくことだ。

撃った直後にやること

ヒグマを仕留めた直後に行うこと、それはまずは腹を割き、クマの胆、肝臓、心臓、腸などの内臓を取り出すことだ。ヒグマなどの獲物は、必ず左側を下にして解体作業まで横たえておく。その理由は、特にクマの場合は胆のうから胆汁が腹腔内に漏れ出ないようにするためである。

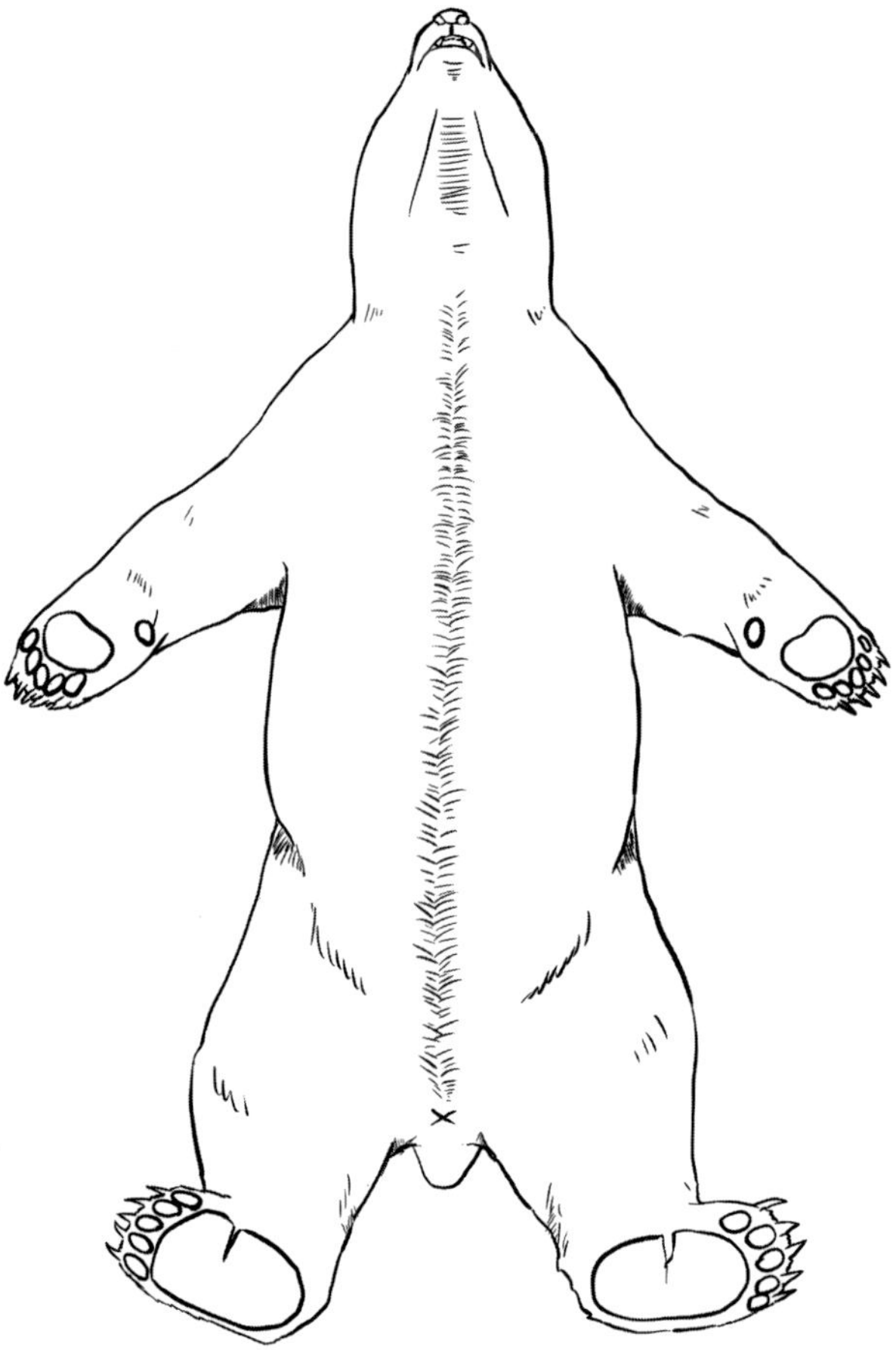

皮目のつけ方

準備ができたらヒグマをあおむけにする。まず、山刀の切っ先の峰で、腹の中心線に沿い２～３度毛を分けるようになぞり「皮目」をつける。肋骨から肛門まで、肋骨から顎の下までをなぞった線に沿って真っすぐに皮に刃を入れる

内臓処理　その❶

腹を割いたら順番に、心臓、肝臓、腸を出していく。内臓は、雪が少し積もっている状態であれば、必ず踏み固めた雪の上に内臓を置くこと。踏み固めずに雪の上に置くと、水に直接浸けたのと同じような生臭さとにおいが残ってしまう。

心臓

❶左右の横隔膜から肋骨に沿って刃を入れる。
❷その穴から左手を入れて、心臓を引っ張りながら右手の刃物で大動脈・大静脈を切り離し、心臓を取り出す。
❸取り出した心臓は、左心房右心房を割り、何度か腕を大きく振って血をきる。
❹心臓の血をきり終えたら、踏み固めた雪の上などゴミがつかない場所に置いておく。

胆のう

❶胃と肝臓は、一緒に腹の割け目からはみ出させておく。肝臓は胃の上に置くようにして取り出す。
❷肝臓を胃の上にのせたままの状態で、肝臓についている胆のうを探し出す。クマの肝臓はサンマイと呼ぶ地方もあることでもわかるように、大きなビラが3つに分かれていて、3つ目のビラのなかに胆のうが隠れるようについている。
❸木綿糸で胆のうの近くを縛る。このときの糸はタコ糸くらいの太さがよいだろう。細いと肉（胆管）が切れてしまうことがあるからだ。胆のうを引っ張りながら、今度は肝臓側のもう1カ所も縛る。そうすることで、胆汁が漏れ出す心配がなくなる。
❹2カ所を縛り終えたら、それぞれを肝臓側から外す。
❺中身（胆汁）が出ないように、小枝などに大切に下げておく。

肝臓

❶胆のうを取り外したあと、肝臓を切り離す。
❷切り離した肝臓は刃物で7つに割る。
❸血をよく振りきり、心臓とは別に、肝臓に残る温みで溶けないようにしっかりと踏み固めた雪の上に置く。

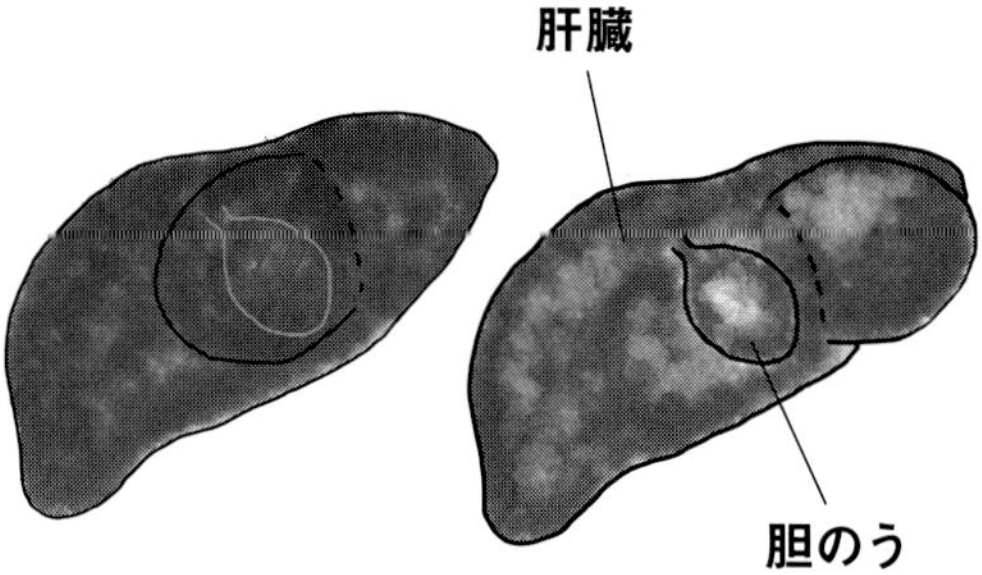

胆のうを持ち帰ったら……

胆のう（クマの胆（い））は肝臓についている。外したクマの胆は大切に持ち帰り、日陰に吊るして干しておく。表面が乾いてきたら、板に挟んで全体の厚さが均一になるようにする。このとき、中身が漏れないように強く挟みすぎないようにする。板と板に胆のうを挟んで板の両端を輪ゴムなどで留めておくと、自然に均一に圧がかかる。さらに乾燥させて熊胆（ゆうたん）のできあがりとなる。熊胆は、内臓に効くとされ、胃痛・胃潰瘍などの痛み緩和のため昔から服用されてきた

腸間膜を取り出す

❶腹筋を恥骨のあたりまで下に切り下げる。

❷真っ白な腸間膜を、投網を手繰るように取り出す。

肺・気管・胃・腸を取り出す

❶切り残してある横隔膜の背骨側を切る。

❷胸腔内上部の気管、食道を切り、肺と一緒に胃・腸の内臓をすべて引き出す。

❸胸腔内上部に吊り下げている筋を、切りながら全部引き出していく。

❹このとき、まだ直腸は肛門とつながっているので、直腸の内容物がこぼれないように、直腸の肛門寄りを糸で縛る。

❺縛ったところから小腸側へ、直腸の内容物を手でしごきあげる。切り口から内容物がこぼれないようにする。

❻縛った場所から切り離し、内臓をすべて摘出する。

腎臓を取り出す

❶取り出した内臓のなかから腎臓を探し出す。

❷腎臓は横にスライスすると小さな部屋がたくさん入っているような構造になっている。面白いのでじっくりと観察してみよう。

❸食べるときには縦、横どちらの方向に切ってもよいので、歯ごたえなどの好みで切る。

直腸（残り）を取り出す

❶恥骨の縫合部の1.5cmほどの両脇を、ノコギリで切る。

❷肛門とともに残りの直腸を取り除く（万が一内容物が残っている場合を考慮し、傷つけないように、中身が漏れ出さないように丁寧に作業する）。

胃と腸の内容物を取り出す

続いて、取り出した消化器官をきれいにしていく。

❶胃と腸は、幽門部からそれぞれ切り離しておく。胃や腸の内容物が、表面につかないように作業を行う。

❷取り出した胃と腸の内容物を手でしごき出す。表面に内容物がつかないように注意する。

胸腔・腹腔にたまった血を出す

❶シカのように、ひっくり返しうつ伏せにしての作業はできない。雪がある場合は、雪玉をつくり、何度も雪玉に血を吸わせるようにして血を取り除く。

❷塊のようにこびりついている血についても水場が近い場合は水で、ない場合は雪でこすり落とすようにしてきれいにする。

食べるための下処理

腸の中身は、内容物をしっかりとしごき出す。その後、内側は外側になるようにひっくり返してから水道水でしっかりと洗う。水がないときは雪でもむようにする。内容物が残っているとガスが発生してしまうので、内容物はできるだけ早く処理をする。

腸は適当な長さに切っておき、縦に切れ目を入れてからぶつ切りにして煮込みなどにする。もしにおいがあっても煮込んでしまえばあまり気にならないものだ。

皮を剥ぐ

服を脱がすように丁寧に剥がしていく。剥製・敷き皮としての価値が下がらないように、耳・爪をつけたまま、皮を剥ぐ。

頭部

❶唇の部分を丁寧に剥いでいく。歯茎の付け根からナイフの刃を入れて剥ぐ（※歯茎の付け根から入れていかないと、口を開けたときに入れ歯をしたような変な形の剥製になってしまう）。

❷鼻も内側の軟骨を多く残すようにして剥いでいく（※軟骨を多く残しておかないと、完成時に鼻の奥がない顔になってしまう）。

❸頭の皮は、耳の付け根の軟骨が多く残るようにする。

❹瞼（まぶた）は義眼を入れるときのために、瞼の裏側の筋を多く残す。

全身

皮は、中心から少しずつ剥ぎ進め、先に4本の脚を剥いでいくようにする。

掌と足の裏の肉球の部分は、非常に皮が厚くなっているので、慎重に作業を進めていく。ほかの皮の部分を傷つけたり、変な形になったりしないように注意する。

次に体の皮だが、刃物を持っていない手で、皮を引っ張りながら剥いでいく。頭部や唇などの部分とは異なり、刃物は大きく大胆に使い、皮に穴があかないように注意する。体は片側を背骨まで、もう片側を背骨までと半分ずつ進める。

解体時には湯を沸かしておき、こまめにお湯を取り換えながら刃と手を洗い、清潔を保ちながら作業すること。

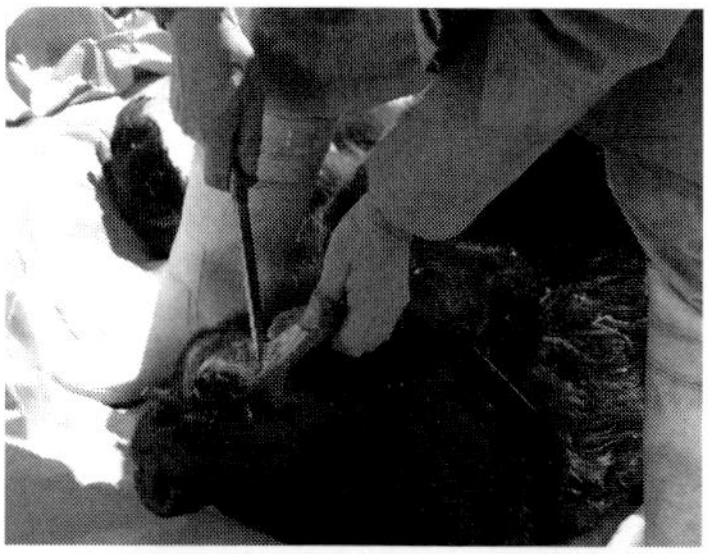

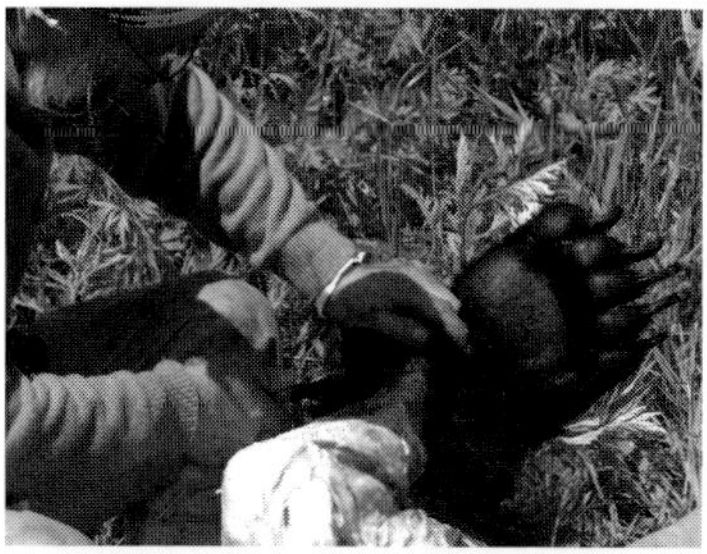

掌と足の裏は硬く、厚い皮で覆われている。作業に時間がかかるが、指の一本一本を皮に残すように丁寧に剥いでいかないといけない。ナイフを持っていない手でしっかりと皮を引っ張りつつ、作業を行うことがポイントだ。四本の脚が終わったら、体に残っている皮の片側を背骨まで進め、さらにもう片側を背骨まで進めていけば皮剥ぎの全行程が完了する

図解 内臓取り出し

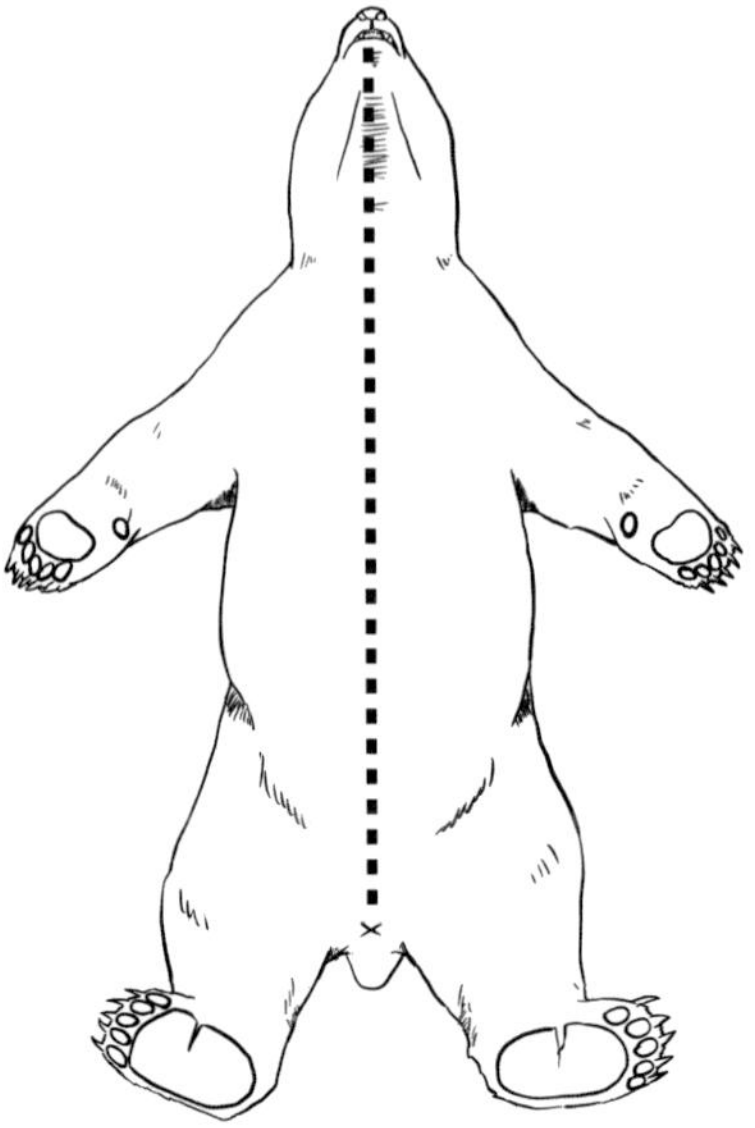

1 中心に皮目を付ける。胃の上部より下アゴの下唇まで切る

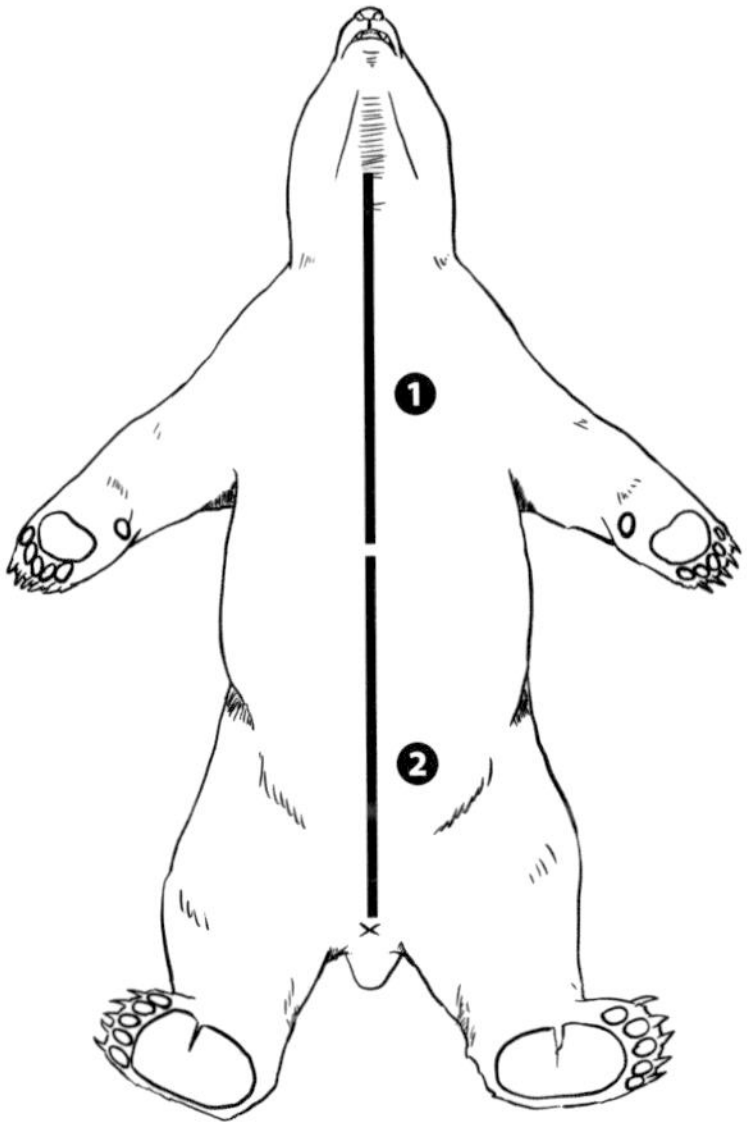

2 ❶ 胃の上から胸骨の下までの腹筋を切る
❷ 胃の上から胸骨の下までの腹筋を切る

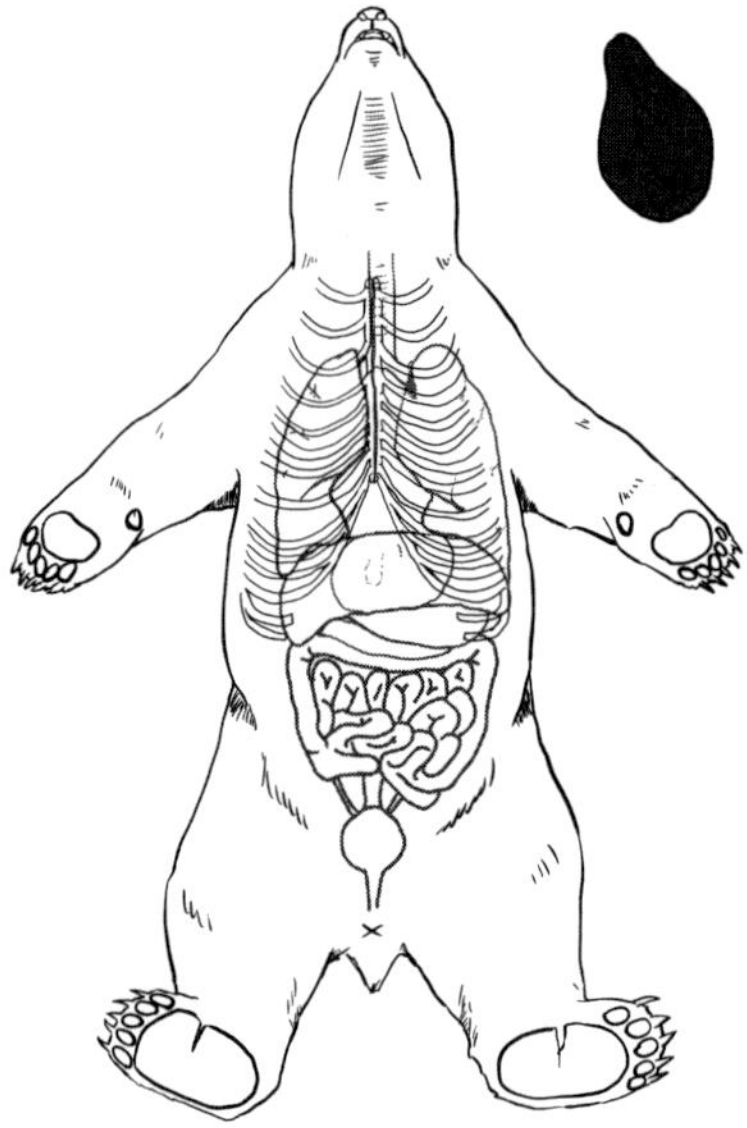

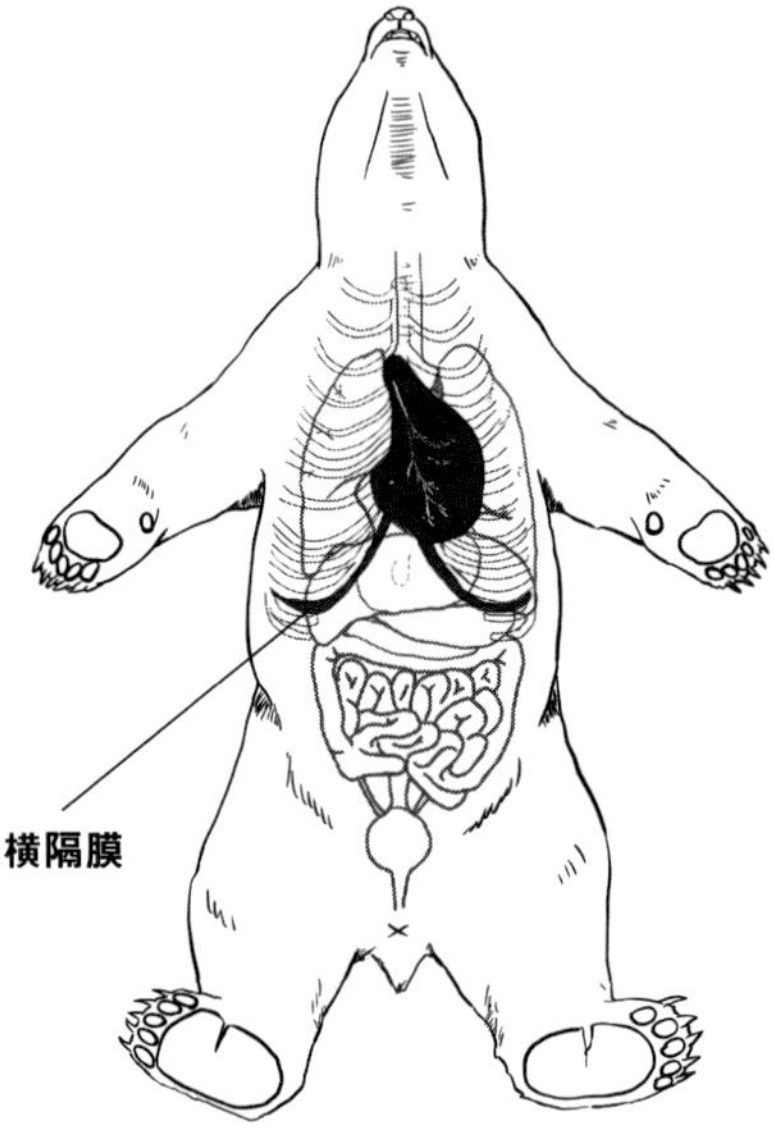

3 腹を開いたら、肋骨に添うようにしてある横隔膜を切り、その穴から手を入れて心臓を切り出す。その後、横隔膜を大きく切り、肺、胃、肝臓を引き出す

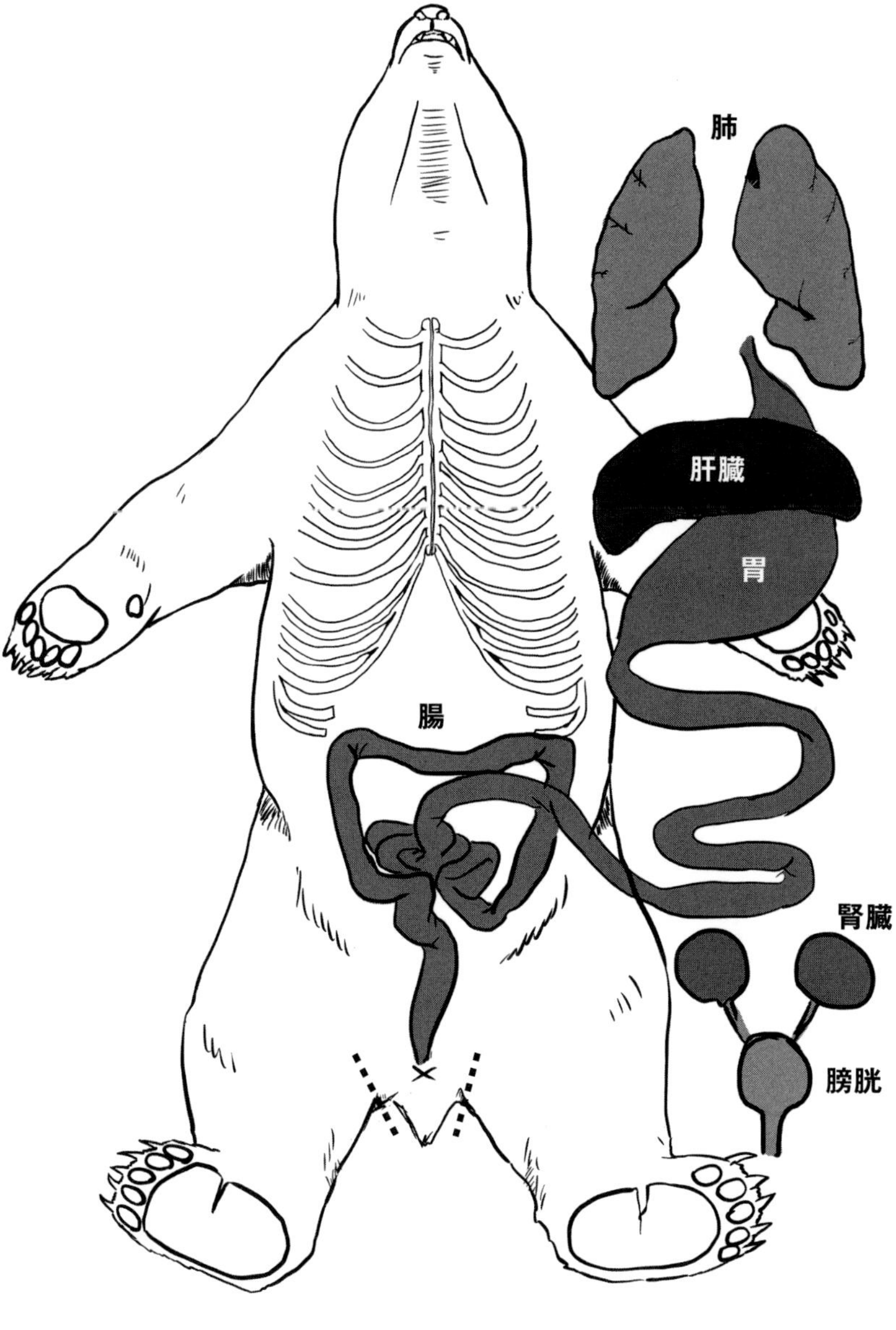

4 胸骨をノコギリで切ってから肺臓を引き出してもよい。胃の下から肛門までの筋肉を切り、小腸、大腸を引き出す。その後、恥骨の縫合部の少し両脇をノコギリで切り(破線 ■■■■■■)、肛門部と小腸を出す。このとき、胃の下を縛り、腸だけを出すようにすれば楽にできる。背中側の腎臓と膀胱を取り出す。膀胱は尿が出て肉につかないように気をつけて作業する

まずは、前脚の踵部から皮目を通していく。このとき、縦線との交わり方によって皮の形が異なるので注意する。

皮を広げたときに、正方形に近い形になるのがよい状態。切り方が悪いと、皮が万歳をしているようになってしまうので注意しよう。

後ろ脚は、肛門より上部に刃が通らないと縦の短い皮となるので注意。

そして掌は、肉球ではないところの皮も剥ぐ。胸に続く線から皮目を外さないように丁寧に剥ぐ（脚も同様）。

切り込みを入れる位置

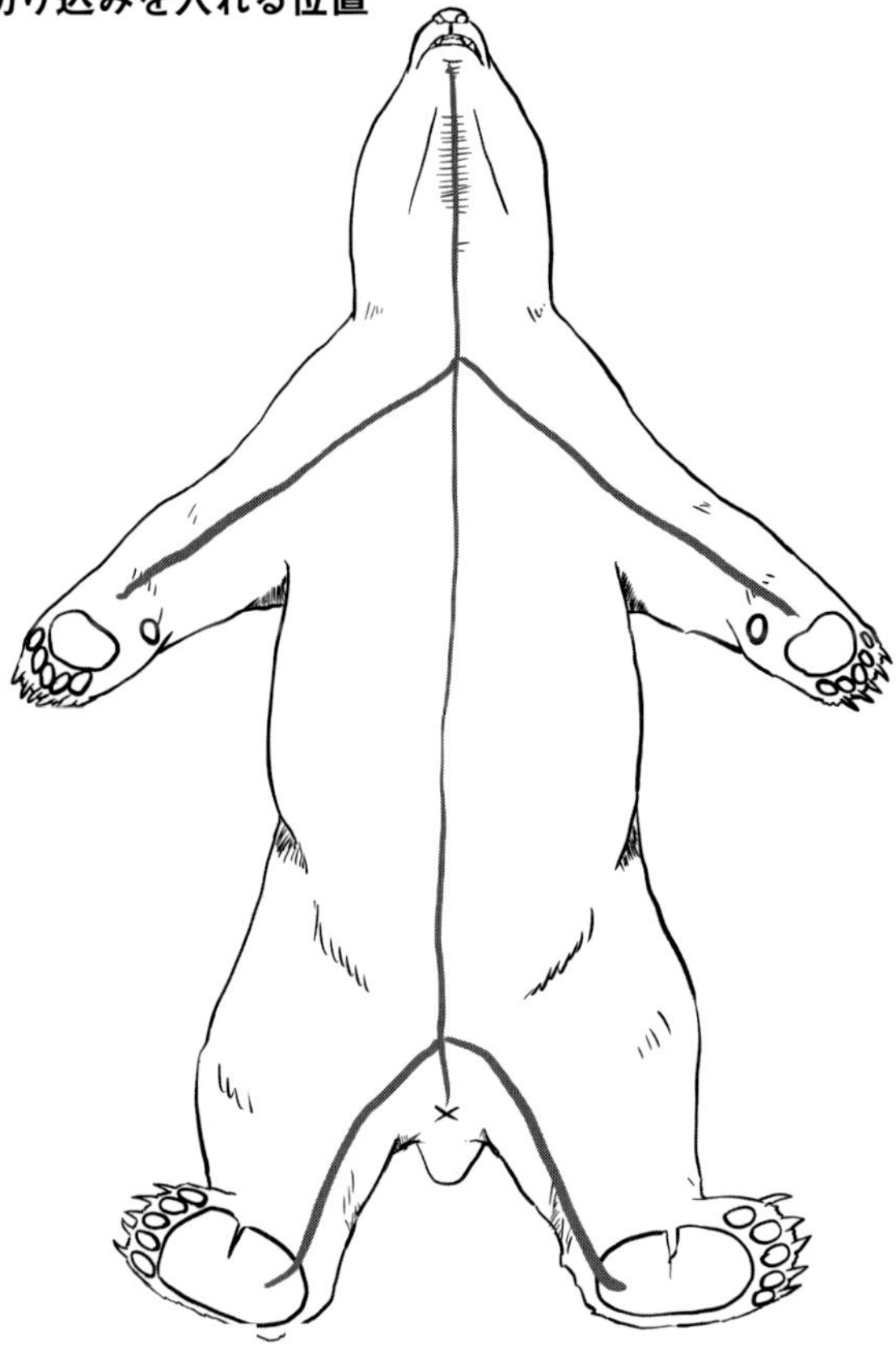

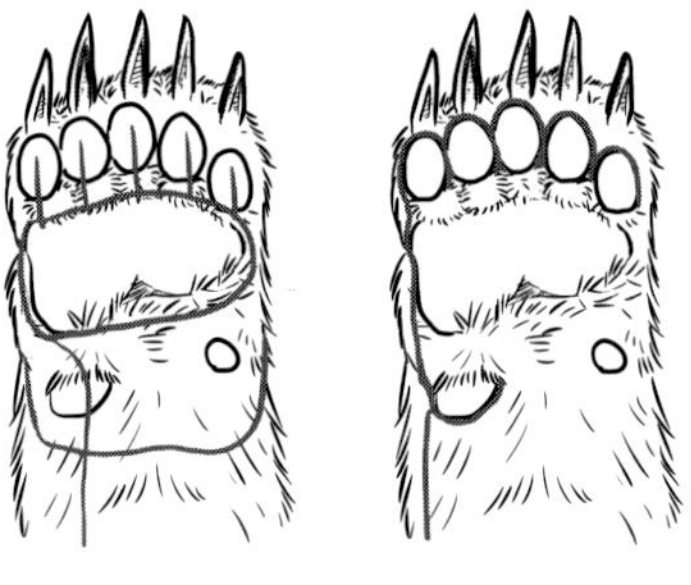

肉球を割って手の皮を剥ぐ方法（左）と残す方法（右）。上記の線に沿って皮を剥ぎ、最後は手首の骨と骨の間の部分に刃を一周させて切り込みを入れてあおるときれいに手首の部分が取れる

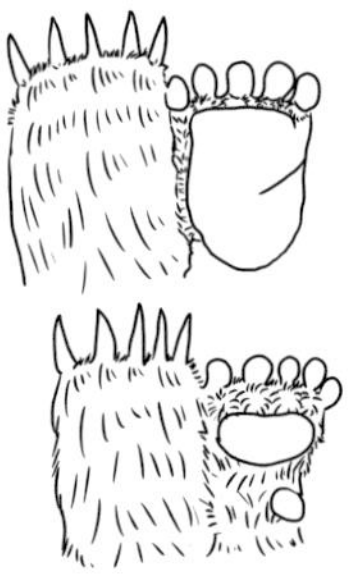

肉球を残して皮を剥ぎ終えた状態（上が足で下が手）。肉球のキワをひとつひとつ丁寧に剥いでいく

解体のポイント

刃物は常に清潔を保つ

解体時に清潔を保つのはとても大切だ。内臓をいじった手や刃物でほかの部位を触ったり解体したりしてはいけない。その逆も同様にいけない。また、弾が腹に当たっている場合は、腹のなかで内臓などから寄生虫が一面に飛び散っていることもあるだろう。弾がどこに当たっているかに注意するとともに、腹に当てるような撃ち方は、獲物を無駄に苦しめるばかりではなく、食べる側の健康リスクがあることを改めて覚えておくことだ。

近年、寄生虫などによる食中毒が増えている。解体場所が屋内であることは理想的であるが、野外だから不衛生ということではない。不衛生な部位をいじったまま、ほかの部位の作業をすることが一番の問題と考えている。また、どのような部位に気をつけなければいけないのかといった知識が不足したまま解体することも原因だろう。

刃物と手は常に清潔を保ち、こまめに拭き取るか、お湯で刃先を洗いながら作業する。そして、こまめにお湯や水も交換することが大切だ。

解体はシートなどの上で行う

山中での解体はきれいな草の上などで行う。家の近くで行う場合は必ずブルーシートを敷いてその上で作業する。

当日に解体できないときは……

必ずすべての内臓を取り出して、その日のうちに皮剥ぎまでは終わらせてしまおう。ここまでは最低限やっておきたい。

皮剥ぎがすんだら、使用しなくなった綿のシーツなどでしっかりと本体をくるんでおく。シカであれば、トラクターなどの重機でひと晩吊るしておくのもよいだろう。猟期であれば十分に気温は低いので、ひと晩程度なら野外でも十分に保存可能だ。

肉の保存方法

使いやすいように、なるべく小分けにして冷凍保存しておく。できれば部位ごとに分けて、内容物がわかるように保存袋に油性ペンで部位名を書いておこう。そうしておけば、冷凍庫から取り出す際にわかりやすい。

皮の剝ぎ方

敷き皮と剝製で、皮を剝ぐ際のナイフを入れる場所の基本は変わらない。しかし、その皮をどのように仕上げたいのかをイメージする。残すべきところは皮に残し、臨場感ある剝製や敷き皮にする。

観察する

腸などをひっくり返して洗浄をする際に、どのような寄生虫や回虫がいるのか観察してみよう。糞でも観察できるが、新鮮な糞でないと観察が難しい。狩猟頭数が増えてきた際に、経験としてヒグマの体内の回虫が増えているのか減っているのか自分の情報として蓄積していくことで、解体時の注意点もわかってくるだろう。

皮をすべてきれいに剥ぎ終えたら、今度は本体を大バラシしていく。この手順は、シカもウサギもヒグマもどんな動物でもほぼ共通の作業手順である。また、山のなかでやる際も同じ手順となる。

解体を始める前に

解体を始める前に、肉を振り分けて置く場所を確保する。

雪が深い場合は、雪を踏み固めてその上に置いていくこともできる。その日に運びきれない場合も、シートをかけてさらに雪をかけて置くことで保管は可能である。雪が少ないときは、地面で保管するとネズミの被害に遭う場合が多いので注意が必要だ。肉の上を走りまわり、糞尿をかけられてしまうと肉ににおいがついてしまい、肉の価値が下がってしまう。そのため、適当な木と木の間に太めの木の枝を渡して、そこに振り分けた肉をかけておく場所をつくる。ヒグマの場合、肉の重量が相当あるので、なるべく丈夫な木の枝を利用する。

それでは、大バラシの手順を解説していこう。

❶前脚を外す

肩甲骨と肋骨の間に関節はなく、前脚は肩甲骨とつながっているため、作業がしやすい。そのため、まずは両前脚から外す作業を始めよう。

❷後ろ脚を外す

後ろ脚は、骨盤と大腿部をつなげている丸い関節をめがけ、内側と外側から一気に刃を入れて外す。外し終わったら、前脚と後ろ脚を紐で縛り振り分け、木にかけておく。

ヒグマの体を反転させて、反対側の前脚と後ろ脚も同じ要領で外す。

❸あばらと腹肉を外す

倒してある側面の、あばらと腹肉を外す。このとき、背ロースは背骨につけた状態にしておく。再び、ヒグマの体を反転させて、反対側のあばらと腹肉を外す。脚と同様に振り分けておく。

❹頭を外す

なるべく首の付け根から頭を外すようにする。トロフィーや頭骨標本などにする際の脳を取り出す作業を見越し、なるべく延髄の上部分から刃物で一周切り目を入れて、骨を切るのではなく、関節同士を外すように取り外す。

❺骨盤を外す

ヒグマの場合は重たく大きいので、骨盤を背骨から外す。腰椎の関節部のまわりに刃を入れると、内ロースにも刃を入れることになるが、簡単に取り外すことができる。背負えるのであれば、骨盤をつけたまま⑥の作業を行う。

❻背骨を関節でふたつに分ける

ヒグマの場合は、背骨が大きいので、あばらの下ぐらいからふたつに分ける。人間でいうと、一番下のあばら骨が背骨についている部分の、もう一個下の骨の間をぐるり外側に刃で切り目をつけ、エビ固めをするようにあおると簡単にふたつになる。最後に、肋骨の上部の脊椎を切る。

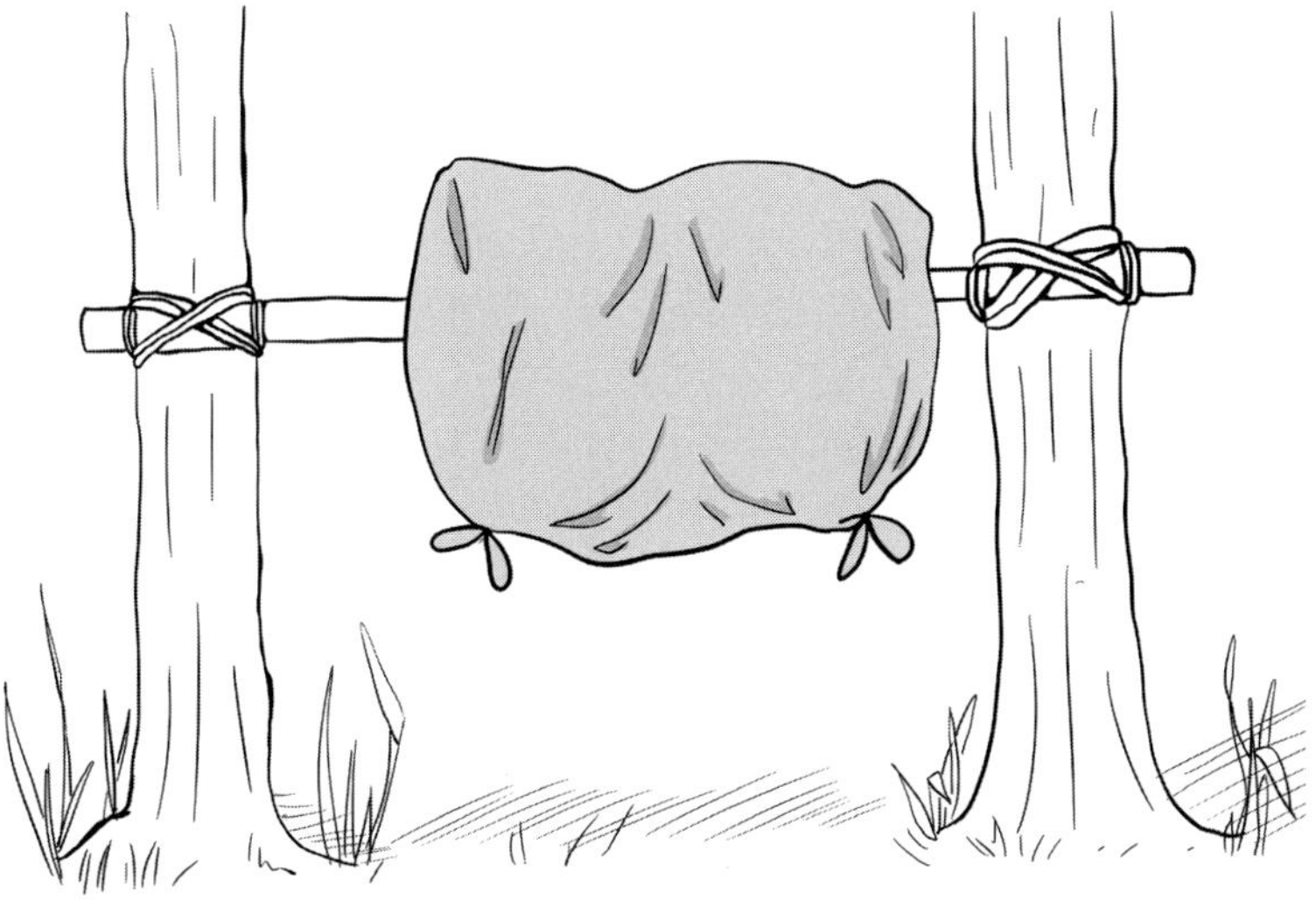

一度に運びきれないときは、肉包み用のシーツやツェルトをかけておく。獣や鳥に荒らされずにすむ

ヒグマの肉の部位一覧

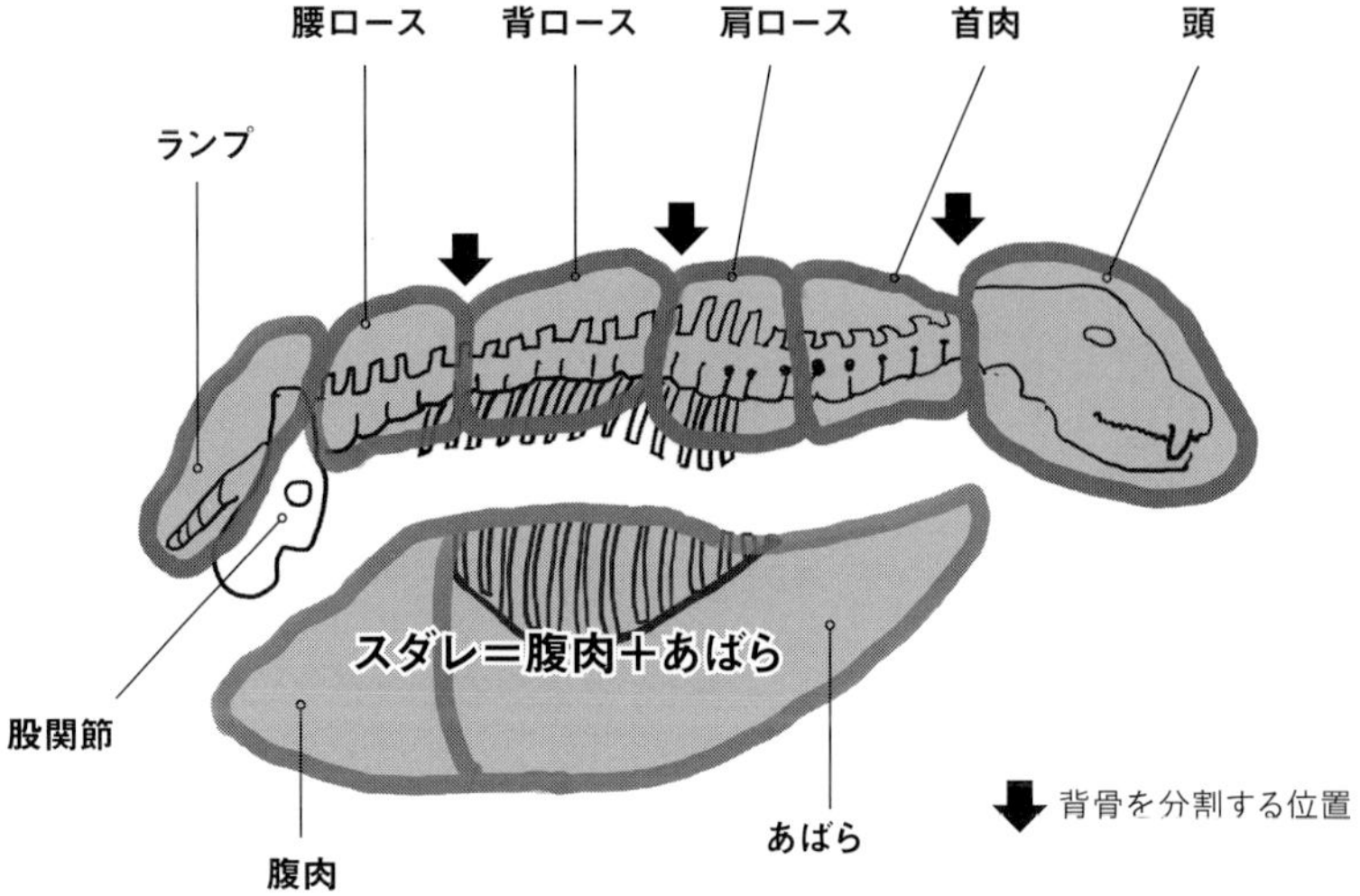

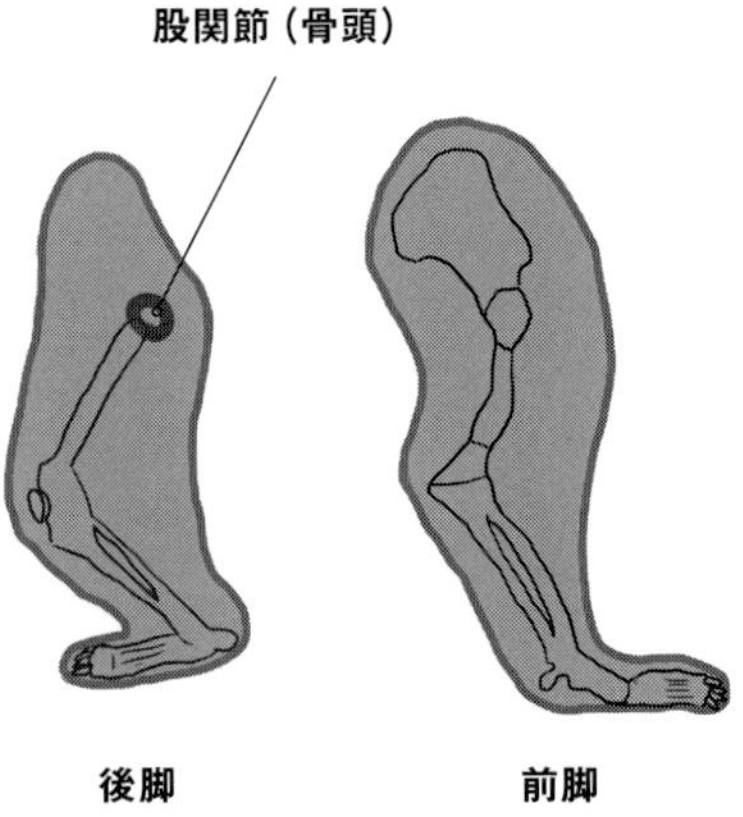

久保俊治の山から下ろす順番
（大バラシの状態で運ぶ）

❶ 内臓と皮

⬇

❷ 前脚＋後ろ脚を1セットにして2往復

⬇

❸ 頭と腰椎＋骨盤

⬇

❹ あばらと腹肉

⬇

❺ 背骨

（自分の体力と荷物の重量配分を考えて運ぶことになる）

お湯で刃物を洗いながら解体を行う

クマの脂の取り方

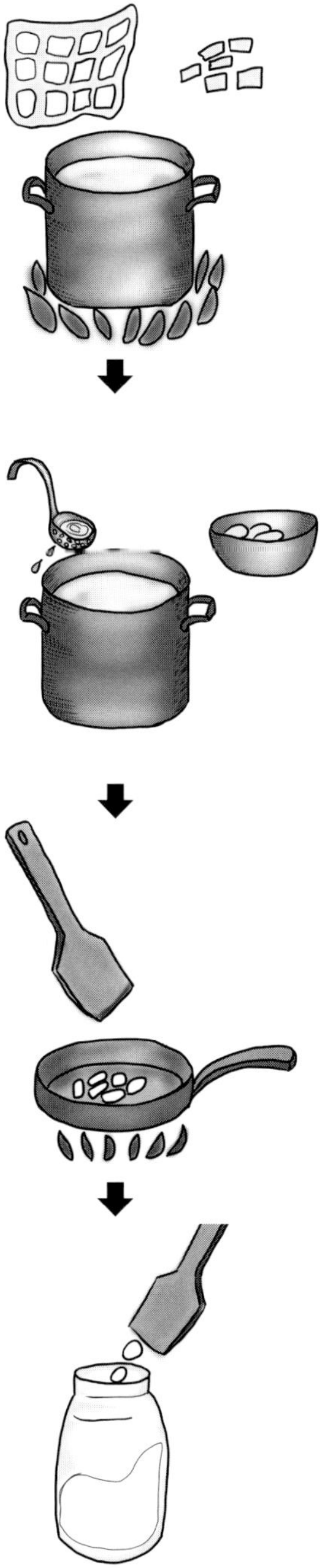

脂も利用する

クマの脂はシカの脂と異なり融点が低く、意外とさらっとした使い心地である。よく気になるとされるにおいについても、上手に脂を取れば気にならず、わずかに甘い香りさえする。

昔から手荒れ、火傷に非常によく効くとされ、痕が残らずにきれいに治る。

使う脂はどこの脂？

皮下脂肪でもつくることは可能であるが、とりわけ内臓脂肪のほうがよい脂が取れる。そして、腸間膜の脂が最高である。できれば脂は混ぜずに、皮下脂肪、内臓脂肪、腸間膜と分けて脂を取るとその違いがよくわかるだろう。

～つくり方～

❶ 寸胴鍋(口が広いものより、寸胴のようなもののほうが作業しやすい)を準備する
❷ 脂肪を1cm角ほどに切る
❸ 寸胴に水と切った脂肪を入れる
❹ 煮る
❺ 上に脂がたまってくる。このときにゴミも一緒に浮いてくる場合がある。気になる場合は、ササの葉などと一緒に入れておくとゴミがササの葉につく。そのササの葉を、お湯が温かいうちに引き上げる
❻ 火から下ろし冷ます。冷ますと上の部分が白く固まってくるので、目の細かい灰汁取り用のネットなどで水をきりながらすくい取る
❼ ❸～❻の手順をもう一度繰り返す
❽ 脂を弱火でフライパンを使い少し煎り、水気を飛ばす
❾ 瓶に熱いうちに入れて完成！

耳の皮をうまく剥けるかどうかが出来を左右する

シカもヒグマもトロフィーをつくる場合は、耳をきれいに残すように、耳の皮を裏返すように皮を剥がなければならない。耳の形の良し悪しでトロフィーの出来栄えがほぼ決まると思っている。次に大切なのは、口元の皮の剥ぎ方である。口元は表情全体を左右するので、慎重に時間をかけて剥いでいく。

トロフィー用の皮、頭骨の処理の仕方

トロフィーをつくる場合も、頭骨標本をつくる場合も、はじめの頭骨の処理の仕方は共通である。

❶耳は皮と一緒に剥ぐ（毛皮についているはずである）

❷頭骨を背骨から外す。このとき、首の骨をつけない

❸頭骨に入っている脳を取り出す。背骨を外したところから木の棒やスプーンなどを差し入れて脳をかき出すようにする。頭骨に小さな穴をあけ、作業する場合もある

❹頭骨についている、肉や脂肪を丁寧に取り除く。刃物の裏、木の棒などを用いて、こそげ落としていく

❺眼球を取り出す。眼球も両眼を取り除く。スプーンなどでほじり出す

❻舌を取り出す。頭骨をひっくり返して、アゴの裏側からナイフを入れ、筋を切るようにして舌を取り出す

❼トロフィーとする場合は、皮と頭骨を一緒に業者に渡し、作業を依頼する。シカの場合は角をつけたままで渡す。

シカの場合は頭骨に角をつけたままにするので、角の根元をぐるりと切り、皮を剝ぐ。剝製は製作者の技量によるところが大きいが、剝皮をした人の刃物を扱う技術もトロフィーの出来に左右される

依頼時の注意点

業者によりそれぞれ得意な分野もあるだろうし、何より業者の良し悪しがある。事前にしっかりと調べてから依頼するようにしたい。

皮の保管方法

皮を剥いだあと、剥いだ面に塩を多めに擦り付けておき、次の作業をするまで乾燥しないようにビニール袋などに包み冷凍保管する。

頭骨標本をつくる

作業環境や材料の入手のしやすさで方法を選択する

学術的な頭骨標本にする場合は、酵素を用いるのだろうが、排水処理などの問題もあるので私の場合は酵素を用いない。酵素を使ったほうが白く、見た目がきれいな頭骨標本ができるので、好みと作業環境などから適宜手法を選択して行うのがよいだろう。

　また、頭骨をゆでて除肉する方法もある。この方法では、大量の湯を沸かすために野外での作業となり、頭骨がまるまる入る大きな鍋も必要になる。大変な労力がかかるし、周囲に独特なにおいも滞留する。飾りとして牙だけ取る場合には頭骨の鼻先だけ鍋に入れて煮るようにすると取れやすくなるのでよいのだが、頭骨標本とする場合は長時間グラグラと頭骨をゆでてしまうと、必要な繊維もなくなってしまい、せっかくの牙や歯がすべて抜け落ち紛失の原因となってしまう。これらの理由から、頭骨標本をつくる際には、私は煮る方法を用いることが少ない。

土に埋めておく方法

場所があれば地面に穴を掘りそこに頭骨を埋める方法がある。埋めてしまえばあとは放っておいてよいので、楽である。気温15℃前後の時期で一週間ほど土のなかに置いておく。ただし、しっかりと頭骨を埋め、さらにその上に大きな石などを置いておかなければ、キツネやタヌキなどの動物に掘り返されてしまうことも多々あるので、注意が必要である。また、土に埋める方法では、全体が黄色みがかった頭骨となる。白さを求めるのであれば、酵素など別の方法がよいだろう。土から掘り返して肉がしっかりと落ちていれば、あとはきれいに洗って完成である。

石灰による方法

消石灰を頭骨全体にふりかけ、3～4日間ほどおく。生石灰では頭骨が黄色くなりすぎたり、ボロボロになってしまったりする。せっかくの牙や歯も黄変してしまうため、この方法はあまり日数をかけないほうがよい。

　どちらの石灰を用いる場合も、水に溶かしてから頭骨を浸け置きする方法もある。その際、1～2日で一度様子を見たほうがよい。なるべく漬ける時間を短くし、黄変や頭骨の劣化を抑えて肉が溶けるだけの状態として、しっかり石灰を洗い流したい。

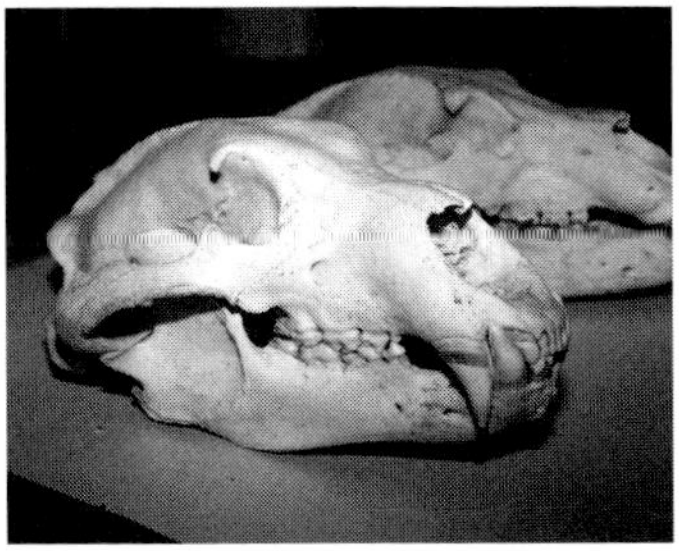

頭骨標本完成品

どれもヒグマの頭骨で、本頁の石灰をかけておく手法で製作した頭骨だ。いままで獲ったヒグマの頭骨は人に渡したものがほとんどであり、残っているものは少ない。頭骨を眺めながら、そのヒグマを獲ったときを思い出し、貴重な自分自身のデータとしているのだ

ウサギやキツネなどの小〜中型の動物の場合

私の場合は、シカやヒグマなどの大型の獲物の毛皮は、敷き革などにするために専門の業者にすべて委託してしまう。なので、いかに完成を予想しながら皮をきれいに立体的になるように剝ぐか、というところが重要だ。

一方で、飯盒包みや、雪のなかで休憩に使う敷き革など、キツネ、ウサギ、タヌキなどの皮については、簡単な方法ではあるが、自分で皮をなめして利用することも多い。

私の方法は一般的な方法ではないかもしれないが、スーパーなどで材料を購入でき、身近にあるもので簡単にできる方法なので、ぜひ入門編として覚えてほしい。

皮を剝いだら

皮は作業するときまで冷凍保存しておいてもよい。

皮を剝いだら、まずはしっかりと乾燥させる。塩漬けになっている場合は塩出ししてから乾燥させる。剝いだ側を表にして、ピンと伸びるようにテンションをかけてしっかりと固定し、板に張り付ける。

裏打ちをする

皮がしっかりと乾いたら、水に浸けて皮を戻してから裏打ちをする。

ナイフの背などを利用して、皮の表面についている脂や筋肉などをこそぎ落としていく。こそぎ終わったら、洗濯用の炭酸ソーダで脱脂すると、表面を真っ白にさせることができる。大きい獲物の皮であれば高圧洗浄機などを用いて作業するという手もあるが、周囲に脂肪や肉片が飛び散ってしまうので、作業する場所を選ぶだろう。また、毛皮に脂肪がついてしまうとなかなか取れないので、いかにきれいに作業を行えるかが課題となる。

ミョウバン液に浸す

はじめは5％程度の薄いミョウバン液に塩をひとつかみ入れた人肌くらいの温度の液をつくり、皮の様子を見ながら浸す。ひと晩浸けて、皮の色を確認する。足りないようなら50℃ほどの温度にしてからミョウバンを加え、もうひと晩ほどおく。

数日〜10日間ほど様子を見ながら徐々にミョウバンを加えて浸けておく。

絞って乾かす・もむ

皮の水気を絞る。風通しのよい日陰に板の上などに広げて乾かす。少し乾いてきたら皮をよくもむ。もむことで、コラーゲンの硬い部分が柔らかく滑らかになってくる。皮が乾きすぎて作業がしにくい場合、霧吹きなどで水やミョウバン液で濡らしながら作業を行う。

乾燥

柔らかくなったら、剝いだ面を表にして皮をしっかりと伸ばして乾燥させる。皮の大きさに合わせて、木枠を準備する。紐でテンションをかけて、その紐の途中に木の棒を取り付けて、全体的に力が均一にかかるように四方八方から紐をねじ上げて皮を伸ばす。

1 獲物の毛皮の大きさに合わせて、木枠をつくる

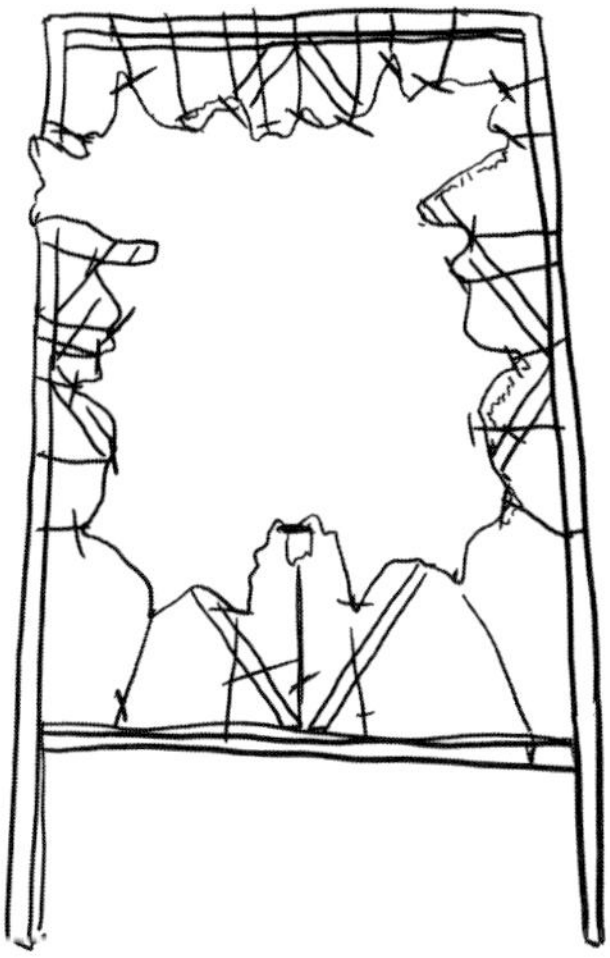

2 たるみがないように毛皮を木枠に張り付けていく。毛皮に小さな穴をあけて紐を通し、木の棒を紐に取り付けてねじることで、たるみがないようにテンションをかけることができる

ミョウバンでなめしたタヌキの毛皮。耳を残して皮を剝いである

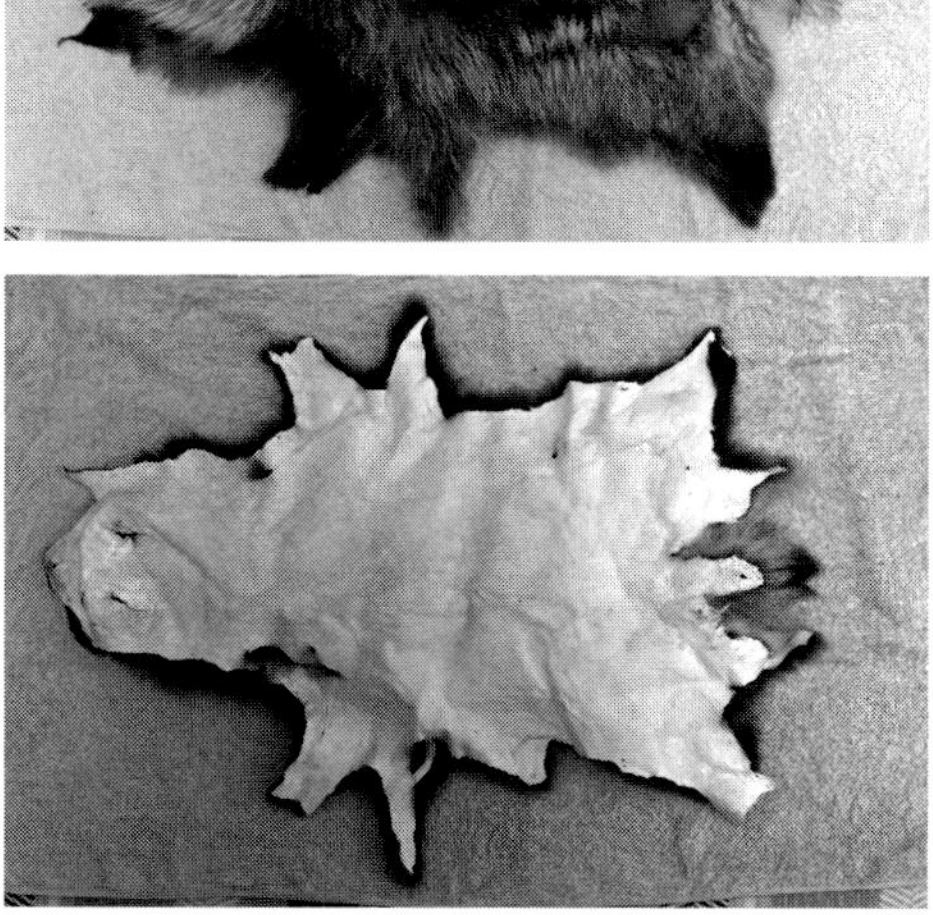

同じく裏側。白い色が特徴で、意外にゴワゴワしない。冬山など休憩時の敷き革などに最適だ

日常からできること五カ条

❶足の裏で地面の感触を意識して歩く

普段は靴を履いているのであまり感じないだろうが、足の裏から伝わってくる感触を意識してみる。そうすると、足の運びや歩き方も自然と変化してくるだろう。足の裏全体でジワッと歩けるようになるはずだ。ドンドンと踵からついて音を立てるような歩き方から、ジワッと歩けるようになるはずだ。

それができるようになると、釘や画びょうなどのようなものを一気に踏み抜いて足の裏に刺さったりするようなことも防げるはずだ。

❷身近な動物の糞を観察すること

野生動物だけではなく、馬や牛など身近にいる家畜の糞などを観察することで、糞の酸化度合いを知ることができる。それをその日の天候、風、気温など絡み合わせて観察する。動物によって腸内細菌が異なるため完全に一致することはないが、フィールドで獲物の糞を観察する際の練習になるだろう。機会をつくって観察してみる。

❸自分の足跡から行動を振り返る

自分がどこを歩いているか、行動をしっかりと覚えているだろうか？ 落とし物をした際に、山のなかで見つけられるかどうかは、自分がどのあたりをどのように歩いたかを覚えているかどうかによる。自分の足跡をしっかり追えるように、普段から行動を振り返ってみることだ。

❹地図を見ながら自分のフィールドの情景を思い浮かべる

地形図を購入し、猟場となるフィールドの知識を深めておく。実際に歩いてみて、地図上でその情景を思い浮かべ想像する。行ったことのない地形でも、だいたいの想像ができるようになってきたら獲物の行動予測もつけやすくなるだろう。

❺人について山に行ってみる

人について歩き、その人がどのようなことに注視しているのか考えてみる。猟そのものについては、どんなにベテランの人でも教えきることはできない。しかし、上達するためには人について歩くときに、その人がどんなときにどのような場所を見てどんな場所で注意を配っているかを学んでいく。そうすることで、熟練者の感覚が自然と身についてきて、自分で山を歩いたときに同じような振る舞いができてくるはずだ。

第5章

日常のこと

久保家の食卓&保存食

山から少し分けてもらうということ

ヒグマやシカなどの野生に生きる動物のことを知るために、彼らが食べているものを、自らも食べてみることはとても大切なことだ。天候が悪く全体的に生育がよくない年でも、必ず山のなかには実りがよい所、生育がよい所があるものだ。動物はそういったことを誰に教わるでもなくちゃんと知っている。山を歩く際に、そうした生育や実りのよい所、悪い所をしっかりと観察することも、猟には大切なこととなる。そして、山から得られる食べ物については、「少しだけ自然から分けてもらうもの」だと考え、一番うまい時期においしく食べるということが、すべての恵みと命に対する感謝であり礼儀でもあると考えている。山に行くと、「たくさんあるから」と、自分が必要とする以上にあるだけすべて採ってしまう人が多い。また、根まで掘り返したり、木の枝ごと折ってしまったりして、山菜の生育環境そのものをダメにする採り方をしてしまう人もいることはとても残念である。

自分でうまいものを食べたいと思ったときに、どうすればよりおいしく食べることができるかを徹底的に考えるようにしている。例えば、山菜は泥などのゴミがつかないような採り方を考えると、帰宅してからの処理が圧倒的に楽になるだけではなく、周辺の環境も傷めることがないだろう。そして、来年も生えてくるように、その群の大きいものを1~2本だけ選んで採ることが、自然から分けてもらううえでは大切なことだ。

釣ったオショロコマをその場で焼いてほぐし、炊きたてご飯にのせた「オショロコマ丼」

北海道の春の山菜の代表種のひとつギョウジャニンニク

ギョウジャニンニクのおひたし

炊きたてご飯にきざんだギョウジャニンニクのしょう油漬けをのせ、生卵の黄身をのせる

大きなものを選んで採取し、来年のために必ず残す

春の沢歩きも心地よい

ワラビのバター炒め

ワラビの煮つけ

大きなワラビが採れた

ヨモギの天ぷら

ウドの酢味噌あえ

タランボ（タラの芽）の天ぷら

ウドはさっと湯がいて水にさらす。マヨネーズであえる

はしりの柔らかいフキを砂糖としょう油で炒める

フキは油でよく炒めて、砂糖としょう油で味付け

山菜を保存する

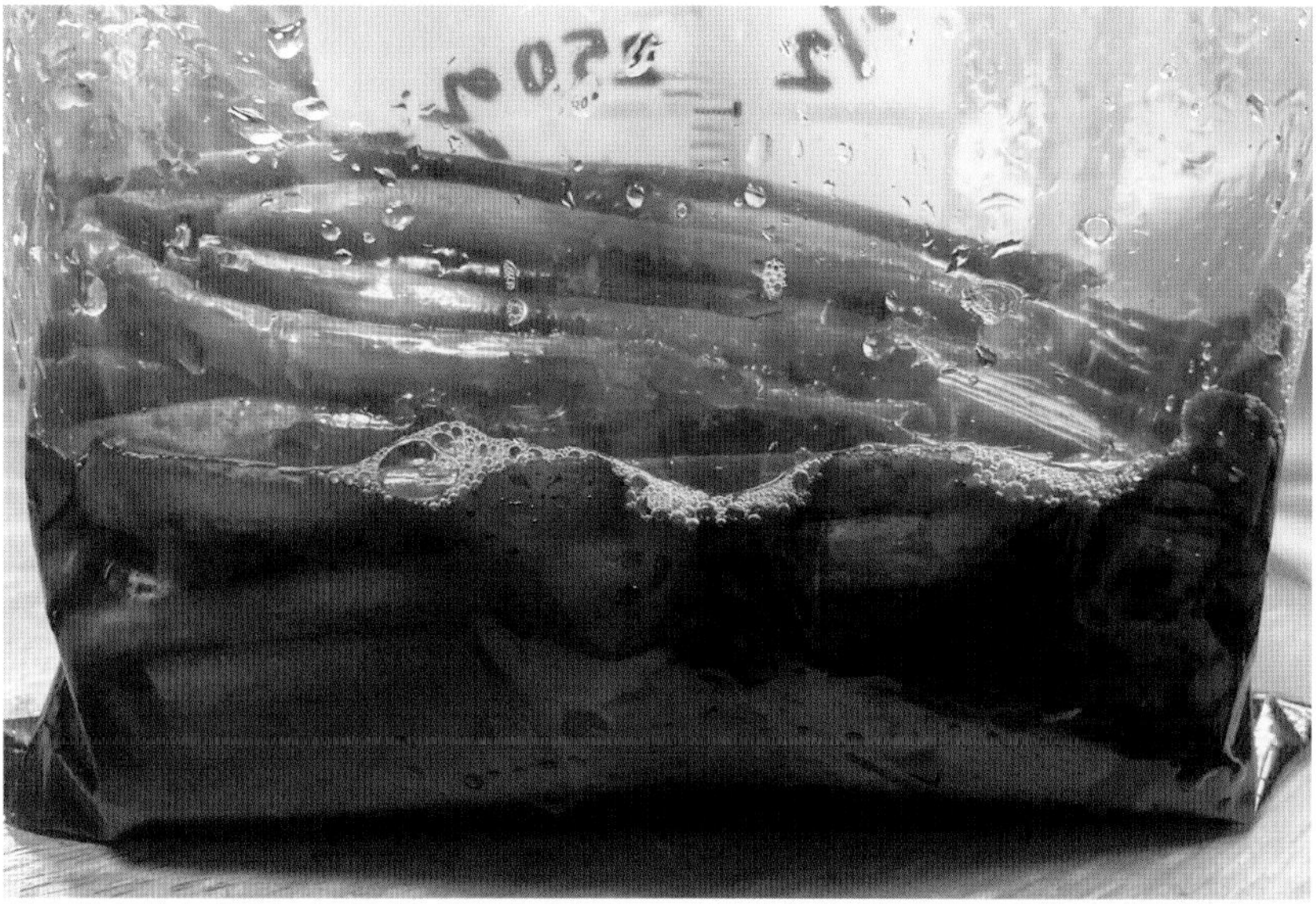

ギョウジャニンニクのしょう油漬け

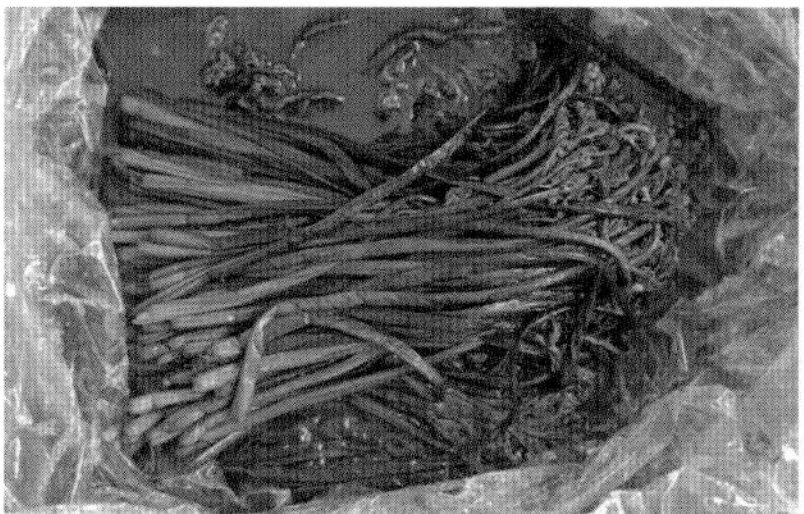

ワラビは、その年に食べる分を塩蔵しておく

フキも同様に柔らかいものを採取し、塩蔵しておく

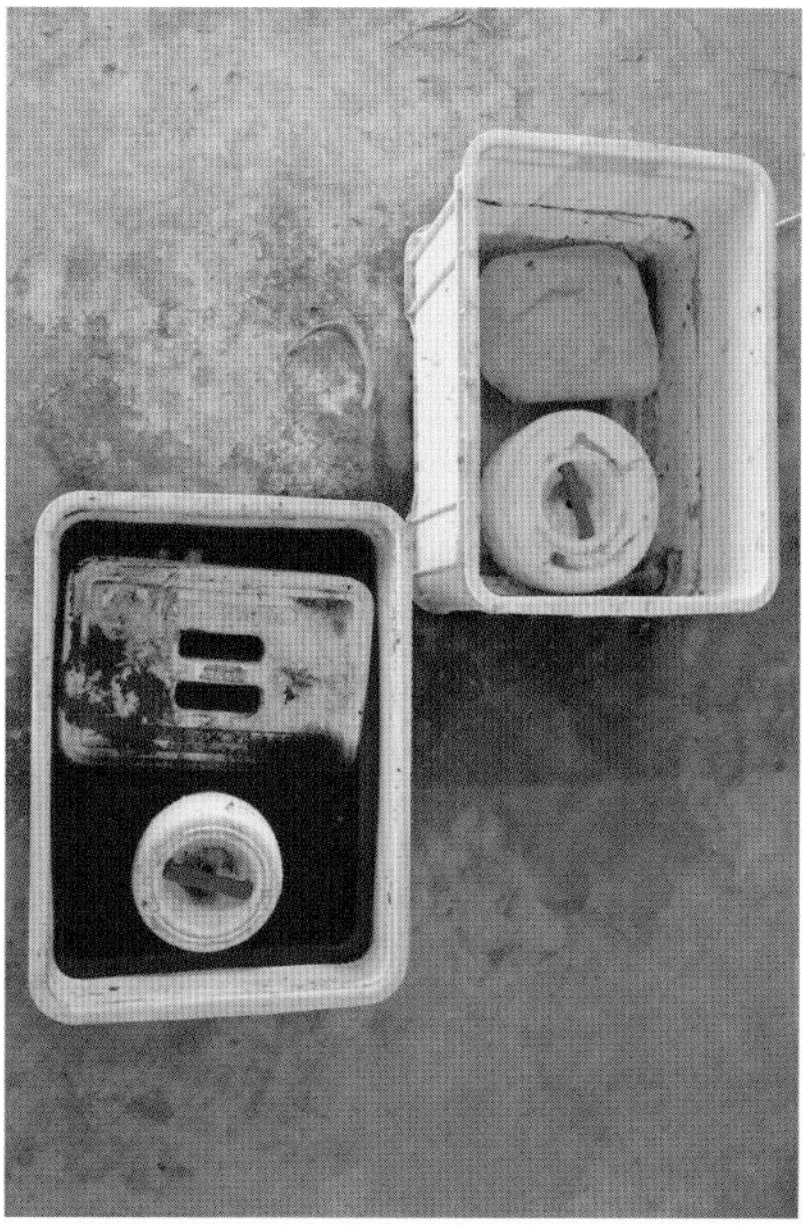

塩蔵中は重石をして、水分を抜く

春とは一変して、緑の葉に覆われて鬱蒼としている夏の渓流

オショロコマ。国内では北海道にのみ棲息

ヤマメ（ヤマベ）は、サクラマスの陸封型

猟場の観察がてら、渓流釣りも楽しむ

混ぜご飯。ヤマメとオショロコマで風味が異なる。お好みで味わおう

フキを皿代わりに、ご飯と焼いた魚をのせる

ヤマメの唐揚げ。甘辛いしょう油をからめる

焚き火で焼いて、身をほぐして、ご飯に混ぜる

暖かい時期に焚き火で料理の練習をしておくと、寒い秋冬の野営時も困らない

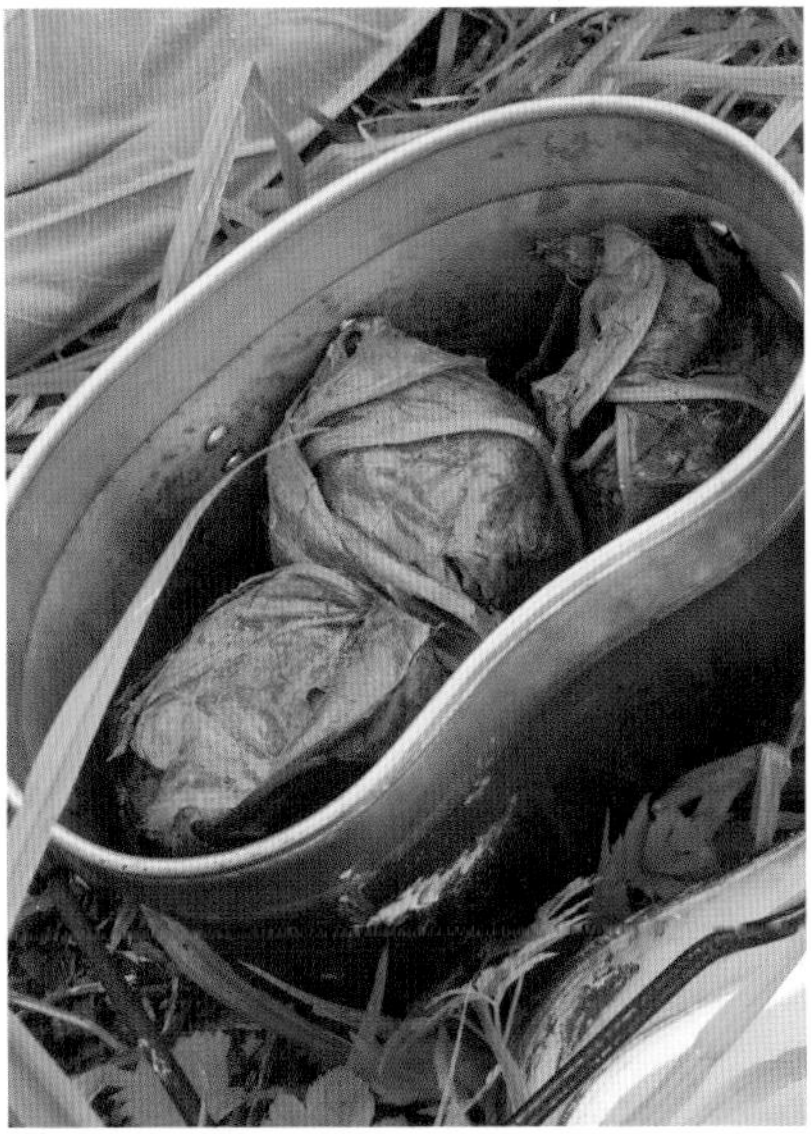

フキに肉を包んで香りを楽しむ

味つけは味噌で

蓋が浮かないように注意する

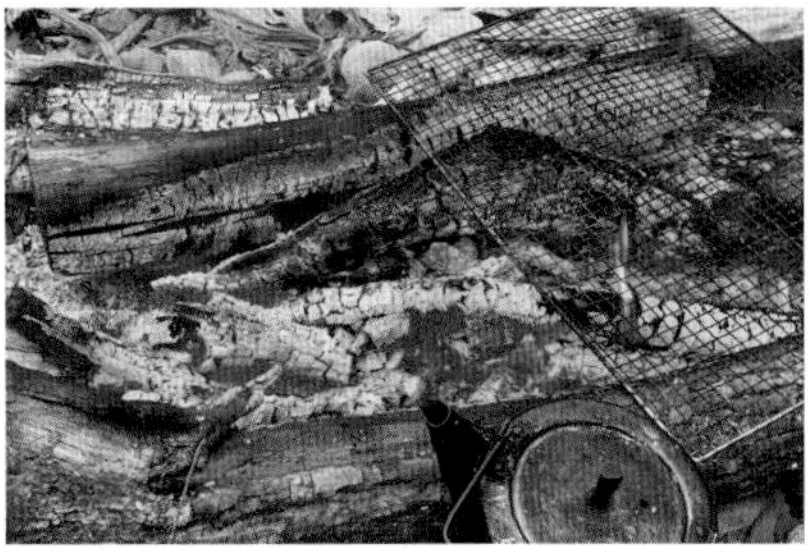

調理は煙が出なくなってから始める

飯盒でおいしくご飯が炊けた

焼き肉。塩・コショウで味つけはシンプルに

ヒグマ肉のカレー。煮込むほどに柔らかくおいしくなる

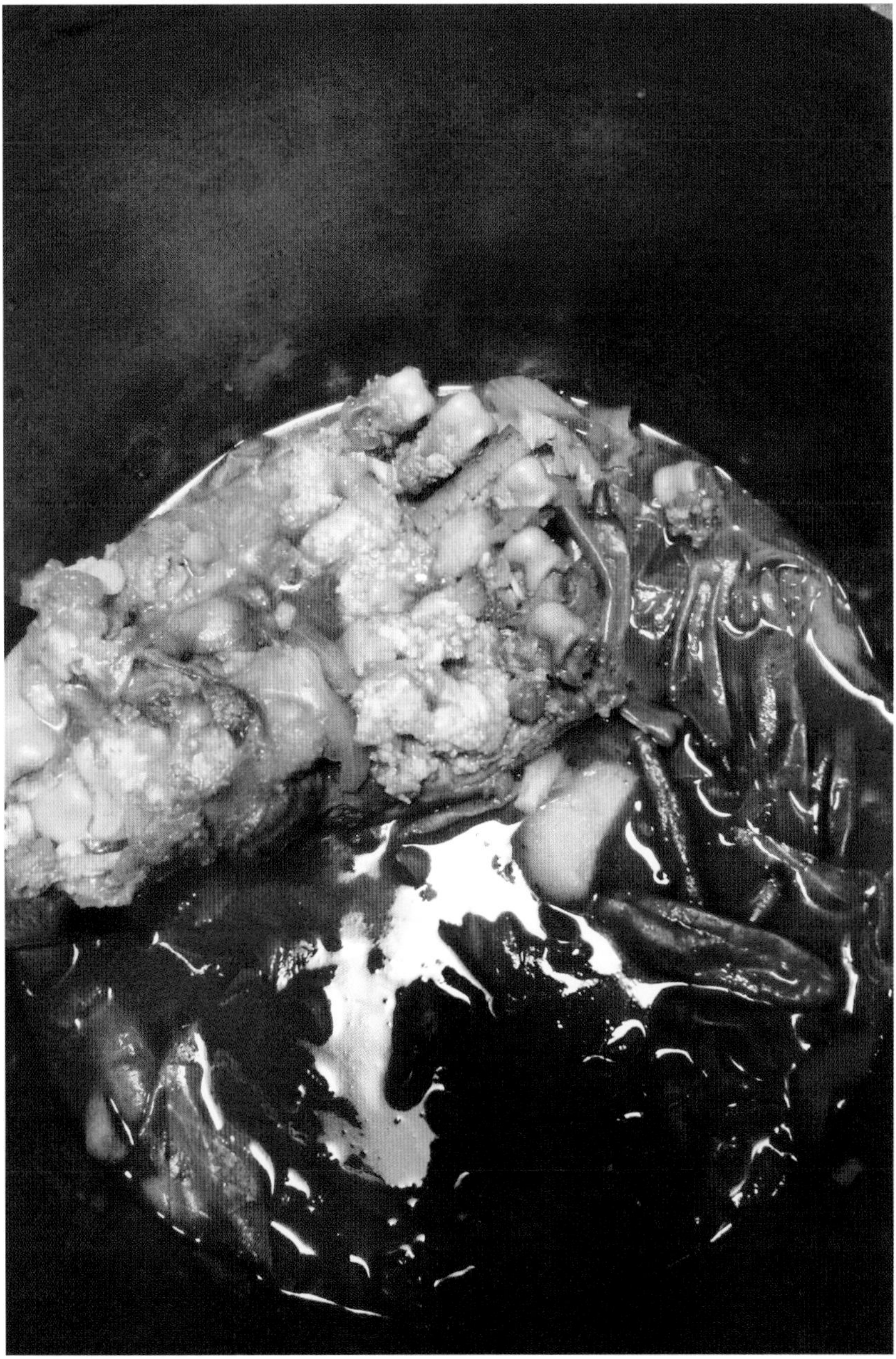

ヒグマの掌のトマト煮込み

シカ肉のカレーにはたくさんの野菜とギョウジャニンニクを入れる

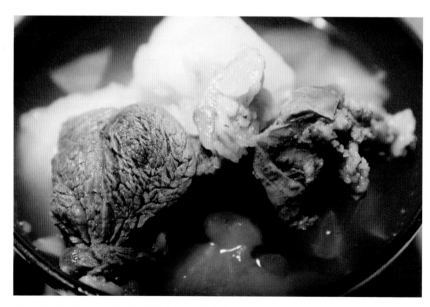

カレールーを入れなければ、スープとしても楽しめる

心臓、肝臓、腎臓、喉軟骨、大動脈、etc……。焼いて食べて、異なる食感を楽しめる

肉を焼く前にまずは、シカの脂を熱して溶かす

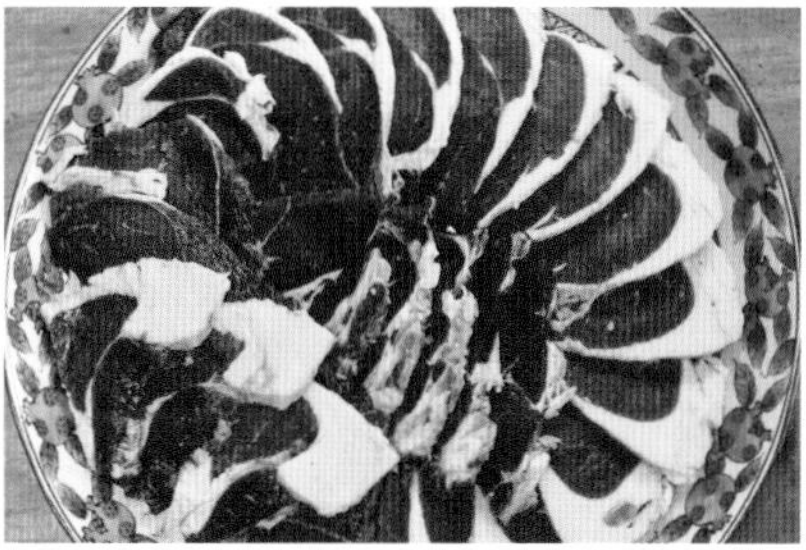

エゾシカは脂肪をよく蓄えている

しっかり火をとおしてから食べる

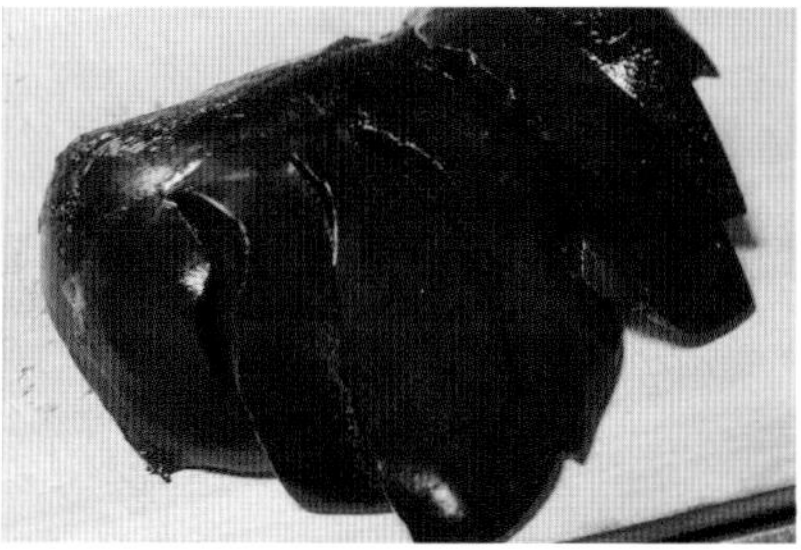

肝臓は7つに割ったあと、食べやすいサイズに切る

シカ肉のチャーハンにギョウジャニンニクも入れると絶品！　シカの脂を少し加えるのがコツ

スープをベースにすれば、うどんを入れたり、シチューやカレーもつくれる

シカ肉ベースのスープにうどんもよく合う

燻製肉をシチューにしてもおすすめ！

バラ肉の燻製

肉のうま味が凝縮されている燻製

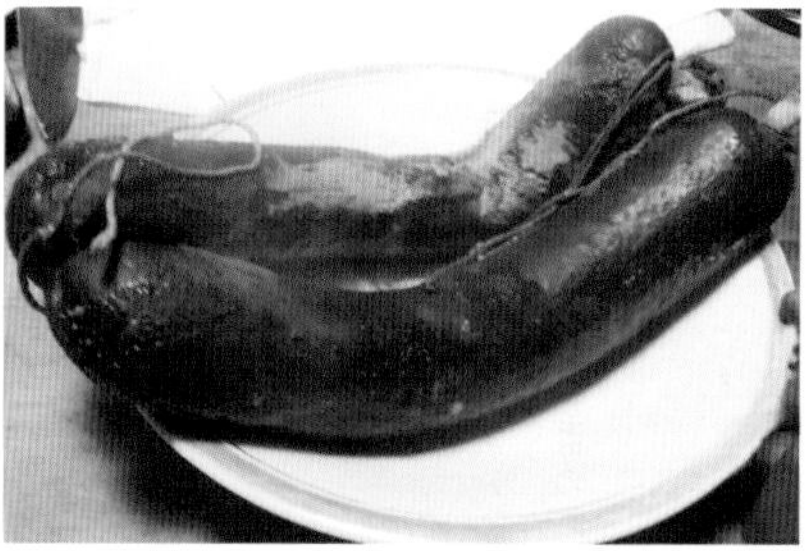

ブラッドソーセージ

端肉をミンチにして餃子に

骨についた首肉もおいしい

山菜の採り方と保存法

後世まで残す採り方

　山菜を採る際に注意することは、その群のなかで大きいものだけを1~2本だけ選んで採るようにする。そして、根を傷つけたりそれごと採ったりしないようにする。タラの芽など木が生長し高くなると、ノコギリで木を切り倒して採る人もなかにはいるようだが、これはよくないことだ。なるべく周囲の環境を荒らさずに、来年のことも考えて採るようにする。

　足裏全体でジワッと体重をかけるように歩いていれば、地面を荒らすこともなく、足下に隠れている山菜を折ってしまうこともない。歩き方、靴などに注意をして、自分のフィールドを守るということが大切だろう。

保存の基本は塩蔵

　フキやワラビなどは、塩に漬けて樽で保存しておく。塩漬けしていると、黒いアクとともに水が出てくる。それを何度か捨てて、塩を足しながら漬ける。フキの場合は、出始めの6月上旬ころのものを漬けてしまうと、柔らかすぎてグズグズに崩れてしまったり、水捨てを少しでも怠るとカビが生えてしまったりするので、塩漬けにする場合は、漬けるのに最適な時期を見極めることも大切だ。私の住むあたりだと、6月中旬から7月上旬ころが、柔らかさも残る硬さで漬けるフキとしては頃合いとなる。

　フキは皮を剥かずにそのまま漬ける。ワラビは方向を一段ずつ互い違いにして漬ける。

塩抜き

　塩漬けにして保存しておいた山菜は、調理する前に塩抜きが必要となる。まずは大きな鍋などを準備して、水を張って入れておき、何度か水を交換する。ひと晩からふた晩ほど水を替えながら塩抜きをする。

　フキの場合は、水を吸収してフキに少しハリが戻るので皮も剥きやすくなるだろう。

ワラビは時間がかかる

　ワラビは採る時期にもよるが、柔らかい紫ワラビの場合は、塩抜きと同時にあく抜きも行う。水に色がつかなくなるまで数日間、こまめに水を交換するだけでよい。

　硬さのある緑ワラビの場合は、塩抜きのあとに、重曹をふりかけて熱湯をかけてひと晩そのまま置いておき、水に色がつかなくなるまで数日間水を交換する。いずれの方法も、水に色がつかなくなるまで根気よく行う必要がある。調理できる状態になるまで時間がかかるので計画的に準備しなければいけない。

山菜の基本は火をとおして食べる

　タラの芽、ヨモギ、アザミなどの山菜は、天ぷらなどにして食べるのがよいだろう。野草の類は、とげやアクが強い場合が多いが、天ぷらなどの高温の油で揚げてしまえば熱で分解されるため、気にならずに食べることができる。山菜に限らず、山のものは食べすぎると、体調を崩すこともあるので注意すること。

肉のフキ巻き

【材料】
・自生している青々としたきれいなフキの葉を採取する。大きさによりひと塊の肉に2〜3枚使用
・フキの茎の表面についている繊維（スジ。フキを縛るのに使用する）
・肉（ブロック）。シカがベストだが、ラム肉でもおいしい
・味噌（少々）

【使う道具】
・飯盒
・ナイフ

【調理時間】
・約20分

【火加減】
・中火〜弱火

【つくり方】
❶肉のブロックをちょうどよい大きさに切り分ける。
❷味噌を肉の表面に塗る。
❸フキの葉で❷を包む。このとき、フキと肉に隙間ができないようにしっかりと丁寧に巻いていく。
❹2枚ほど巻いて、フキの繊維でしっかりと縛る。
❺飯盒に、小さめのフキの葉を敷く。
❻飯盒にキッチリ納まるように❹を詰める。
❼火にかけて、なかまで火がとおり蒸し焼きになったら完成。

【調理のポイント】
・お好みに合わせて、塩・コショウなどでアレンジする。フキの香りと味噌の香ばしさがよい。味噌は肉の表面に万遍なく塗るのがポイントだ。

魚のフキ巻き

【材料】
・渓流で釣り上げたオショロコマ、ヤマメ。15㎝前後が食べやすいサイズ
・きれいなフキの葉（3枚くらい）
・フキの繊維（適量）
・味噌（少々）

【調理時間】
・10〜15分

【火加減】
・中火〜弱火

【つくり方】
❶腹をきれいに処理したオショロコマ・ヤマメの腹のなかに味噌を塗る。
❷フキの葉でゴワゴワしないようにしっかりと巻く。直火に投入するので、巻く葉の枚数を多くする。葉の大きさによっては、2匹くらい入れてもよい（2枚くらい）。
❸繊維でしっかりと縛る
❹焚き火のなかに入れる。このとき、蒸し焼きにするので、火力の強い所には入れないようにする（フキの巻き方がしっかりとしていれば、灰のなかに入れてもよい）。
❺蒸し焼きになっていたら完成だ！

【調理のポイント】
・フキ巻きをつくるときは、いかにしっかりとフキを巻けるかがポイントとなる。そのまま食べてもおいしいが、ご飯にほぐし入れて混ぜご飯としても美味。しょう油味にするときは、味噌をぬらずにそのままフキ巻きをつくる。

川魚の燻製

【材料】
・釣り上げたオショロコマ、ヤマメなど
・塩（適量）

【道具】
・木の枝または持参した焼き網
・太めの木の枝など数本

【調理時間】
・30～40分

【火加減】
・遠火

【つくり方】
❶きれいに腹を処理したオショロコマやヤマメにひと握りの塩をふりかけ軽くもみ水で洗い、ぬめりを取る作業を2回ほど行う。
❷味つけのための塩をふる。
❸焚き火の上に網を置く。遠火でじっくりと水分をとばすので、焚き火の端のほうに串に刺した魚や網を置く。網を使う場合は、太めの枝で高さを調節する。
❹魚がカラカラになるまでじっくりと炙り、煙をかけていく。焦げないように、ときどきひっくり返すなどをして、じっくりと面倒を見ることがポイント。
❺水分がほどよくとんだら完成。

【調理のポイント】
・保存が利くので、きれいなササの葉などにくるみ、持ち帰ることもできる。おやつの代わりにサクサク食べられるので重宝する。

ブラッドソーセージ
（血のソーセージ）

【材料】
・シカの直腸、クマの直腸、シカの第一胃
・胸腔内にたまった血
・横隔膜についている肉
・背骨付近の脂身（適宜）
・塩（少々）

【調理時間】
・10～20分（ゆで時間）

【火力】
・中火程度

【道具】
・タコ糸などの料理に使う紐

【つくり方】
❶細かく切った横隔膜の肉、背骨付近の脂身を血と混ぜ合わせる。塩を少し入れる。
❷あらかじめ裏返してきれいに洗っておいた直腸またはシカの一胃（ミノ）に❶を詰めていく。このとき、全体の3分の2ほどを詰めるようにし、ゆでているときの破裂防止のために空隙を残すようにする。両端をタコ糸などの紐で縛る。
❸あらかじめ湯を沸かしておき、❷を湯がく。❶の味つけも考慮して、湯に塩を入れておいてもよい。
❹ゆで上がったら完成。適度な大きさに切って食べる。

【調理のポイント】
・ゆで上がったら、湯から少しあげて乾かし、焚き火の煙をかけて食べるとさらにうまくなる。獲物が獲れたときに山で食べるごちそうのひとつ。

シカタンのスープ

【材料（1～2人前）】
・シカのタン（1枚）
・タマネギ（1個）
・塩、コショウ（少々）

【調理時間】
・40～60分

【火加減】
・中火～弱火

【つくり方】
❶きれいに洗ったシカのタンを水から鍋に入れて湯がく。舌骨など硬い部分がついている場合は、このときに丁寧に取り除いておく（舌骨についてはP.252参照）。
❷湯がいたら、一度お湯からあげてタンを薄く切る。
❸薄く切ったタマネギと一緒にタンも鍋に戻し、弱火で煮込む。
❹塩とコショウで味を調えて完成！

【調理のポイント】
・薄くスライスしたタマネギをお好みでたくさん入れてもおいしい。塩・コショウなど基本的な味つけだけで十分にタンのうま味を味わえる。シカのタンは、皮を剥くなどの下処理を行わず、そのままゆでるとよい。

★簡単アレンジ★
・つくったシカタンのスープにホワイトソースと牛乳を加えて、シチューやグラタンにしてもおいしい（※ホワイトソースのつくり方はP.294「燻製肉の白菜シチュー」を参照のこと）。

シカの心臓とギョウジャニンニクの炒めもの

【材料】
・シカの心臓（適量）
・ギョウジャニンニクしょう油漬け（適量）
・シカの脂身（少量）

【つくり方】
❶シカの心臓をちょうどよい大きさにぶつ切りにする。
❷春に漬けておいたギョウジャニンニクのしょう油漬けのしょう油を、漬かり具合を見ながら軽く絞るなどしてきっておく。
❸フライパンを温めて、シカの脂を少し入れる。
❹脂が溶けてきたら、心臓を入れて表面に軽く火をとおす。
❺色が変わってきたら、ギョウジャニンニクのしょう油漬けを入れて、一緒に炒める。ギョウジャニンニクは、大きければ半分くらいに切って入れてもよい。
❻味が足りないようであれば、ギョウジャニンニクが漬かっていたしょう油を足す。
❼完成！

【調理のポイント】
・炒めものに使うギョウジャニンニクのしょう油漬けは、少し葉の部分が多いほうがおいしい。春にギョウジャニンニクのしょう油漬けをつくる場合は、炒めもの用の葉の長いものと、そのまま、またはきざんで食べる葉の短いものとで保存を分けておくと便利だ。しょう油漬けは、きれいにしたギョウジャニンニクを保存袋でしょう油に漬けるだけ。冷凍で保存も可能だ。

基本のスープ

【材料】
・シカの背骨や足の骨（少し肉がついているものでよい）
・根菜類（タマネギ、ジャガイモ、ニンジン）
・塩（適量）

【調理時間】
・120分

【火加減】
・中火〜弱火

【つくり方】
❶骨に厚く肉がついている場合は、適度にそぎ落とし、あとから加えてもよい。
❷大きな鍋に肉がついた骨を入れ水から煮る。
❸沸騰しすぎないように火力を調整し、肉が骨からホロホロと崩れて落ちるくらいまで煮込む。
❹肉が簡単に骨から外れるようになったら、骨から肉を外して、肉をスープに入れる。骨は、割って髄を食べてもよいし、スープに入れてもよい、お好みで。
❺タマネギ、ニンジン、ジャガイモなどをスープに入れて、再びコトコトと弱火で煮込んでいく。
❻全体に火がとおったら、塩で軽く味をつけて完成！　食べる際に、しょう油をたらして食べてもおいしい。

【調理のポイント】
・沸騰させないように、骨からじっくりとだしをとることが大切。タマネギは多めのほうがおいしい。お好みで、キャベツを入れてもよい。

シカカレー
（ギョウジャニンニク入り）

【材料】
・基本のスープ
・別途追加の肉（モモ肉など）
・カレールー
・ギョウジャニンニク（春に採ったものを、生またはゆでたものの冷凍保存など）

【調理時間】
・60分（スープをつくる時間を除く）

【火加減】
・中火〜弱火

【つくり方】
❶スープをつくっておく（「基本のスープ」を参照）
❷カレーにする場合、肉が少ないようであれば、追加で肉を足す。
❸スープが濃いと感じたら、少し水も足す。
❹ギョウジャニンニクを入れて、カレールーも入れる。ゆでたギョウジャニンニクを冷凍保存していた場合は、ルーを入れたあと、食べる直前に入れてもよい。
❺焦げないようにとろ火にして、ゆっくりと混ぜ続ける。
❻完成！

【調理のポイント】
・基本のスープをつくったら、その日はスープを楽しみ、翌日以降にカレーにすると長く楽しめる。スープが濃いと感じたら、水を足すなどして濃度を調整する。カレールーを入れてからは、焦げないように、ゆっくりと混ぜながら面倒を見ること。

燻製

【材料】
・シカのアバラ肉、モモ、タンなど
・塩（多め）

【道具と材料】
・薪（倒れているナラの木がよい。実のなる木がよいが、ナナカマドはダメ）
・針金、漬け樽など
・燻製小屋

【つくり方】
❶漬け樽に3%より少し濃いめの塩水をつくる。
❷シカのアバラ肉、モモ、タンなど、燻製をかける肉を一週間ほど❶に漬ける。
❸塩水からあげる際に、漬け樽の水を交換し新しく水をため、流水で洗いながら血などを取り除く。
❹きれいに洗ったら、水からあげて燻製室にひと晩吊るし、表面を乾燥させる。翌日の燻煙がけのため、肉が炎の上部から1mほどの高さになるように針金などで吊るす。
❺火を熾して煙をかける。このとき、火を強くすると肉が焦げてしまうので薪の量に注意する。燻煙がけは朝〜昼の間に数時間程度でよく、そのまま吊るした状態で夜の冷気で乾燥させる。これを2日間行う。肉の大きさや厚さ、気温によって煙がけや乾燥の時間を調節する。
❻表面がしっかりと乾き、煙がかかったら完成！

【調理のポイント】
・気温が下がってから作業を行う。

燻製肉の白菜シチュー

【材料】
・シカの燻製（アバラ）
・白菜、タマネギ、根菜類（ジャガイモ、ニンジンなど）
・小麦粉、牛乳

【調理時間】
・40分

【火加減】
・中火から弱火

【つくり方】
●スープの取り方
❶アバラ骨と肉を大ざっぱでよいので分けておく。
❷水を張った鍋にアバラ骨を入れ、だしをとる。少し肉が入っていてもよい。
❸ジャガイモ、ニンジンをスープに加えて沸騰しないようにとろ火で煮る。
●ホワイトソースのつくり方
❹別のフライパンを準備し、タマネギを炒める。燻製の脂身部分で炒める。
❺小麦粉を入れ、粉っぽさがなくなり透明になるまで弱火で炒める。
❻一度火を止めて牛乳を入れ、中火で沸騰手前まで温める。とろみが出てくるので、弱火に落とし、焦げないようにホワイトソースをつくる
❼スープを加え、ホワイトソースをのばす。濃いようなら、牛乳や水を足す。
❽白菜と燻製の肉を加える。
❾燻製の塩味を考えて、味を調えて、完成！

【調理のポイント】
・燻製の香りを楽しむため、骨、脂、肉をうまく活用する。

燻製肉パスタ

【材料】
・パスタ
・燻製肉
・タマネギ
・塩、コショウ（適量）

【調理時間】
・20分

【つくり方】
❶あらかじめパスタをゆでる。
❷燻製肉をサイの目に切る。
❸タマネギを燻製の脂身で炒め、燻製肉を入れる。
❹パスタのゆで汁または水を入れて煮立たせる。
❺塩とコショウで味を調える。
❻パスタを入れて完成！

【調理のポイント】
・燻製の塩味も考慮しよう。

羆掌スープ

ヒグマが獲れたときのスペシャルメニューは、やはりヒグマの手のスープだ。

トマト味でつくることが多く、具はタマネギ、イモなどシンプルなものでよい。トマトは肉がもつ癖を抑えてくれる。ヒグマの手を丸々ひとつ入れてじっくりと時間をかけてだしをとる。

だしをとったあとのクマの手は、単体で取り出して肉をそぎながら食べる。掌はコラーゲンの塊のようになっていて、プルプルとして非常に美味である。ヒグマの利き手が特にうまいといわれているが、左右ともに味は同じだろう。めったに食べることができないスペシャルメニューのため、写真を撮るのを忘れて食べてしまうことから、資料写真が少ないのが残念である。

【材料】
・ヒグマの手（前足）
・トマト（トマトのホール煮込み缶でもよい）
・タマネギ、ジャガイモ
・塩（適量）

【道具】
・ヒグマの手が入る大きい鍋

【つくり方】
❶ヒグマの手を鍋に入れて、水から煮る。
❷鍋のなかの温度が上がってきたら、沸騰しないように火を中火ほどに調節する。
❸だしがとれたら、ジャガイモ、タマネギを入れてさらに煮込む。
❹ジャガイモが煮えてきたら、トマトを入れてさらに煮込む。
❺味を調えて完成！

【調理のポイント】
・シカの基本のスープと同様に、沸騰させないように常にとろ火で煮込むのがコツだ。トマトはジャガイモと同じタイミングで入れて煮込んでもよいし、トマトピューレやトマトのホール缶やカット缶を使ってもよいだろう。

ヒグマの手は、鍋から取り出し、コラーゲンの部分をこそげ落として食べる。そいだ部分を再び鍋に戻し、スープと一緒に食べてもよいだろう。クマの手はとても大きいので、ひとつの手で大きな鍋にスープがとれる。それに合わせて、入れる野菜の量を調整する。味つけは塩で。

書斎

執筆活動は、寝室の一角で行っている。寝ているときに突然アイデアが浮かぶことがあるので、ベッド脇にいつでもメモを取ったり執筆したりできるように小さな机を置いてある。パソコンなどは使わずに、原稿用紙に手書きで書いてゆく。そのほうが文章がまとまる気がするし、猟のことを思い出しながら書くのには、手書きのスピードのほうが私には合っているようだ。

読んで学ぶ

読書は実にいい。

若いころから読書が趣味で、いまも時間があれば本を読んでいる。

新しい発見が常にあり、何度読んでも勉強になるし、飽きることがない。

自分の知りたいことや知らないことを新たに知るということは、やはり刺激的で楽しいことだと感じるので、山のなかでも本は手放せない。

自分の考えを整理する

本を読んでいると、多くの新たな気づきが得られることで、徐々に自分の思考も整理されていく。

「なるほど、こういうことだったのか」と、自分のなかでいままで言葉にならずモヤモヤとしていたものが、すっと腑に落ちる感覚がなんともよい。

文章を書くうえでも、自分の考えが読書により整理されて言葉として蓄積されていくことは実に心地よいものだ。自分が見てきた自然というものを言葉にする作業には毎回苦慮するところだが、本を読むことでいろいろな表現や考えを取り込み、自分の言葉として反芻する作業は読書をする一番の楽しみでもある。

毎日の読書の時間は、一日のなかで最も楽しみな時間のひとつである

子どものころから読書が好きだった

振り返ってみると、物心ついたころから本を読んでいたように思う。ひとりっ子だった私は、物思いにふけったり、犬や猫など動物と遊んだりすることが大好きだった。読書は幼い私がひとりの時間を過ごすためにおのずと身についた習慣だった。小学校低学年までには、図書室に置いてある少年少女文学全集のようなものはすべて読破してしまっていた。いまでは全く内容は覚えていないが、ひととおりの読める本は読んでいたように思う。

本の好みは剣豪小説など

剣豪小説はとりわけ、自分の剣の技量を極限まで磨き上げると、最小限の体の所作で最大の効果を発揮するところに達するところが好みである。つまりは、達人の域に達すると悟りを開く境地になっていく、というところがとても面白く感じる。猟においても、一番自然で、無理のない所作で銃を構えることができるようになる。それは考えてやるのではなく、あくまでも自然にできなければいけない所作だと考えている。そのためには、無駄な動きはすべてそぎ落とし、最小限の動きで銃を構えることができなければならない。

小説とはいえ、このように何かの技量を磨き上げていく際にはみな同じ境地となり、そして時には苦悩があるところが、剣豪小説がとりわけ好きな所以である。

久保俊治おすすめの本

『柳生兵庫助』全八巻

津本 陽（文春文庫）

新陰流の正当な継承者として生を受けた柳生兵庫助の一生を書いた小説。足運びの仕方、自分の体を使った、命がけの相手への近づき方というものがすべて書いてある。

小説なので、すべてが本当のことではないだろうが、ひとつのことを成し遂げるための体の動かし方など、体のすべてに注意している部分が面白い。

銃猟をやるうえでも、思い当たる部分が多い。銃の持ち方、構え方など獲物を追うときの足運びや足の裏から感じる情報の大切さに共感できる部分が多いのだ。

剣豪が剣を振り下ろすスピードは0・08秒、西部劇の腰からピストル（クイックドロー）を抜く速さは0.3秒とされているので、刀のほうが抜くスピードがかなり速い。相手の動きを見て、それに対処するすごさがわかるだろう。まさに剣は刹那でのやり取り。相手の剣の振り下ろしも刹那のスピードであるにもかかわらず、相手の剣の動きが「立てたホウキが倒れるくらい」の速さに見える境地と表現されている。一般人では、とっさのときに出せるかどうかのその能力の出し方、その境地になるための備えが剣術だと感じる。いろいろな剣豪はたくさんいるが、そのような境地になれない人が、最後はやられてしまう。時に素人にやられてしまうのが剣術の恐ろしさである。

プロ野球選手の王貞治さんが「ボールが止まって見える」というその境地は、おそらくそういう剣豪たちの境地と似たような感覚があり、現役時代に人一倍に練習を懸命にこなしたにせよ、そのなかで「剣豪の境地」をもちえた人だと感じる。

『料理の起源』

中尾佐助（NHKブックス）

穀物でいえば、雑穀、米、麦などの国別、そして民族の料理方法の違いや類似点をまとめたものである。乳の加工方法なども細かく系統的に書かれている。

例えば、飯の焚き方ひとつとっても、とてもたくさん種類があることが記されている。日本人は「たきぼし式」という方法になるのだが、そのほかに大人数で焚く場合はグラグラのお湯に米を入れて炊く方法として「湯どり式」がある。米の種類にもよるが、同じ日本でも平安時代には「おこわ」が主流で米は「蒸す」ものだった。

同じ米を主食としている民族であっても、米の種類にもよるがたくさんの方法があって非常に興味深い。戦時中の日本の兵隊さんが困ったのは、現地人の米の焚き方が湯どり方式で炊くので、メシがぱさぱさしてあまりおいしいものではなく、辟易したようだというのも興味深い。

麦はパンを例にとってもつくり方がたくさんある。こねて置くことで、発酵菌が入る、入らない（中国の蒸しパン）などの違いがあるようだ。チャパティは、ただこねたものを食べるだけ。似てい

久保俊治おすすめの本

るが場所が違えばナンは発酵するので、パンの部類になる。

その次に、雑穀の面白さも見逃せない。米のほうが上級な食べ物にみられていたが、特に粟の焚き方は面白い。

米麦雑穀を見てみても、日本は「たきぼし式」になるのだが、雑穀では民族や住んでいる場所が異なっていたとしても、焚き方がひとつの方法に収束していくのが面白い。しとみ（米粉）の方法なども記載があり、米ひとつにしても、炊き方が複数あるうえに、粉にするなどして調理し食べるのが非常に興味深い。

豆はとりわけ料理がしにくい。食べるために、とても手間がかかる食材である。かたや品種改良を繰り返しながら、なんとか豆を食べようとあの手この手で調理方法を努力した姿が面白い。小豆炊きの話で、小豆の炊き始めのにおいは、あんこができるようなにおいでは到底ないほど臭いらしい。にもかかわらず、なんとか食べる努力を惜しまずにするところが、とても面白い。

『昆虫はすごい』

丸山宗利（光文社新書）

ほとんどの生物の種のなかでは昆虫が一番数が多い。自分たち人間が一番だと思って、昆虫よりも上等な社会をつくる生物だと思い込みやっていたら大間違いだ。昆虫の世界でも、擬態などの生存戦略、アリやハチなどの群れの昆虫を見てみると、つまるところ我々人間とあまり変わらない社会を形成しているようで興味深い。増えていく方法もそれぞれに面白い工夫があり、例えば共生、寄生しながら繰り広げられる様々な昆虫の生存戦略を垣間見ることができるのだ。面白いのは、日本はどの地域に行っても捕虫網が売られているということ。これは、世界を見渡しても日本だけだそうだ。その日本人と昆虫の接し方も面白い。また寄生し相手を操作することで増えていくことも面白い。寄生するハチ（カリバチ）は毒を入れる場所なども決まっているというのも、ひとつひとつの生存するための緻密な戦略が感じられて面白いものだ。

『ウニはすごい バッタもすごい デザインの生物学』

本川達雄（中公新書）

節足動物、棘皮動物、軟体動物などの37門すべてを一冊の本では網羅できないので、絞ってかいつまんで解説してくれている。話の構成や流れが面白いと思う。海に棲息する黄色のブニャッとしたあのホヤが、脊索動物だというのはなかなか興味深い。各生物種はそれぞれとのつながりがあり、系統発生を繰り返すということは、知識として頭では理解していたが、本書を読むことで、あらためてそのつながりを意識するきっかけとなる一冊である。

『日本語横丁』

板坂 元（講談社学術文庫）

自分たち日本人を、自分たちで理解するには、外国語ではなく、やはり日本語で考えることが大切だと感じる一冊である。平安時代などの日本語は、上流階級と市井の民が使う言葉も異なるため、非常に興味深い。外国人から見た日本語についても記載があるが、やはり外国語で俳句をつくることはとても難しいようだ。現在は小学校の低学年から英語をやる時代ではあるが、それはすなわち、日本人が日本人としてのアイデンティティを育むことが困難な時代になるのかもしれない。日本人が日本語で日本人としての論理の構造のようなものを考えるとき、おぼろげながらその倫理観の輪郭が見えてくるだろうと思う。

　学校でいままで教えてきた日本語の文法教育では扱われにくいことが、本書で紹介されている。話し言葉というコミュニケーションのルールを一般人の感覚として考えていくことを学問の対象としている。

『怨霊と縄文』

梅原 猛（朝日出版社）

　この本は私には少々難しい内容だ。というのも、古代からの日本人を理解しようとする著者の熱意を感じるからだ。本書を手に取るきっかけは、「何を恐れ何を敬うか」ということを理解するためであった。例えば菅原道真は怨霊となって仇を成すという考えが根強いことから敬われるようになった。そのような精神を、縄文の我々の起源まで遡って追うということが本書の目的だろう。

　結局、よいところで謎は謎のままなのだが、研究者として「わからないことは、わからない」と潔くいえることはとても尊敬すべきことではないだろうか。

『日本人の起源――周辺民族との関係をめぐって』

埴原和郎（小学館）

　先に紹介した『怨霊と縄文』と近い内容だ。

「どこから日本人がやってきたのか？」を知りたいという欲求から、ひとつひとつの疑問を紐解いていく。結局は、ひとつの場所には帰結せず、縄文人が「どこから」やってきたのかもよくわかっていない。不思議である。頭骨の計測から解き明かそうとするが、確定的な結果を得ることができないのだ。

　本書は比較的昔に書かれている本なので、現在はもっと研究が進んでいるかもしれない。おぼろげに、縄文人の流れを汲んでいるのは、地名などが日本各地に残っていることから、アイヌの人々ではないか？と断定的ではないが書かれている。

『古事記』や『日本書紀』は、縄文から続いてきた言葉なのか、新たに別の場所から取り入れられた言葉なのかは、やはり判然としない。日本はこんなに小さな島国なのに、日本人としての起源については不明というのが面白い。

　発掘の遺物から調査を行っていろいろな学説があり、縄文土器を見ると起源がここにあるだろうと推定できるのかもしれないが、それがはたして本当に同一の日本人としての起源なのかは謎である。

　日本は氷河期に隆起して島国になったので、大陸から取り残された人種と考えられている。

図解 古銃事典
江戸町方の制度
川柳狂歌集
新選組始末記
長いナイフの夜
バビロン脱出
大西洋戦争
真相
臨死体験
シェルゲーム
一人だけの軍隊
ポール・フォア
2010年宇宙の旅
国際テロリズムの研究

神戸殺人事件
札幌殺人事件
歌わない笛
平城山を越えた女
須磨明石殺人事件
内田康夫
水晶のピラミッド
島田荘司
悪魔の飽食
森村誠一
私生活
門田泰明

罠猟師から見た久保俊治

久保俊治のことを千松信也さんに聞いた（聞き手＝多田渓女）

――初めて会ったのはいつだったのでしょうか？

「初めて久保さんとお会いしたのは、２０１６年に北海道の日高町で開催された狩猟サミットですので、４年前になります。著書の『羆撃ち』とテレビの放送などを拝見していました。あとは狩猟サミットの方からも久保さんのお人柄を聞いていました。

狩猟サミットの開講式前に到着し、僕は酔って寝ていたところを『久保さんが到着されましたよ』と起こされましたので、それが初めての出会いとなります（笑）」

――会ってどのような印象でしたか？

「実際に初めてお会いしたときの印象は、物腰がとても柔らかいと感じました。

テレビなどで拝見する限り、めちゃくちゃ怖い印象だったのですが、言葉遣いが丁寧で、物腰も柔らかい印象でした」

――千松さんは罠猟、久保は銃猟。異なる猟のスタイルにも共通点はあるのでしょうか？

「本州では銃による猟はほとんどグループ猟であり、罠が単独猟となります。なので、罠と銃は全くジャンルが違うという印象です。久保さんは北海道で、銃猟でも単独で猟をするスタイルで、山に入り獲物を追って獲り、解体して、運んで……という作業をすべてひとりで行っています。僕も、ひとりで山に入って自分のペースで猟をしたいというのが罠猟を選んだ理由のひとつですので、ひとりですべてのことを完結させる、ということはどちらにも共通している部分だと思います。

また、標津のフィールドでご一緒させていただいて感じたことですが、銃の場合のその場で獲物を見つけて獲るという点は、やはり罠猟とは少し異なります。山に入ってその瞬間の音、におい、獲物の姿を探すことが銃猟では大切なことですが、罠猟の場合はその場で獲るということではないので、音やにおい、その場から獲物の姿を探すということはないんです。どちらかというと、頻繁に使っている残された痕跡、どこを通ってどのくらいの頻度で使っているか、など長期的な痕跡を探すことになるのが罠猟です。

銃猟でも痕跡を探すことになりますが、それが久保さんの場合は非常にシビアに感じます。いつの時点で獲物がここにきて、どちらを見ていたかなどの情報から行方を探していきます。巻き狩りの見切りをやる人も同じかもしれませんが、やはりそれぞれの猟に共通する点と違う点がありますね。

あと、猟以外でも共通点といいますか、同じ感覚だなぁと感じるところは、狩猟サミットでは座学ばかりで屋外で何かするということがなかったのですが、ふたりともすぐに退屈してしまって（笑）。久保さんはすぐに喫煙室にこもってしまうし、僕は外に出て日高の河原をぶらぶらと歩いていました。柳の木に生えているヌメリスギタケモドキを発見し、ポケットのなかのビニール袋に入れて持ち帰ったんです。そうしたら久保さんが『いいですね～！　やっぱり外に出ないとダメだ。必ずポケットに2～3枚絶対に袋は持っておかないとダメですよね』とおっしゃってくれて（笑）。

そのときに、久保さんは、自然との関わり方のスタートの感覚が僕と近い人だという印象を受けました」

――意外な一面もあるのでしょうか？

「直接お会いする前に、ある雑誌でふたりとも掲載されていて、狩猟道具の特集だったのですがお互いの記事が掲載されていたことがありました。久保さんは僕のその誌面を読んでくださっていて、罠を仕掛けるときに木の根を切ったりする小さなノコギリを使っているのを見て、『いいな！　こんなのがあるんだ！』と思ってすぐに探して買ったことを、後ほどお会いしたときに聞きました。久保さんくらい長年猟をされていると、ある程度完成され固定されてくるので、あまり変化を好まないものだと思っていたのですが、ほかの人が使っている道具に対しても、猟をするためのどん欲さ、柔軟さがすごいと思いました。変なこだわりがなく、柔軟だからこそ、単独猟であれだけのことができるのかとも思います」

――子どものころから動物好きや、自然に興味があること、それが強烈に印象に残っていると、そこを極めたい、という気持ちがあるのかもしれないですね。

「僕は、子どものころから動物が好きだったし、山のなかで何かするのは好きでした。たまたま、罠猟というものに出合ってやってみたいと思ったのがきっかけですが、学生時代はお金がなかったので、肉が手に入るというのは自分にとって魅力的だった。初めは学生時代にやってみたいろいろな楽しい経験のひとつが罠猟だったのですが、やってみたらとてもはまった。京都でいまの生活をしてみて、やっぱりこういう暮らしがしたかったのだ、と確信しました」

――自然や動物との関わり方についてはどうでしょうか？

「猟と駆除の考え方ということでいえば、有害駆除は人間にとって邪魔だから動物を排除するという考え方に抵抗があります。自分が食べるために獲物を獲るということは、動物がほかの獲物を獲って自分の命をつなぐ営みに自分も交ぜてもらっている感覚です。

久保さんは、アメリカへ行く前に、自分で得た獲物をお金に換えて職業猟師もされていて、いろいろな経験のうえで必要以上に獲らない、獲物はおいしくいただくというスタイルでひとりで続けておられるということが、自分にとっては嬉しいことです。全部を経験したことでそこに到達するということは、共感できるというとおこがましいですが、自分の目指すべきところで先を歩いてくれている人がいるということは、とても嬉しいことです」

プロフィール

千松信也（せんまつ・しんや）

網・罠猟師。1974年、兵庫県生まれ。小さなころから山のなかで遊ぶことや動物が大好きだった。大学在学中に肉を食べられるという魅力にもちょっぴり魅かれたことが契機となり、先輩猟師から伝統のくくり罠猟、むそう網猟を学び、京都の山をフィールドに狩猟を行う。著書に『ぼくは猟師になった』（新潮文庫）、『けもの道の歩き方　猟師が見つめる日本の自然』（リトルモア）、『自分の力で肉を獲る』（旬報社）がある

久保姉妹から見た久保俊治

久保俊治のことを娘たちに聞いた

口癖

予想した場所にキノコが生えていなかった……など、ちょっぴり期待外れなことが起きると「ちぇ〜っ、残念……」という。

ちぇ〜っ……残念……。

山菜のなかでもウドが好き

うっかりすると食卓がウド一色になることもある。ウドの味噌汁、ウドの天ぷら、ウドの酢味噌あえ……。家でも食べているのに、山に行って火を熾し焼いて食べている。

不思議な習性

不思議な形や表面がつるつるしてなんとなく触り心地のよい木のぼっこ（棒）、キラキラした石ころ、クマの足跡のように見える石……。自分が気に入ったものを山から持ち帰ってくる（他人から見たら全くのガラクタ……）。

残念ながら、子どもにもしっかりとその謎の習性が受け継がれていて、家のなかにはいつも謎の石ころや木の棒が転がっている。そして、それを捨てると、怒られるのだ……。

サイコー
だべやぁ……
ひろったぼっこ

動物に甘い

野良猫にこっそり餌を与えている。シカが獲れたときは、肉を与えている。味を占めた野良猫たちが、父のあとをついて猟に一緒に行っている姿を何度も見ている。

新米ハンターから見た久保俊治

久保俊治とのある猟の思い出を芹澤健さんに聞いた

初めての獲物

久保さんのもとに弟子入りをして8カ月がたったある日のこと、山の見回りを終えた帰り道だった。

「草地のほうを見て帰るべ」

久保さんがいつもの道とは違う、草地の間を通る道へと車を進めた。風もなく、秋晴れの太陽はだいぶ傾いている。農道をゆっくりと進んでいくが、草地にシカたちの姿は見えない。まだ出てきていないのだろうか。そう思いながら最後のカーブに差し掛かろうというとき、久保さんがつぶやく。

「パセリ、用意せえ」

左手の少し丘になっている草地の際に、メスとその仔の2頭が立ち止まってこちらをじっと見ていた。車を降り、久保さんが車を進め、いったん藪の陰に隠れる。藪に入ってガンカバーを取り、薬室に弾を入れ、静かにボルトを落とす。

できるだけゆっくりと、意識しすぎないように自然な動きを意識し、藪から草地を覗く。2頭はこちらに気づきつつも、まだ動かずにじっとしている。焦る気持ちを抑えつつ、母親を狙って銃を構えた。

そこからのことはあまりよく覚えていない。久保さんから教わった気をつけなければいけないことがたくさんあったはずだが、ただスコープのなかの十字の揺れに合わせるように、「当たるだろうか」と、「この距離なら当てられる」が頭に交互に思い浮かんでいたことだけを覚えている。最後の「当てられる」の瞬間、右手を絞ると同時に右肩に反動が伝わり、まだ慣れない銃声が右耳を劈《つんざ》く。

ドウッツンと鈍い音が聞こえた瞬間、「当たった」と久保さんはつぶやいたが、自分はその音だけでは当たったという確信はもてなかった。2頭のシカはすでに走りだし、その走り方に少し違和感を覚えたが、あっという間に藪の間に入っていく。シカが逃げ込んだと記憶していたはずの藪を見ても、血糊などはついていない。

「ほら、これを見てみろ」

引き金を引いたときにシカがいた場所を久保さんが指さす。見てみると、血のついた肉片と骨片が落ちていた。

「これを追っていくんだ」

3ｍほど先の地面にも血糊がついている。初めて獲物を撃ち興奮しているのか、視線をゆっくりと動かすのが難し

く、なかなか次の痕跡を見つけることができない。

　時間がかなりかかったが、なんとか草地の際まで血痕を追うことができた。最初に逃げ込んだと思った藪とは数ｍほども離れた別の藪だった。自分にがっかりしつつも、逃げ込んだ藪の入り口のササにべったりとつく血に、よい所に当てることができたのかもしれないと勇気づけられる。藪のなかには、はっきりとしたシカ道が続いており、草地よりも追跡がしやすそうだ。

　自分の胸の高さほどもある藪のなかに点々と残る血痕を追っていく。大きなシカ道に目星をつけ、草地のときよりも大胆に進んでいった。ヒグマが潜んでいる可能性もあるだろう。ときどき、自分が出す音以外に立ち止まって耳を澄ますが、風に揺られてササが擦れる音以外は聞こえない。

　シカ道をしばらくたどると、血痕がふいに途切れる。痕跡が見えなくなってから15ｍほどの距離をじっくり見てみるも、血痕はない。もう一度、最後の痕跡があった所まで戻り、ササの葉の裏まで観察する。すると、列状に生えている松の間に血痕を見つけた。血は太いシカ道を逸れ、脇道へと続いていた。

　藪に入り暗くなっていた視界がさらに暗くなってくる。もう日暮れが近い。焦りもあったが、少しずつ間隔の狭くなっていく血痕に、期待が膨らむ。

3列目の松を抜けた所で、それまでほぼ等間隔に残っていた血痕が乱れた。近いかもしれない。そう思ったとき、久保さんがクラクションを鳴らす合図が聞こえた。

すでに日は沈み、完全に暗くなるのも時間の問題だろう。悔しい。もう少し追いたいという気持ちはあったが、それをぐっと抑え、来た道を戻った。

翌朝。朝食を早めに食べ、前日引き金を引いた最初の場所からもう一度、ひとつずつ痕跡をたどる。昨夜、雨が降らなくてよかった。血痕は少し黒くなってはいたが、まだしっかりと残っている。痕跡をたどり始めると、興奮していたからか昨日は見つけられなかった血痕も見つけることができた。

数m藪に入った所で、かすかにシカのにおいを感じる。近くで斃れているのか、それともさっきまでシカがいたのだろうか。昨日、久保さんが所々小枝を折ってつけてくれた目印を確認しながらゆっくりと藪のなかを進み、前日追跡をやめた場所まで順調にたどることができた。

改めて血痕が乱れていた場所で立ち止まり観察すると、前方4～5m先の所の藪が倒れて大きな空間になっていることに気づく。なぜ昨日見つけられなかったのだろう。期待と嫌な予感、両方の感情が頭に浮かぶ。空間のほうへ少し藪を漕ぐと、胸に12番のサボット弾が当たり、大穴のあいたシカが斃れていた。

当たっていたという喜び、そして安堵とともに、昨日ほんの少しでも早く追跡ができていればとの思いと、肉を臭くしてしまったことへの悔しさを感じつつ、せめて少しでも早く作業に取り掛かろうと鉄砲を近くの松に立てかけ、腹を割く。

なかのガスが外に漏れ出すと、すぐににおいを嗅ぎつけたカラスたちが少し離れた木に止まり、慣れない手つきで腹を出す作業を終えるのをまだか、まだかと待っている。ひと晩放置され、膨れた腹を解体するところは見たことがなく少し戸惑ったが、自分が撃たなければ今日も元気に走りまわっていたということを考えれば、そんなことはすぐに心のなかから消えた。なんとか処理を終えたところで久保さんが迎えにやってきた。

家まで戻って皮を剝いだあと、頭を落としてシーツで包み、翌日解体を終えた。獲るところから解体まですべての行程を、初めてひとりでやらせてもらった。久保さんに肉を見てもらう。

「これくらいのにおいなら大丈夫だ。これは燻製にかけよう。臭くなった肉も、工夫すればうまく食える。初めての獲物、よくやったな」

後日、タンをスープにして大学の友人たちに食べてもらった。おいしいおいしいといってもらえたことが嬉しく、久保さんの、〈狩猟は食べてくれる人がいてこそ張り合いが出る〉

という言葉を思い出した。残念ながら、今回の獲物は自分の未熟さから自信をもって人に食べてもらえるものにできなかった。しかし、致命傷を与えたことが信じられないほど必死に走ったその生命の力強さ、そしてそれを相手にする猟では、ほんの少しの判断・行動の遅さが成果を大きく変えてしまうということ。その美しさと厳しさを身をもって感じ、それと同時に自分の獲った獲物を周りの人に食べてもらい、うまいといってもらったときの、このうえない喜びも感じることができた。たくさんのことを学ばせてもらった初めての獲物に感謝したい。

次の猟ではどんな獲物を得ることができるだろうか。このシカから学んだことと、命の重み。それがたとえ自己満足だったとしても、自分で猟をすることでしか学べないことを背負い、これからもよりよい猟ができるよう、頑張りたい。

プロフィール

芹澤 健（せりざわ・たけし）

大学生。1993年、神奈川県生まれ。ニックネームはパセリ。久保俊治・千松信也両氏の著作と出会い、狩猟に興味をもつ。大学進学後、狩猟免許を取得し、アーブスクールに参加したことがきっかけで、久保家に弟子入りする。趣味は歌うこと、写真を撮ること

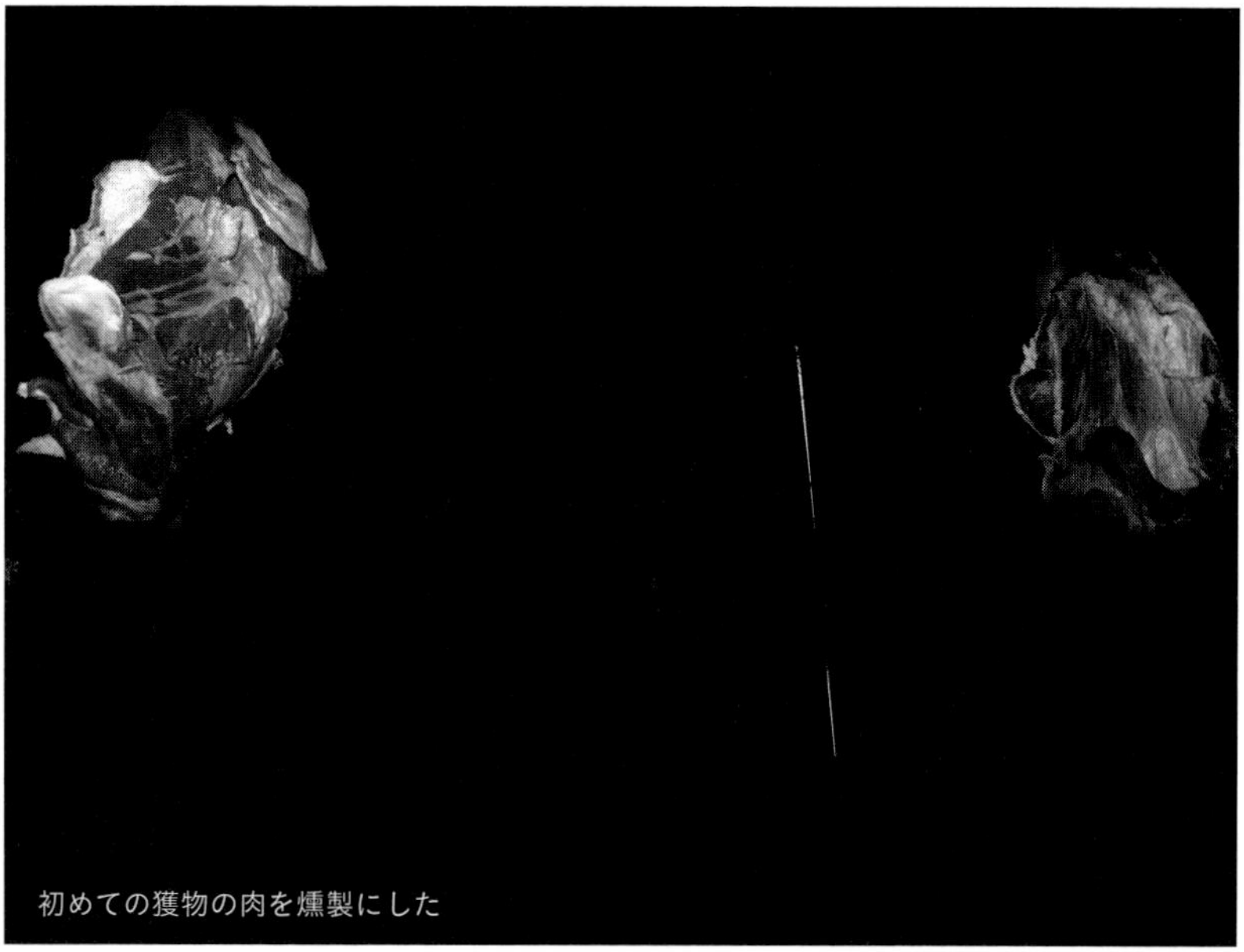

初めての獲物の肉を燻製にした

久保俊治年表

和暦	西暦	年齢	主な出来事
S.22	1947	0歳	・北海道小樽市に生を受ける ・父に連れられてキノコ・山菜採り、渓流釣りをする
S.26	1951	4歳	・初めて父に連れられて猟に行く
S.28	1953	6歳	・小学校入学
S.34	1959	12歳	・中学校入学
S.37	1962	15歳	・高校入学
S.41	1966	19歳	・大学入学
S.42	1967	20歳	・念願の狩猟免許取得
S.43	1968	21歳	・初めての獲物はウサギ ・初めてヒグマを獲る（小樽市にて） ・初めてシカを獲る（陸別町にて） ・サコー・フィンベア338マグナムを手に入れる

小学校入学のころ

2歳半ごろ

中学生

高校生

S.45	1970	23歳	・フチとの出会い
S.50	1975	28歳	・アメリカへ行く（翌年、アメリカから帰る）
S.51	1976	29歳	・北海道標津町にて最後のクマ騒動勃発。標津へ
S.52	1977	30歳	・北海道標津町定住。結婚する
S.54	1979	32歳	・フチ亡くなる
S.63	1988	41歳	・2回目のアメリカ
H.1〜	1989〜	42歳〜	・ノートに自分の半生をまとめ始める ・何度かヒグマを獲る
H.18	2007	60歳	・還暦を迎える
H.20	2009	62歳	・『羆撃ち』（小学館）発行 ・「ある日のヒグマ猟」（本書P.56コラム）のヒグマを獲る、「新雪の足跡追跡」（本書P.122コラム）のヒグマを獲る
H.26	2014	67歳	・情熱大陸「北海道の山奥でヒグマを追い続ける孤高の猟師・久保俊治に密着」に出演
H.29	2017	70歳	・NHKプロフェッショナル仕事の流儀「独り、山の王者に挑む〜猟師・久保俊治〜」に出演 ・ハンティングに関する学校「アーブスクールジャパン」開校
R.3	2021	73歳	・現在に至る

現在

アイヌ犬のフチ

おわりに

いつの間にかこの歳になってしまっていた。この歳になると、松浦武四郎が北海道を歩きまわっていた時代が、ほんの少し前のことではないか、と思ってしまうのは妙な感覚である。

刻《とき》の流れというものは、その者が身を置いていた環境によって、異なるものかもしれない。特に私のように自然のなかに身を置いている時間が長かった者にとっては、長いようで短いのかもしれない。短い夢の連続だったのだろうか。故事に「胡蝶の夢」というが、私の場合も夢のなかで猟人となった、そんな短い夢の連続だったのだろうか。そして、まだ見続けているのだろうか。

想い返してみると、私がこの地に根を下ろしたかたちになったのも、幼いころ、父の所に来ていた人の話がその基になっていたように思われる。

その人は、国後島からの引き揚げ者で、国後島では、馬の牧場をやっていたとのことであった。流氷の話、その流氷が北海道の本土とつながる話などをうっすらと覚えている。

なにぶん世界が狭い歳ごろなので、その場所がいったいどこのことなのかも全くわからなかったが、国後島には、白いヒグマがいるということが心に残っていたのかもしれない。

少し長じて、ホッキョクグマが白いということも識《し》り、いろいろな動物たちのことも識ることができるようになって、白いクマは、ホッキョクグマだけではないのだと思っていたが、いまほど動物のことが一般的にわかっていなかったので、口に出してほかにいうことはなかった。

白いヒグマを見てみたい、その想いが強く、どこか頭の片隅に残したのだろう。白いヒグマが氷原を渡ってくる、そんな夢はいまでももっている。この夢などは、残り少ない時間のなかで、まだ全く不可能だとは思えなくもない。

私の場合、夢をもち、それを叶えるには時間がかかった。自分の鉄砲を持ちたい。この想いは10年以上もかかった。二十歳になるまでの時間の長かったことは、いまでも覚えている。これなどは、単に時間が過ぎれば叶えられることは解っていたのだろうが、石狩川などの開発も始まり、それに輪をかけるように自然も開発されだしたのだ。子ども心にも、自分が二十歳になるころには、それら開発にともない動物がいなくなるのでは、との心配が想いのすべてを占めていた。何度も二十歳になるまでの時間を指折り数えていたことを想い出す。

アメリカへのハンティング学校のことにしても、行くまでには6年ほどもかかっている。

街でアルバイトをして金を貯めれば、もっと早く夢は叶ったのだろうが、それができなかった。山から稼ぐことができた金で行きたかったのだ。

私の場合、夢をもち、温めながら実現するには常に時間がかかっている。特にいまやっているハンティングに関する学校『アーブスクールジャパン』は、二度目の渡米のとき、アメリカの師であるアーブ先生に、「お前なら、日本でもできるはずだから」と勧められ、資料なども譲り受けて芽生えてから、20年以上も温め続け、やっと数年前に実現にこぎつけたのである。

このように夢をもち、それを温め続け追い続けることは、あたかも私の猟の方法と同じであるように思える。足跡を探し、それに出会い追い続ける。

足跡の先には必ず獲物がいる。夢を温めている時間は、ときめきを感じながら足跡を追っている時間と同じではないのか。結果が出るまでには、刻がかかるものなのだ。

ただ、途中でほかの跡に心を惑わされたり、楽な道を選ぼうとしなかった。その時その時で、いい所だけをつまみ食い的にチョイスできなかったことにあるのかもしれない。

この歳になると、おそらく見涯てぬ夢になるだろうとの想いのほうが強いと思えるものが、まだふたつほどある。

ひとつは、オーロラを観ることである。暖かいロッジなどでオーロラが出るのを待っていてそれを観るのではなく、荷を担ぎ、スキーかスノーシューを履き、雪原をビバークしながら歩きまわりそれに出会うのだ。昔、陸別《りくべつ》の山のなかでシカを追っていたとき、地平線に橙色の光があったのを想い出す。そのころ、そのような現象がオーロラだとは誰もいっていなかったが、自分ではそれがオーロラであると考えていた。

地平線にかかるものではなく、頭上にかかるオーロラを、雪原の真っただなかで仰ぎ観たいのだ。凍りついた睫毛ごしに仰ぎ観る、あやかしの光の帯が揺れ動くのを眺めてみたい。

ふたつめは、興安嶺《こうあんれい》といわれる地域を歩きまわりたい。歩くというより彷徨してみたい。自分のいる位置など解らなくてていい。ただ夜に北極星を認めればよいのだ。歩けど歩けど人間には出会うことがなく、ただ、ときどきある動物の跡だけが、自分以外にそこに存在する生きものだ。

そんな自然が残っているとしたら、そんな自然のなかを歩いてみたい。期間も決めず、時間も決めず歩くのだ。そして、ときめきを感じられる大物の足跡に出くわしたら、それを追うのだ。一発で斃《たお》し、きれいに解体する。その肉がなくなるまで、枝でつくった小さな小屋で過ごす。肉がなくなるころ、また移動を開始する。ビバークをしながら太めのテグスでくくり罠をかけ、日々の食料とするリスや鳥類も獲ることも可能である。

ここまで書き進んでいてふと想った。自分がやっていたこととあまり変わらないではないかと。

重々無尽の自然を興安嶺に夢みていただけであるのだろう。自然の広さの異なりに夢みているような気もする。ひとつめふたつめの夢は、年齢と体力を考えてみても夢であろう。ならば狭い北海道のかたすみで、心には興安嶺の広さにも劣らない広さを夢にして、体力に見合った猟を続けていこうという夢をもてるのだ。

夢をもち、それを育《はぐく》み育《そだ》てることにより夢に追いつくこともあり、夢が待ってくれているかのようなときもある。それは真に猟そのものであるまいか。猟者の自然に対する考え、思い入れが真面目であればあるほど、猟の楽しみがいよいよ深くなるような気がする。真面目とは、ただ獲る、斃すだけではないことが解りかけてきた歳になったのかもしれない。

私の夢について、いろいろ思いつくままに書いてきました。誤解されるような表現も多いと思います。いいたかったことは、アスリートにとっての夢は金メダルだと思います。その想像力の集合が夢に近づくことになるのだと思います。

猟も同じだろうと考えるのです。身を自然のなかに置いて獲物をどのように探し、どのように対峙するのか、そのときの自分の精神状態をどのようにもっていくのか、などなどいろいろな場面を想像するのです。それにより、山での体の動かし方、歩き方、目のつけ所などが身についてくるのです。そうすることで、街のなかでの生活で何気なく見過ごされているチョットしたことが、山では、猟では大きな失敗につながることも発見できることが多いのです。

咄嗟《とっさ》の出合いに対処すべく想像しておくと、銃の保持の仕方までが変わってくるものです。創造、夢想することは、実際の猟に役に立つのです。そして大きな夢、大物を一発で斃すという夢につながるのです。

猟を志す人も、猟をやる人も、山を歩く人も、自然のなかでの自分をもっともっと夢想しようではありませんか。夢想、想像が、より大きな夢につながることを信じて。

2021年1月20日　久保俊治

久保俊治（くぼ・としはる）

1947年、北海道小樽市生まれ。日曜ハンターだった父に連れられ、幼いときから山で遊んで育つ。20歳のときに狩猟免許を取得し、父から譲り受けた村田銃で狩猟を開始する。'75年にアメリカに渡り、ハンティング学校アーブスクールで学び、その後、現地でプロハンティングガイドにもなる。'76年に帰国し、標津町で牧場を経営しながら、単独で山に入りハンティングを行う。日本で唯一のヒグマ猟師。著書に『羆撃ち』（小学館）がある。ハンティングに関する学校「アーブスクールジャパン」校長
https://ervschooljapan.wixsite.com/website

装丁・本文デザイン	草薙伸行、村田 亘（PLANET PLAN DESIGN WORKS）
写真	アーブスクールジャパン、『狩猟生活』編集部
校正	五十嵐柳子
銃・刃物・狩猟アドバイザー	小堀ダイスケ
本文イラストレーション・編集協力	多田渓女
編集	鈴木幸成（山と溪谷社）

羆撃ち久保俊治
狩猟教書

2021年3月1日　初版第1刷発行
2021年5月20日　初版第2刷発行

著　者　久保俊治
発行人　川崎深雪
発行所　株式会社 山と溪谷社
〒101-0051
東京都千代田区神田神保町1丁目105番地
https://www.yamakei.co.jp/
印刷・製本　株式会社 光邦

■ 乱丁・落丁のお問合せ先
山と溪谷社自動応答サービス　TEL.03-6837-5018
受付時間／10:00～12:00、13:00～17:30（土日、祝日を除く）
■ 内容に関するお問合せ先
山と溪谷社　TEL.03-6744-1900（代表）
■ 書店・取次様からのお問合せ先
山と溪谷社受注センター　TEL.03-6744-1919　FAX.03-6744-1927

＊定価はカバーに表示しております。

Printed in Japan　ISBN 978-4-635-81018-0